河南省"十四五"普通高等教育规划教材

MCS-51 单片机技术
项目驱动教程
(C 语言)(第 2 版)

牛 军 主编

黄大勇 薛 晓 曹 原 陈华敏 副主编

U0214171

清華大學出版社

北 京

内 容 简 介

本书首先对 8051 单片机的硬件基础、C51 编程基础、Keil C51 软件的使用等方面进行了详细介绍，然后具体针对基础型 8051 单片机的各功能模块，从工程应用的实际需要出发，将知识点分解为 I/O 口输入输出功能、外部中断功能、LED 数码管显示技术、LED 点阵显示技术、键盘系统设计、定时器/计数器应用、LCD 液晶显示技术、串口通信技术、A/D 转换器应用、D/A 转换器应用、并行 RAM 扩展、I²C 总线扩展、SPI 总线扩展、直流电机控制、步进电机控制、多机通信等十六个部分，采用项目驱动的方式，以项目设计需要带动各部分知识点的学习，再以设计任务为载体，从硬件电路设计、C51 程序编写、系统功能仿真等方面进一步促进读者对知识的理解和掌握，以训练并提高其实践应用能力。

本书可作为高等院校电子、电气、自动化、计算机应用等相关专业单片机技术课程的教学用书，也可作为广大从事单片机应用系统开发的工程技术人员的参考书。

图书在版编目(CIP)数据

MCS-51 单片机技术项目驱动教程：C 语言 / 牛军主编. —2 版. —北京：清华大学出版社，2023.5
ISBN 978-7-302-63302-0

Ⅰ. ①M…　Ⅱ. ①牛…　Ⅲ. ①单片微型计算机—C 语言—程序设计—教材　Ⅳ. ①TP368.1②TP312

中国国家版本馆 CIP 数据核字(2023)第 059266 号

责任编辑：刘金喜
封面设计：范惠英
版式设计：思创景点
责任校对：成凤进
责任印制：沈　露

出版发行：清华大学出版社
　　　　　网　　　址：http://www.tup.com.cn，http://www.wqbook.com
　　　　　地　　　址：北京清华大学学研大厦 A 座　　　　　邮　　编：100084
　　　　　社 总 机：010-83470000　　　　　邮　　购：010-62786544
　　　　　投稿与读者服务：010-62776969，c-service@tup.tsinghua.edu.cn
　　　　　质 量 反 馈：010-62772015，zhiliang@tup.tsinghua.edu.cn
印 装 者：三河市龙大印装有限公司
经　　销：全国新华书店
开　　本：185mm×260mm　　　印　　张：18.75　　　字　　数：480 千字
版　　次：2015 年 9 月第 1 版　　2023 年 6 月第 2 版　　印　　次：2023 年 6 月第 1 次印刷
定　　价：69.80 元

产品编号：101490-01

前　　言

单片机技术是一门实践性非常强的专业技术课程。对某一专业技术，往往需要经过理论学习与实践训练过程的反复交叉才能掌握。因此，只有按照理论—实践—理论—实践的路线去培养训练学生，才能达到最佳的教学效果。

当前众多的单片机技术教材，一般注重于对理论知识的介绍，各章节知识点相对比较孤立，在实践练习方面大多停留在以实例仿真促进对相应知识点的理解和掌握上，缺乏从工程应用的角度教会读者如何系统地分析问题和进行设计能力训练，在技能培养方面同工程应用中的实际问题联系不够紧密。

编者具有多年的单片机技术教学和工程实践经验，从学习技术的客观规律出发，开展了以项目驱动法教学的单片机技术课程改革，并取得了显著的教学效果。通过对课程改革经验的总结和提炼，我们组织编写了本书，并根据实际教学应用效果和广大师生反馈进行了修订。本书紧密结合应用型人才培养的目标，从切实提高学生的应用实践能力出发，以工程项目设计为载体，引导学生进行 51 单片机知识点的学习和应用实践能力训练。同时，本书贯彻党的二十大精神，坚持为党育人、为国育才，以立德树人为根本任务，结合专业特点和章节内容，多方位培养学生的爱国情怀、工匠精神、创新意识和职业素养。

本书首先对 51 单片机的硬件基础、单片机的 C 语言编程等方面进行了详细的介绍，然后针对 51 单片机的各功能模块，从工程应用的需要出发，设计了 I/O 口输入输出功能、外部中断功能、LED 数码管显示技术、LED 点阵显示技术、LCD 液晶显示技术、键盘系统设计、定时器/计数器应用、串行口通信技术、A/D 转换器应用、D/A 转换器应用、并行 RAM 扩展、I²C 总线扩展、SPI 总线扩展、直流电机控制、步进电机控制、多机通信等十六个部分，采用项目驱动的方式，以项目设计内容带动知识点学习，以硬件电路、软件编程、运行调试等的设计实现带动实践应用能力的训练。

本书主要具有以下几个特点。

(1) 从工程应用的实际出发，优化了教学内容，删繁就简，抓住核心知识，摒弃过时的理论与技术，补充新技术、新方法。例如：去除了汇编指令和汇编语言编程部分，直接培养学生的单片机 C 语言编程应用能力；在串口通信部分，补充了当前已广泛采用的"USB 转串口"硬件接口方法。

(2) 以项目设计任务为主线带动相关知识点的介绍和应用技能训练，通过对多个训练项目的设计与实现，达到对 51 单片机所有知识单元和功能模块的系统学习和训练。

(3) 通过项目设计案例使理论知识和实践应用密切联系，设计方案紧扣工程实际，注重引导读者了解工程应用中需要考虑的实际问题和解决思路，培养工程化设计意识，锻炼学生分析问题、解决问题的能力。

(4) 项目知识点的学习由浅入深，先进行基本编程方法练习，在此基础上，进一步开展工程项目的综合设计与编程。

(5) 每一个项目的设计例程都在 Proteus 仿真软件中运行通过，便于读者实践练习。

(6) 每章结尾以小结的形式，对关键知识和技术要点进行总结和延展，并结合内容特点，自然融入了爱国情怀、工匠精神、科学素养、创新意识、责任意识、社会主义核心价值观等方面的内容，发挥了单片机技术课程的思政育人功能。

全书共分为 19 章。第 1 章为单片机技术概述；第 2 章介绍 MCS-51 单片机的硬件基础；第 3 章介绍 51 单片机的 C 语言程序设计基础；第 4 章～第 19 章为项目设计，分别针对单片机的 I/O 口输入输出功能、外部中断功能、LED 数码管显示技术、16×16 LED 点阵显示技术、键盘系统设计、单片机定时器/计数器应用、LCD1602 液晶显示技术、串行口通信技术、8 位并行 A/D 转换器应用、8 位并行 D/A 转换器应用、并行 RAM 扩展、I²C 总线扩展、SPI 总线扩展、直流电机控制、步进电机控制、多机通信等内容设计了 16 个项目。该部分首先介绍基本知识点及应用方法，紧跟着进行项目设计训练，包括硬件电路设计、软件编程、系统仿真等，有效促进读者对知识的理解并提高其实践应用能力。

本书由南阳理工学院的牛军、黄大勇、薛晓、曹原和陈华敏等老师组稿和编写，全书由牛军统编和审定。其中，牛军编写了第 3、7、15、16 章和附录，黄大勇编写了第 6、9、13、14 章，薛晓编写了第 10、11、12 章，曹原编写了第 1、2、4、5 章，陈华敏编写了第 8、17、18、19 章。

本书 PPT 教学课件和案例源文件可通过 http://www.tupwk.com.cn/downpage 下载。

衷心期望本书能够对读者的 8051 单片机学习有所帮助和提高，同时也真诚地欢迎读者对本书的疏漏给予批评和指正。

服务邮箱：476371891@qq.com。

编 者

2023 年 1 月于南阳理工学院

目　　录

❧ 第 1 章 ❧
单片机技术概述

单片机是单片微型计算机(single chip microcomputer)的简称，它将中央处理器(CPU)、随机存储器(RAM)、只读存储器(ROM)、中断系统、定时器/计数器、串行口和 I/O 接口等主要计算机部件集成在一块大规模集成电路芯片上，如图 1-1 所示。单片机只是一块芯片，但是它已具有了微型计算机的组成结构和功能，所以也称为微控制器(micro controller unit，MCU)。单片机以其易开发、性价比高、体积小、使用灵活等特点广受工程技术人员的青睐，被广泛应用在电子产品、自动化设计、家用电器等各个方面，引起了仪器仪表结构的根本性变革。

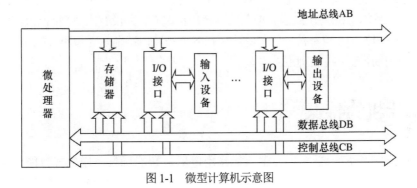

图 1-1　微型计算机示意图

1.1　单片机的发展

美国 Intel 公司在 20 世纪 70 年代初开发生产的 4 位微型计算机 4004 和 8 位微型计算机 8008 是单片机时代的开始，集成度为 2000 只晶体管/片的 4 位微处理器 Intel 4004，配有 RAM、ROM 和移位寄存器，构成了第一台 MCS-4 微处理器。Intel 4004 的推出拉开了单片机研制的序幕，在其后的几十年间，单片机经历了四次更新换代，其发展速度更是达到了每三四年就要更新换代一次，集成度和处理能力突飞猛进。

1976 年 Intel 公司首先推出 MCS-48 系列单片微型计算机，它集成了 8 位 CPU、1KB 程序存储器、64KB 随机存储器、27 个 I/O 引脚和 8 位定时器/计数器，MCS-48 已成为真正意义上的单片机，获得了广泛的应用，为单片机的发展奠定了基础。这一代单片机的主要特征是为单片机配置了完善的外部并行总线(AB、DB、CB)和具有多机识别功能的串行通信接口(UART)，规范了功能单元的特殊功能寄存器(SFR)控制模式及适应控制器特点的布尔处理系统和指令系统,为发展具有良好兼容性的新一代单片机奠定了良好的基础。在 MCS-48 单片机成功应用于各种电子设备和工业生产的环境下,许多半导体公司和计算机公司争相研制和发展自己的单片机系列,如 Motorola 公司的 6801、6802,Rockwell 公司的 6501、6502,日本的 NEC 公司、日立公司及 EPSON 公司也相继推出了各自的单片机。8 位单片机系列因其性价比的巨大优势,在工业控制、电子产品等诸多应用领域占有较大的比重,估计近十年内,8 位单片机仍将是单片机中的主流机型。目前单片机的品种很多,但其中最具典型性、应用最广泛的非 Intel 公司的 MCS-51 系列单片机莫属,它具有品种全、兼容性强、应用简单等特点。

从 20 世纪 80 年代开始,各个公司开始推出 16 位单片机。1983 年 Intel 公司推出了 MCS-96 系列单片机,其集成度达到 12 万只晶体管,工作频率提升到 12MHz,片内含 16 位 CPU、8 KB ROM、232B RAM、5 个 8 位并行 I/O 口、4 个全双工串行口、4 个 16 位定时器/计数器、8 级中断处理系统。飞利浦公司推出了与 80C51 兼容的 16 位单片微机 80C51XA,美国国家半导体公司推出了 HPC16040,NEC 公司推出了 783XX 系列等。16 位单片机把单片机的功能又推向了一个新的阶段,其在高速复杂的控制系统中的良好表现使其在工业控制、智能仪表等应用领域得到了长足的发展。

近年来,各计算机生产厂家已进入更高性能的 32 位单片机研制、生产阶段,但是由于控制领域对 32 位单片机的需求并不迫切,所以 32 位单片机的应用并不很多。单片机的发展虽然先后经历了 4 位、8 位、16 位到 32 位,但从实际使用情况看,并没有出现高性能单片机一家独大的局面,4 位、8 位、16 位单片机仍广泛应用在各个领域,特别是 8 位单片机在中、小规模的电子设计等应用场合仍占主流地位。

1.2 单片机的特点

单片机已被广泛应用于军事、工业、家用电器、智能玩具、便携式智能仪表和机器人制作等领域,使得产品功能、精度和质量大幅度提升,且电路简单,故障率低,可靠性高,成本低廉。单片机具有如下特点。

1. 种类众多

世界上有众多生产单片机的厂商,其产品从普通的单片机到专有的定制产品应有尽有,种类齐全,能满足开发人员的各类设计需求,且产品具有较好的兼容性,适合于各类电子产品和控制系统使用。

2. 性价比高

单片机的集成度已达到百万级以上,并广泛采用 RISC 流水线和 DSP 等技术,其寻址能力已超过 1MB,片内 ROM 容量达到 62MB,RAM 容量达到 2MB,运行速度和效率非常高,再加上单片机应用广泛,市场需求量大,各大公司的商业竞争使其价格十分低廉,性价比极高。

3. 集成度和可靠性高

单片机把各种功能部件集成在一块芯片上，内部采用总线结构，减少了各芯片之间的连线，集成度很高。其芯片按照工业测控环境的要求设计，抗噪声性能强，单片机程序指令、常数及表格等固化在 ROM 中，不易被破坏，不易受病毒攻击，提高了单片机的可靠性与抗干扰能力，运作时系统稳定可靠。

4. 存储器 ROM 和 RAM 是严格区分的

程序存储器只存放程序、固定常数及数据表格。数据存储器用作工作区及存放用户数据。在使用单片机控制系统时，把开发成功的程序固化在 ROM 中，而把少量的随机数据存放在 RAM 中。小容量的数据存储器能以高速 RAM 形式集成在单片机内，以加速单片机的执行速度。

5. 采用面向控制的指令系统

为满足控制的需要，单片机有极强的逻辑控制能力，特别是具有很强的位处理能力。单片机的指令系统均有极丰富的条件，具有分支转移能力、I/O 口的逻辑操作及位处理能力，非常适用于专门的控制功能，且硬件资源丰富，能充分满足工业控制的各种要求。

6. I/O 引脚通常是多功能的

由于单片机芯片上引脚数目有限，为了解决实际引脚数和需要的信号线之间的矛盾，采用了引脚功能复用的方法，引脚处于何种功能，可由指令来设置或由机器状态来区分。

7. 外部扩展能力强

当单片机内部的功能部分不能满足应用需求时，可在外部进行扩展(如扩展 ROM、RAM、I/O 接口、定时器/计数器、中断系统等)，给设计与应用带来极大的方便和灵活性。

8. 简便易学

大多数单片机采用 C 语言进行编程，且提供大量的函数，这为学习和设计单片机的人员提供了便利，单片机初学者只需把编辑、调试通过的软件程序直接在线写入单片机，即可开发单片机系列中各种封装的器件，这使得进入单片机开发的门槛非常低。

1.3　单片机的应用

由于单片机具有价格低廉、性能优异、体积小和使用简单等优点，其在工业控制、电子制造、农业生产、家电设备甚至军事领域都有广泛的应用，单片机的应用结合软硬件，适合多学科交叉应用，适合现场恶劣环境，应用领域广泛且意义重大。

1. 智能仪器仪表

智能仪器仪表是单片机应用最多最活跃的领域之一。在各类仪器仪表中引入单片机，使仪器仪表智能化，提高测试的自动化程度和精度，简化仪器仪表的硬件结构，提高其性价比。结合不同类型的传感器，可实现诸如电压、功率、频率、湿度、温度、流量、速度、厚度、角度、长度、硬度、元素、压力等物理量的测量。采用单片机控制，使得仪器仪表数字化、智能化、微型化，且功能比起采用电子或数字电路更加强大。常见的应用单片机的精密测量设备有功率计、示波器、各种分析仪等。

2. 机电一体化产品

机电一体化产品是指集机械技术、微电子技术和计算机技术于一体，使其产品具有智能化特征的电子产品，它是机械工业发展的方向。用单片机可以构成形式多样的控制系统和数据采集系统，如工厂流水线的智能化管理、电梯智能化控制、各种报警系统、与计算机联网构成二级控制系统等。单片机作为机电产品的控制器，可以充分发挥其体积小、控制能力强和安装使用方便的特点，提升机器的自动化和智能化程度。

3. 商用产品和家用电器

目前国内外各种商用产品和家用电器已经普遍用单片机代替传统的控制电路。例如，自动售货机、电子收款机、电子秤、洗衣机、电冰箱、空调机、微波炉、电饭煲、收音机、录像机、电风扇及许多高级电子玩具都配上了单片机。

4. 计算机和通信网络

单片机普遍具备通信接口，可以很方便地与计算机进行数据通信，为计算机网络和通信设备间的应用提供了极好的物质条件。现在的通信设备基本上都实现了单片机智能控制，如手机、固定电话、程控交换机、无线对讲机、列车无线通信系统等。

5. 医疗设备

单片机在医用设备中的用途亦相当广泛，如医用呼吸机、各种分析仪、监护仪、超声诊断设备及病床呼叫系统等。

6. 办公自动化领域

单片机应用在现代办公室中大量的通信和信息产品中，如绘图仪、复印机、电话、传真机等。一台PC(个人计算机)可能嵌入了10个单片机，分别控制键盘、鼠标、显示器、CD-ROM、声卡、打印机、软/硬盘驱动器和调制解调器等。

7. 汽车电子与航空航天电子系统

通常在这些电子系统中的集中显示系统、动力监测控制系统、自动驾驶系统、通信系统以及运行监视器(黑匣子)等，都需要单片机来构成冗余的网络系统。例如，一台 BMW-7 系列宝马轿车就用了 63 个单片机。

8. 军事方面

在国防军事和尖端武器等领域，单片机因其可靠性高和能适应恶劣环境的特点，广泛应用于飞机、大炮、坦克、军舰、导弹、火箭、雷达等系统。

单片机的应用正从根本上改变着传统的控制系统设计思想和设计方法，从前由模拟电路或数字电路实现的控制功能，体积大、成本高、精度低，现在只需在单片机外围接上接口电路，由人写入程序就可以实现，这样产品的体积变小，成本降低，精度也更高了。据统计，我国的单片机年容量已达 10 亿片，且每年都在以一定的速度增长。

1.4 常用单片机简介

1. MCS-51 单片机

MCS-51 单片机是所有兼容 Intel 8051 指令系统单片机的统称。8051 系列单片机最早由 Intel 公司推出，后来 Intel 公司以专利转让的形式把 8051 的内核转让给许多半导体芯片厂商，如 Philips、三星、华邦等公司，这些厂商在保持与 8051 单片机兼容的基础上改善了 8051 的许多特点，提高了速度，降低了时钟频率，放宽了电源电压的动态范围，降低了产品价格。

MCS-51 系列单片机的 CPU 结构与通用微机的 CPU 结构有所不同。通用微机的 CPU 内部有一定数量的通用或专用寄存器，而 MCS-51 系列单片机则在数据 RAM 区开辟了一个工作寄存器区，该区共分 4 组，每组 8 个寄存器，共计可提供 32 个工作寄存器，相当于通用微机 CPU 中的通用寄存器。除此之外，MCS-51 系列单片机还有颇具特色的 21 个特殊功能寄存器(SFR)。要理解 MCS-51 系列单片机的工作，就必须对特殊功能寄存器(SFR)的工作有清楚的了解。SFR 使仅具有 40 只引脚的单片机系统的功能有了很大的扩展，由于这些 SFR 的作用，每个通道在程序控制下，都可实现第二功能，从而使得有限的引脚能衍生出更多的功能；而且，利用 SFR 可完成对定时器、串行口、中断逻辑的控制，这就使得单片机可以把定时器/计数器、串行口、中断逻辑等集成在一个芯片上。

目前市场上比较有代表性的 51 单片机有 Atmel 公司生产的 AT89 系列单片机，其中 AT89S51/52 十分活跃；再有就是 STC 系列单片机，其完全兼容传统 8051 单片机，是宏晶科技推出的新一代超强抗干扰、高速、低功耗的单片机，应用日趋广泛。

2. AVR 单片机

AVR 单片机是美国 Atmel 公司推出的增强型内置闪存(flash memory)高速 8 位单片机，其具有精简指令集(RISC)和内载的闪存，其显著的特点为高性能、高速度、低功耗，共有 118 条指令，使得 AVR 单片机具有高达 1MIPS/MHz 的高速运行处理能力。

RISC 结构是 20 世纪 90 年代开发出来的一种综合了半导体集成技术和提高软件性能的新结构，是为了提高 CPU 运行的速度而设计的芯片体系。它的关键技术在于采用流水线操作(pipelining)和等长指令体系结构，使一条指令可以在一个单独操作中完成，从而实现在一个时钟周期内完成一条或多条指令。同时 RISC 体系还采用了通用快速寄存器组的结构，大量使用寄存器之间的操作,简化了 CPU 中处理器、控制器和其他功能单元的设计。因此,RISC 的特点就是通过简化 CPU 的指令功能,使指令的平均执行时间减少,从而提高 CPU 的性能和速度。在使用相同的晶片技术和相同的运行时钟下,RISC 系统的运行速度是复杂指令集(CISC)的 2～4 倍。RISC 体系所具有的优势,使其在高端系统中得到了广泛的应用。

常用的 AVR 单片机有 ATMEGA8、ATMEGA16 等,其广泛应用于计算机外部设备、工业实时控制、通信设备和家用电器等各个领域。

3. PIC 单片机

PIC 系列单片机是美国微芯公司(Microchip)的产品。CPU 采用 RISC 结构,分别有 33 条、35 条、58 条指令(视单片机的级别而定),属精简指令集。采用 Harvard 双总线结构,运行速度快(指令周期为 160～200ns),它能使程序存储器的访问和数据存储器的访问并行处理。PIC 单片机的 I/O 口是双向的,其输出电路为 CMOS 互补推挽输出电路,端口驱动能力大。PIC 系列单片机具有速度高、价格低以及大电流 LCD 驱动能力的特点,在家电控制、电子通信系统和智能仪器等领域广泛应用。常用芯片有 PIC16FXXX 系列。

4. MSP430 单片机

MSP430 系列单片机是由美国 TI 公司开发的 16 位单片机,单片机集成了模拟电路、数字电路和微处理器,其最大特点为超低功耗,非常适合于功率要求低的场合。MSP430 单片机超低的功耗有两方面原因,首先其电源电压采用的是 1.8～3.6V 电压,可使其在 1MHz 的时钟条件下运行时,芯片的电流值最低在 165μA 左右,RAM 保持模式下最低只有 0.1μA;其次在 MSP430 内部有两个不同的时钟系统,由系统时钟产生 CPU 和各功能所需的时钟,这些时钟在指令的控制下打开和关闭,实现对总体功耗的控制。MSP430 系列单片机有多个系列和型号,分别由一些基本功能模块按不同的应用目标组合而成,典型应用有流量计、智能仪表、医疗设备和保安系统等方面,由于其具有较高的性价比,应用范围非常广泛。

5. Motorola 单片机

Motorola 是世界上最大的单片机厂商,品种全、选择余地大、新产品多是其特点,在 8 位机方面有 68HC05 和升级产品 68HC08。68HC05 有 30 多个系列,200 多个品种,产量已超过 20 亿片。8 位增强型单片机 68HC11 也有 30 多个品种,年产量在 1 亿片以上,升级产品有 68HC12。16 位机 68HC16 和 32 位单片机的 683XX 系列也有几十个品种。Motorola 单片机的特点是高频噪声低,抗干扰能力强,更适合于工控领域及恶劣的环境,现在改名为"飞思卡尔"单片机。

6. 其他类型单片机

其他类型单片机还有凌阳单片机、NEC 单片机、富士通单片机、三星单片机、华邦单片机、ZILOG 单片机、东芝单片机、SST 单片机等。

1.5　单片机常用术语

1. 总线(bus)

总线是指从任意一个源点到任意一个终点的一组传输数字信息的公共通道。微型计算机采用总线结构后，芯片之间不需要单独走线，大大减少了连线的数量，系统中各功能部件间的相互关系转变为各部件面向总线的单一关系，符合总线标准的设备都可以连接到系统中，使系统功能得到扩展。微型计算机元件级总线包括地址总线(address bus，AB)、数据总线(data bus，DB)和控制总线(control bus，CB)三种。

(1) 地址总线(AB)：地址总线是单向的，是微处理器用来向存储器或者输入/输出接口发送地址信息的。地址总线的宽度为 8 位或者 16 位，8 根地址线用 A0～A7 表示，A7 为最高位地址线，A0 为最低位地址线，最大寻址范围为 256；16 根地址线用 A0～A15 表示，A15 为最高位地址线，A0 为最低位地址线，16 位地址总线由 P0 口经地址锁存器提供低 8 位地址(A0～A7)，P2 口直接提供高 8 位地址(A8～A15)。

(2) 数据总线(DB)：数据总线一般为双向，用于 CPU 与存储器、CPU 与外设或外设与外设之间传送数据信息(包括实际意义的数据和指令码)。数据总线的位数与 CPU 的位数相同，有 8 位、16 位和 32 位几种。8 位数据线用 D0～D7 表示，D7 为最高有效地址线，D0 为最低有效位；16 位数据线用 D0～D15 表示，D15 为最高位地址线，D0 为最低位地址线。最高有效位用 MSB 表示，最低有效位用 LSB 表示。

(3) 控制总线(CB)：控制总线是计算机系统中所有控制信号的总称，在控制总线中传送的是控制信息。由 P3 口的第二功能状态和 4 根独立的控制总线——RESET、EA、ALE、PSEN 组成。

2. 位(bit)

binary digit 的简写。

3. 字节(byte)

1 字节就是相邻的 8 位二进制数，即 D7D6D5D4D3D2D1D0，如 10110011 的 D4 是 1，D6 是 0。

4. 字(word)

在计算机和信息处理系统中，在存储、传送或操作时，作为一个单元的一组字符或一组二进制数称为字。通常是 16 位构成一个字在计算机中使用。

5. 存储器(memory)

存储器用来存放计算机中的所有信息，包括程序、原始数据、运算的中间结果及最终结果等，由存储矩阵、地址译码器、读写控制、三态双向缓冲器等部分组成。它按照存储信息方法等又可分为以下几种。

(1) 程序存储器 ROM: 由芯片制造厂家掩膜编程的只读存储器，它是由厂家编好程序写入 ROM(被固化)供用户使用，用户不能更改内部程序，其特点是价格便宜。

(2) EPROM: 可擦除可编程 ROM，它的内容可以通过紫外线照射而彻底擦除，擦除后又可重新写入新的程序。

(3) OTP(one time program): 只能写一次的 ROM，它的内容可由用户根据自己所编程序一次性写入，一旦写入，只能读出，而不能再进行更改。

(4) E^2PROM: 电擦除可编程 ROM，E^2PROM 可用电的方法写入和清除其内容，其编程电压和清除电压均与微机 CPU 的 5V 工作电压相同，不需另加电压。它既有与 RAM 一样读写操作简便，又有数据不会因掉电而丢失的优点，因而使用极为方便。现在这种存储器的使用最为广泛。

(5) 闪存: 它是在 EPROM 和 E^2PROM 的制造基础上产生的一种非易失性存储器，其集成度高，制造成本低于动态随机存取存储器(dynamic random access memory，DRAM)，既具有静态随机存取存储器(static random access memory，SRAM)读写的灵活性和较快的访问速度，又具有 ROM 在断电后可不丢失信息的特点，所以发展迅速。

(6) 数据存储器(RAM): 这种存储器又叫读写存储器。它不仅能读取存放在存储单元中的数据，还能随时写入新的数据，写入后原来的数据就丢失了。断电后 RAM 中的信息全部丢失。因此，RAM 常用于存放经常要改变的程序或中间计算结果等信息。RAM 按照存储信息的方式，又可分为静态和动态两种。SRAM 的特点是只要有电源加于存储器，数据就能长期保存。DRAM 写入的信息只能保存若干毫秒时间，因此，每隔一定时间必须重新写入一次，以保持原来的信息不变。

6. 存储地址(memory address)

存储地址用来定义每个存储单元。每个单元能存放 8 位二进制数，即 1 字节的二进制数。为了区分不同的单元，每个存储器都有一个地址，以供 CPU 寻址、操作。

1.6 小结

我国的单片机产业起步较晚，发展历史比较短，基本落后于全球产业 20 年。但是，我国的单片机产业发展迅速，国内现有百余家 MCU 生产企业，像兆易创新、中颖电子、华大半导体、灵动微电子等，具有开发和生产市场主流 MCU 的能力，性能上从低端到高端全面进步，并已能够满足定制化的需求。

目前，国产 MCU 不论是市场份额还是技术先进性都无法和国外相比，主流产品主要集中在 8 位和 16 位 MCU，32 位 MCU 正在不断发展。在 MCU 应用方面，国内主要集中在消费电子领域。我国是全球最大的消费电子制造中心，同时具有广阔的市场空间，为本土消费电子 MCU 企业提供了优越的成长环境。国内消费电子无论在市场规模还是在质量上都在不断崛起，以美的、格力为代表的家电企业，以华为、OPPO、vivo 为代表的手机厂商都已进入全球市场前列。

但是，国内 MCU 应用领域大多集中在低端电子产品，中高端的电子产品市场还主要掌握在外企手里，所以还需要广大的单片机爱好者和技术人员刻苦钻研，积极创新，努力为我国

MCU 在高端领域的技术进步做出贡献。

思考与练习

1. 什么是单片机？最早的单片机是什么时间推出的？
2. 简述单片机的特点。
3. 什么是 MCS-51 单片机？它最早是由哪家公司推出的？
4. 说出 4 种以上常用的单片机类型。
5. 什么是总线？单片机中的总线有哪几种？
6. 简述单片机中位和字节的概念。
7. 存储地址的作用是什么？

第2章

MCS–51单片机硬件基础

要想掌握 MCS-51 单片机的使用方法，必须先对其硬件结构、工作特点等基本知识有全面的了解和牢固的掌握。下面就 MCS-51 单片机的内部结构、引脚功能、存储器结构和基本时序等进行详细介绍。

2.1 MCS-51 单片机内部结构及 CPU

2.1.1 内部结构

通常使用的 MCS-51 单片机分为普通型和增强型两种。普通型的称为 89C51，增强型的称为 89C52。二者都以 8051 单片机为内核，集成的外部资源有差别。图 2-1 所示是以增强型单片机 89C52 为例给出的内部结构图。

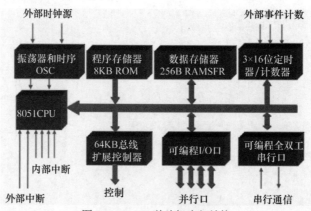

图 2-1　89C52 单片机内部结构

从图 2-1 中可以看到，增强型 89C52 单片机结构主要包括片内振荡和时钟产生电路、1 个 8 位的 CPU、片内 256B 的数据存储器(含特殊功能寄存器 SFR)、片内 8KB 的程序存储器(Flash ROM)、4 个并行可编程 I/O 接口、外接 6 个中断源的中断系统、3 个 16 位定时器/计数器、1 个全双工的串行 I/O 接口。

以上几部分通过内部数据总线相互连接。振荡和时钟产生电路需要外接石英晶体和微调电容，最高允许振荡频率为 24MHz，也可以直接接入外部时钟源；数据存储器用于存放可读写的数据，如运算的中间结果、最终结果、要显示的数据等；程序存储器用于存放二进制目标代码、程序执行需要使用的原始数据等；中断系统管理 6 个中断源，其中 4 个内部中断源，2 个外部中断源，可根据中断事件来控制单片机的程序运行；16 位定时器/计数器既可以工作于定时方式以产生一定的时间间隔，也可以工作于计数方式对外部事件进行计数，系统根据计数或定时的结果实现计算机控制。

基本型单片机 89C51 的片内 ROM 容量为 4KB，片内 RAM 容量为 128B+SFR，2 个 16 位的定时器/计数器，中断源包括 3 个内部中断源和 2 个外部中断源，其他方面和增强型单片机基本相同。

2.1.2　8051CPU

CPU 即中央处理器，是单片机的核心部件，它完成各种运算和控制操作，主要由运算器和控制器两部分组成。

1. 运算器

运算器以算术逻辑单元(ALU)为核心，外加累加器(ACC)、暂存寄存器(TMP)和程序状态字寄存器(PSW)等组成。ALU 主要用于完成二进制数据的算术和逻辑运算，并通过对运算结果的判断影响程序状态字寄存器(PSW)中有关位的状态。运算器包括算术和逻辑运算部件(arithmetic logic unit，ALU)、累加器(ACC)、寄存器 B、暂存器、程序状态字寄存器(PSW)、布尔处理器。

1) 算术逻辑运算部件(ALU)

ALU 可以对 4 位、8 位和 16 位数据进行操作，包括：

(1) 算术运算：加、减、乘、除、加 1、减 1、BCD 码数的十进制调整及比较等。

(2) 逻辑运算：与、或、异或、求补及循环移位等。

2) 累加器(ACC)

ACC 在指令中使用得非常多，如加、减、乘、除等算术运算指令，与、或、异或、循环移位等逻辑运算指令等。

ACC 也作为通用寄存器使用，可以按位操作。

3) 寄存器 B

寄存器 B 主要做专门应用，它在乘、除运算中用来存放一个操作数，并且存放运算后的部分结果。

此外，寄存器 B 也可作为通用寄存器使用，可以按位操作。

4) 程序状态字寄存器(PSW)

PSW 用于设定 CPU 的状态和反映指令执行后的状态。相当于其他微处理器中的标志寄存器。格式如下：

	D7	D6	D5	D4	D3	D2	D1	D0
PSW(D0H)	CY	AC	F0	RS1	RS0	OV	—	P

(1) CY(PSW.7)：进位标志位。在执行加法(或减法)运算指令时，如果运算结果最高位(位7)向前有进位(或借位)，则 CY 位由硬件自动置 1；如果运算结果最高位无进位(或借位)，则 CY 清零。CY 也是 89C51 在进行位操作(布尔操作)时的位累加器，在指令中用 C 代替 CY。

(2) AC(PSW.6)：半进位标志位，也称辅助进位标志。当执行加法(或减法)操作时，如果运算结果(和或差)的低半字节(位3)向高半字节有半进位(或借位)，则AC位将被硬件自动置1，否则AC被自动清零。

(3) F0(PSW.5)：用户标志位。用户可以根据自己的需要对F0位赋予一定的含义，作为程序运行结果的状态标志。由用户通过指令置位或清零。

(4) RS1、RS0(PSW.4、PSW.3)：工作寄存器组选择控制位。这两位的值决定CPU选择哪一组工作寄存器为当前工作寄存器组。用户通过程序改变RS1和RS0的值，可以切换当前选用的工作寄存器组。在单片机的数据存储器中共有4组工作寄存器，它们和RS1、RS0组合值的对应关系如表2-1所示。在单片机上电复位时，RS1RS0=00，系统自动选择第0组为当前工作寄存器组。

表2-1 工作寄存器组的对应关系

RS1	RS0	工作寄存器组
0	0	0
0	1	1
1	0	2
1	1	3

(5) OV(PSW.2)：溢出标志位。在单片机中，负数一律用补码表示，8位二进制补码表示的数值范围是-128～+127。在进行补码运算时，如果运算结果超出了-128～+127，则称之为溢出，此时OV位由硬件自动置1；无溢出时，OV被自动清零。

(6) PSW.1：保留位。89C51中未用，89C52中为用户标志位F1。

(7) P(PSW.0)：奇偶校验标志位。每条指令执行完后，该位始终跟踪指示累加器A中1的个数。若A中有奇数个1，则硬件自动将P置1，否则将P清零。主要用于校验串行通信中的数据传送是否出错。

5) 布尔处理器

布尔处理器专门负责进行位操作。例如，位置1、清零、取反、判断位值转移，位数据传送、位逻辑与、逻辑或等。

在位运算中，使用PSW寄存器中的进位标志位CY作为位累加器。

2. 控制器

控制器部分包括程序计数器(PC)、指令寄存器(IR)、指令译码器(ID)、数据指针寄存器(DPTR)、堆栈指针(SP)、缓冲器以及定时与控制电路等。控制电路指挥、协调单片机各部分正常工作。

1) 程序计数器(PC)

PC是一个具有自加1功能的16位计数器，其内容始终是单片机将要执行的下一条指令的地址。在单片机从程序存储器中读取指令的过程中，当一条指令按PC所指向的地址取出之后，PC的值会自动增加变为下一条指令的地址，程序顺序向下执行。如果在程序中强行修改PC的值，则就能够改变程序执行的顺序。

2) 指令寄存器(IR)和指令译码器(ID)

IR用于存放从闪存ROM中读取的指令。

ID负责将指令译码，产生一定序列的控制信号，完成指令所规定的操作。

3) 堆栈

堆栈是在 RAM 中专门开辟的一个区域, 用于 CPU 在执行程序过程中存入和调出一些重要数据。堆栈一端的地址是固定的, 称为栈底; 另一端的地址是动态变化的, 称为栈顶。

对堆栈的操作包括数据进栈和数据出栈。进栈和出栈都是在栈顶进行, 因此对堆栈数据的存取遵照 "先进后出、后进先出" 的原则。

4) 堆栈指针(SP)

堆栈指针(SP)中的数据始终为堆栈栈顶单元的地址。SP 具有自动加 1、自动减 1 功能。当数据进栈时, SP 先自动加 1, 然后 CPU 将数据存入; 当数据出栈时, CPU 先将数据送出, 然后 SP 自动减 1。堆栈数据的入栈和出栈过程如图 2-2 所示。

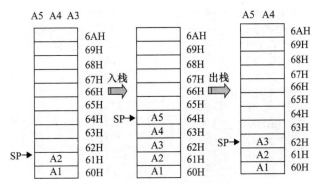

图 2-2　堆栈的入栈和出栈过程

单片机复位时 SP 的初值为 07H, 因此堆栈实际上从 08H 单元开始存放数据。也可在程序中修改 SP 的数值, 从而改变堆栈在 RAM 中的位置。

5) 数据指针寄存器(DPTR)

DPTR 是单片机中唯一一个 16 位寄存器, 主要用来存放 16 位数据存储器的地址, 以便对片外 64KB 的数据 RAM 区进行读写操作。也用于存放数据, 作为一般寄存器使用。

DPTR 由高位字节(DPH)和低位字节(DPL)组成, 可以作为一个 16 位寄存器使用, 也可以将 DPH 和 DPL 单独看成 2 个 8 位寄存器使用。

2.2　MCS-51 单片机引脚功能

MCS-51 单片机一共有 40 只功能引脚, 其封装形式分为 40DIP 和 44PLCC 两种。实物外形如图 2-3 所示。其中, DIP 封装比较常用。

(a) PLCC　　　　　　　　(b) DIP

图 2-3　单片机实物外形图

89C51 单片机的引脚配置如图 2-4 所示。按引脚功能分为电源、晶振、控制信号和输入/输出 4 类。

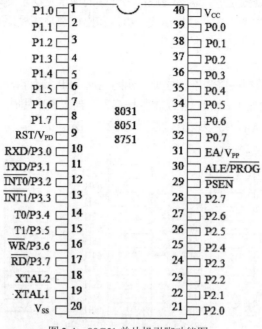

图 2-4 89C51 单片机引脚功能图

1. 电源引脚

V_{CC}(40 脚)：接 5V 电源正端。

V_{SS}(20 脚)：接 5V 电源地端。

2. 晶振引脚

XTAL1(19 脚)：片内振荡电路的输入端，接外部晶振和微调电容的一端，在片内它是振荡器倒相放大器的输入，若使用外部 TTL 时钟，则该引脚必须接地。

XTAL2(18 脚)：片内振荡电路的输出端，接外部晶振和微调电容的另一端，在片内它是振荡器倒相放大器的输出，若使用外部 TTL 时钟，则该引脚为外部时钟的输入端。

3. 控制信号引脚

1) RST/VPD(9 脚)

RST：复位信号输入端，高电平有效。单片机正常工作时，RST 保持两个机器周期的高电平就会使单片机复位；上电时，由于振荡器需要一定的起振时间，RST 上的高电平必须保持 10ms 以上才能保证系统有效复位。

单片机复位电路主要有两种形式：上电自动复位和手动复位。

(1) 上电自动复位。单片机在加电时，通过电容的充放电实现系统复位，如图 2-5(a)所示。上电时 RST 引脚高电平持续的时间要在 10ms 以上，决定于复位电路的时间常数 RC 之积，大约是 0.55RC。

(2) 手动复位。使用按键，如图 2-5(b)所示。当键按下时，RST 端出现两个机器周期以上的高电平，单片机进入复位状态。

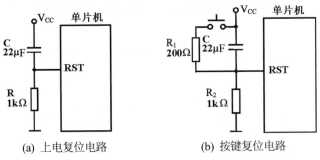

(a) 上电复位电路　　　　　　(b) 按键复位电路

图 2-5　单片机复位电路

V_{PD}：备用电源输入端，以保持内部 RAM 中的数据不丢失。当 V_{CC} 的电压降低到低电平规定的值或掉电时，接入电源。

2) ALE/$\overline{PROG}$ (30 引脚)

ALE：地址锁存信号，每个机器周期输出两个正脉冲，如图 2-6 所示。下降沿或低电平用于控制外接的地址锁存器，锁存从 P0 口输出的低 8 位地址。

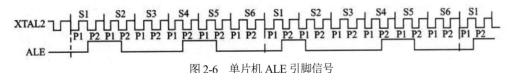

图 2-6　单片机 ALE 引脚信号

单片机工作时，可以将 ALE 作为时钟信号使用，也可以通过此脚的输出判断单片机是否起振。

$\overline{PROG}$：片内程序存储器的编程脉冲输入端，低电平有效。

3) $\overline{PSEN}$ (29 引脚)

片外程序存储器读选通信号输出端，每个机器周期输出两个负脉冲，低电平有效。在访问片外数据存储器时，该信号不出现。

4) $\overline{EA}$/V_{PP}(31 引脚)

$\overline{EA}$：程序存储器选择输入端。低电平时，使用片外程序存储器；高电平时，使用片内程序存储器。

V_{PP}：片内程序存储器编程电压输入端。

4. 输入/输出引脚

(1) P0 口(P0.0～P0.7)(39～32 引脚)：该端口为漏极开路的双向 8 位准双向口，它为外部低 8 位地址线和 8 位数据线复用端口，驱动能力为 8 个 LSTTL 负载，每个口可独立控制。当 CPU 以总线方式访问片外存储器时，P0 口分时地输出低 8 位地址和输入/输出数据。P0 口也可作为一般 I/O 口使用。因为 51 单片机 P0 口内部没有上拉电阻，为高阻状态，所以不能正常地输出高电平。在使用时必须外接上拉电阻。

(2) P1 口(P1.0～P1.7)(1～8 引脚)：它是一个 8 位准双向 I/O 口，每个口可独立控制，内带上拉电阻。对于增强型单片机 89C52，P1.0 和 P1.1 引脚具有第二功能。

(3) P2 口(P2.0～P2.7)(21～28 引脚)：它是一个内部带上拉电阻的 8 位准双向 I/O 口，当 CPU 以总线方式访问片外存储器时，P2 口输出高 8 位地址。作为通用 I/O 口使用时，P2 口的驱动能力也为 4 个 LSTTL 负载。

(4) P3 口(P3.0～P3.7)(10～17 引脚)：为内部带上拉电阻的 8 位准双向 I/O 口，可作为一般 I/O 口使用。此外，每个引脚都具有第二功能。各引脚的第二功能定义如表 2-2 所示。

表2-2　P3 口各引脚第二功能定义

引脚	第二功能
P3.0	RXD：串行口输入
P3.1	TXD：串行口输出
P3.2	$\overline{\text{INT0}}$：外部中断 0 请求输入
P3.3	$\overline{\text{INT1}}$：外部中断 1 请求输入
P3.4	T0：定时器/计数器 0 外部计数脉冲输入
P3.5	T1：定时器/计数器 1 外部计数脉冲输入
P3.6	$\overline{\text{WR}}$：外部数据存储器写控制信号输出
P3.7	$\overline{\text{RD}}$：外部数据存储器读控制信号输出

5. 单片机总线结构

总线是指从任意一个源点到任意一个终点的传输数字信息的通道。MCS-51 单片机内部有总线控制器，其总线结构为三总线，即数据总线、地址总线和控制总线。单片机系统总线主要用于扩展外部数据存储器和程序存储器。

MCS-51 单片机三总线结构的引脚分配如图 2-7 所示。P2 口和 P0 口构成了 16 位地址总线；P0 口为 8 位数据总线；$\overline{\text{WR}}$、$\overline{\text{RD}}$、ALE、$\overline{\text{PSEN}}$、$\overline{\text{EA}}$、RST 等引脚构成控制总线。由于 P0 口要分时输出地址低 8 位和传输数据，在传输数据之前，必须把输出的低 8 位地址先锁存起来以免丢失，因此需要在 P0 口外接一个地址锁存器。

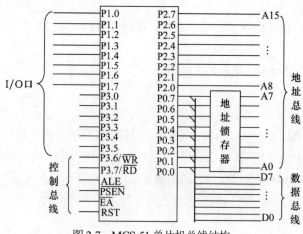

图 2-7　MCS-51 单片机总线结构

2.3 MCS-51 单片机存储器结构

　　单片机的存储器结构特点是：将程序存储器和数据存储器分开，并有各自的寻址机构和寻址方式，这种结构称为哈佛结构。我们使用的个人计算机是将 ROM 和 RAM 统一编址的，称为诺依曼结构。

　　MCS-51 单片机的存储器在物理上有 4 个相互独立的存储空间：片内程序存储器、片外程序存储器、片内数据存储器、片外数据存储器。这 4 个存储空间又在逻辑上分为 3 类：片内、外统一编地址的 64KB 程序存储空间，256B 的片内数据存储空间，最大可扩展 64KB 的片外数据存储空间。

2.3.1 程序存储器

　　基本型单片机 89C51 片内有 4KB 的闪存 ROM，地址为 0000H～0FFFH。由于片内、外程序存储器是统一编址的，最大地址空间只能到 64KB，所以片外最多可以扩展 60KB 的程序存储器，地址为 1000H～FFFFH。

　　增强型单片机 89C52 片内有 8KB 的闪存 ROM，地址为 0000H～1FFFH，片外最多可以扩展 56KB 的程序存储器，地址为 2000H～FFFFH。

　　如果单片机既有片内程序存储器，同时又扩展了片外程序存储器，如图 2-8 所示，那么，单片机在刚开始执行指令时，是先从片内程序存储器取指令，还是先从片外程序存储器取指令呢？这主要取决于程序存储器选择引脚 $\overline{EA}$ 的电平状态。

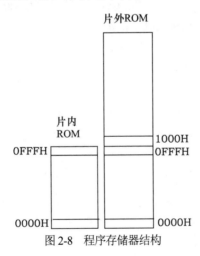

图 2-8　程序存储器结构

　　1) 当 $\overline{EA}$ =1 时

　　程序计数器(PC)在 0000H～0FFFH 范围内，从片内 ROM 中取出指令送给 CPU 执行。当指令地址超出 0FFFH 后，自动转向片外程序存储器，通过 P0、P2 口来读取指令。

　　注意：此情况下片外 ROM 中的 0000H～0FFFH 单元是无用的，片外程序在烧录时一定要从 1000H 单元开始。

2) 当 $\overline{EA}=0$ 时

片内 ROM 不起作用，CPU 直接从片外 ROM 中读取指令，地址从 0000H 开始。

程序存储器在使用时，单片机指定了部分空间为专用区域，用于作为系统复位时的引导地址和中断程序的入口地址。具体单元分配如表 2-3 所示。

表 2-3　51 单片机 ROM 中专用存储区域

存储单元	应　用
0000H～0002H	复位后引导程序地址
0003H～000AH	外中断 0 矢量区
000BH～0012H	定时器 0 中断矢量区
0013H～001AH	外中断 1 矢量区
001BH～0022H	定时器 1 中断矢量区
0023H～002AH	串行口中断矢量区
002BH～0032H	定时器 2 中断矢量区(增强型单片机)

各部分程序的代码在存放时必须遵守表 2-3 中的空间分配，否则程序将不能被正确执行。

2.3.2　数据存储器

1. 片内数据存储器结构

89C51 单片机的片内数据存储器按照寻址方式可以分为两部分：低 128B 数据区、特殊功能寄存器区，如图 2-9(a)所示。

89C52 单片机的片内数据存储器按照寻址方式可以分为三部分：低 128B 数据区、高 128B 数据区、特殊功能寄存器区，如图 2-9(b)所示。

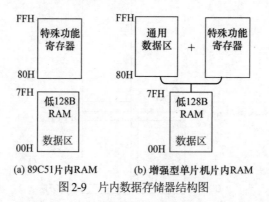

(a) 89C51片内RAM　　(b) 增强型单片机片内RAM

图 2-9　片内数据存储器结构图

1) 低 128B 数据区

低 128B 数据区的地址范围为 00H～7FH，又划分为工作寄存器区、位寻址区和通用数据区 3 个区域，如图 2-10 所示。

(1) 工作寄存器区。地址范围为 00H～1FH，共 32 字节。分 4 个组：第 0 组、第 1 组、第 2 组和第 3 组。这四组工作寄存器的物理地址不同，但每组的 8 个工作寄存器名都叫 R0，R1，R2，…，R7。在使用时，只能同时使用一组工作寄存器。使用过程中，可以通过修改程序状态字

PSW 中的 RS1 和 RS0 位来更换工作寄存器组。

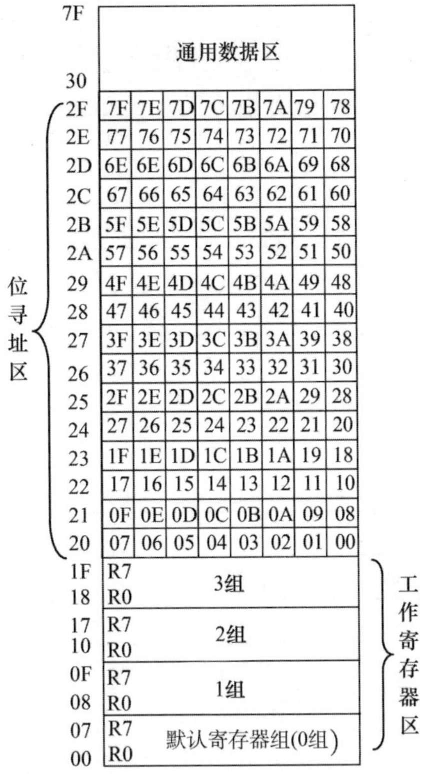

图 2-10　低 128B 数据区结构

使用 C 语言编程时，可以在定义函数时选择寄存器组。

(2) 位寻址区。地址范围为 20H～2FH，共 16 字节。这 16 字节一共有 128 位，每一位都可以单独进行位操作。为了使用方便，给每一位编了一个位地址：00H～7FH。

对位寻址区，既可以单独按位操作，也可以按字节操作。

(3) 通用数据区。地址范围为 30H～7FH，共 80 字节。主要用于存放数据、程序运行的中间结果等，也可以将堆栈区设置到这里。

2) 高 128B RAM

地址范围为 80H～FFH，128B，用途与低 128B 中的通用数据区完全一样，用于存放数据、程序运行中间结果和作为堆栈使用等。

3) 特殊功能寄存器(SFR)

特殊功能寄存器是控制单片机工作的专用寄存器。它们散布于高 128B RAM 中，主要功能包括：

(1) 控制单片机各个部件的运行。

(2) 反映各部件的运行状态。

(3) 存放数据或地址。

基本型单片机特殊功能寄存器总数为 21 个，其中可位寻址的有 11 个。特殊功能寄存器的复位值及地址分配情况如表 2-4 所示。

表 2-4　基本型单片机特殊功能寄存器一览表

字节地址	名称	复位值	位地址							
			D7	D6	D5	D4	D3	D2	D1	D0
F0H	B	00H	F7	F6	F5	F4	F3	F2	F1	F0
E0H	ACC	00H	E7	E6	E5	E4	E3	E2	E1	E0
D0H	PSW	00H	D7	D6	D5	D4	D3	D2	D1	D0
B8H	IP	×××00000B	—	—	—	BC	BB	BA	B9	B8
B0H	P3	FFH	B7	B6	B5	B4	B3	B2	B1	B0
A8H	IE	0××00000B	AF	—	—	AC	AB	AA	A9	A8
A0H	P2	FFH	A7	A6	A5	A4	A3	A2	A1	A0
99H	SBUF	不确定	不可位寻址							
98H	SCON	00H	9F	9E	9D	9C	9B	9A	99	98
90H	P1	FFH	97	96	95	94	93	92	91	90
8DH	TH1	00H	不可位寻址							
8CH	TH0	00H	不可位寻址							
8BH	TL1	00H	不可位寻址							
8AH	TL0	00H	不可位寻址							
89H	TMOD	00H	不可位寻址							
88H	TCON	00H	8F	8E	8D	8C	8B	8A	89	88
87H	PCON	0×××0000B	不可位寻址							
83H	DPH	00H	不可位寻址							
82H	DPL	00H	不可位寻址							
81H	SP	07H	不可位寻址							
80H	P0	FFH	87	86	85	84	83	82	81	80

2. 片外数据存储器

当单片机片内 RAM 不够用时可以外扩，最大扩展容量为 64KB，地址范围为 0000H～

FFFFH。

对片外 RAM 的访问一般采用总线操作方式。在进行读/写操作时，硬件会自动产生相应的读/写控制信号 $\overline{\text{RD}}$ 和 $\overline{\text{WR}}$ ，作用于片外 RAM 实现读/写操作。

片外 RAM 可以作为通用数据区使用，用于存放大量的中间数据，也可以作为堆栈使用。

2.4 MCS-51 单片机时钟及 CPU 时序

2.4.1 单片机时钟

数字电路离不开时钟信号，在时钟的同步下各逻辑单元之间才能够有序地工作。单片机也属于数字电路，因此也必须有时钟信号。

1. 时钟电路

MCS-51 单片机的时钟信号可以由两种方式产生：一是内部方式，二是外部方式。

1）内部方式

MCS-51 单片机内部有一个用于构成振荡器的高增益反相放大器，即片内振荡器和分频器，能够产生单片机工作的各种时钟信号，引脚 XTAL1 和 XTAL2 分别是反相放大器的输入端和输出端，由这个放大器与作为反馈元件的片外晶体或陶瓷谐振器一起，就构成了内部自激振荡器并产生振荡时钟脉冲。晶振实物及单片机振荡电路接法如图 2-11 所示。电容 C_1、C_2 起微调作用，数值通常取 15～30pF。

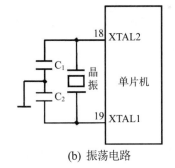

(a) 晶振实物　　　　　　　　(b) 振荡电路

图 2-11　晶振实物及单片机振荡电路图

2）外部方式

外部方式就是把外部的时钟信号接到 XTAL1 或 XTAL2 引脚上供单片机使用，主要用于多电路的时钟同步。不同工艺生产的单片机，外部时钟信号的接法不同，可参照图 2-12。

2. 时钟信号

在单片机中，广义的时钟信号包括振荡信号、状态周期信号、机器周期信号和指令周期信号。

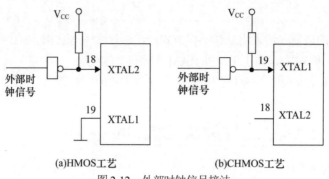

(a)HMOS工艺   (b)CHMOS工艺

图 2-12   外部时钟信号接法

1) 状态周期与节拍

时钟信号：晶振的振荡周期是单片机系统最小的时序单位，我们把振荡脉冲 2 分频后的信号叫作时钟信号，作为基本的时序信号。每个时钟信号包含两个振荡脉冲。

状态周期 S：也就是时钟周期，是计算机中最基本的时间单位。在一个时钟周期内，CPU完成一个最基本的动作。

节拍 P：时钟信号的前、后半个周期称为相位 1(P1)和相位 2(P2)，也称为节拍 1、节拍 2，如图 2-13 所示。

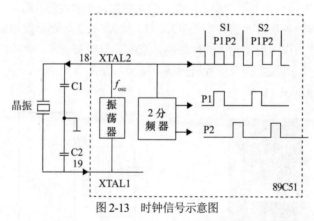

图 2-13   时钟信号示意图

2) 机器周期

机器周期是指 CPU 访问一次存储器所需要的时间。

1 个机器周期=6 个时钟周期(状态周期)=12 个振荡周期

设单片机的振荡频率 f_{osc} 为 12MHz，则机器周期为 1μs。

3) 指令周期

完成一条指令所需要的时间称为指令周期。它是时序中的最大单位。

MCS-51 单片机不同的指令有不同的指令周期，分为单机器周期、双机器周期和 4 机器周期3 种。其中多数为单周期指令，4 周期指令只有乘、除两条指令。指令周期数决定了指令的运算速度，周期数越少，执行速度越快。

振荡周期、时钟周期、机器周期和指令周期等几个时序概念间的关系如图 2-14 所示。

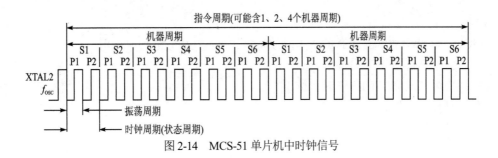

图 2-14　MCS-51 单片机中时钟信号

2.4.2　CPU 时序

CPU 时序即 CPU 的操作时序，包括取指令和执行指令两个阶段。单片机的指令从执行时间上分为单机器周期、双机器周期和 4 机器周期指令；从代码长度上分为单字节、双字节和三字节指令。单周期指令的操作时序如图 2-15 所示。

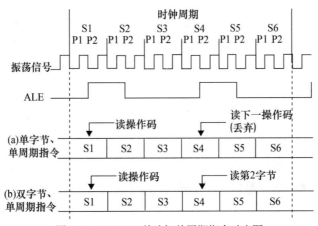

图 2-15　MCS-51 单片机单周期指令时序图

从图 2-15 中可以看到，在每个机器周期之内，地址锁存信号两次有效，第一次出现在 S1P2 和 S2P1 期间，第二次出现在 S4P2 和 S5P1 期间。指令从 S1P2 开始读取。如果是双字节指令，会在 S4P2 状态读第 2 字节；如果是单字节指令，在 S4 状态仍然读指令，但随后丢弃，程序计数器(PC)的值也不会加 1。有关单片机的时序此处不做更多介绍，感兴趣的读者可以参阅相关资料。

2.5　MCS-51 单片机低功耗工作方式

单片机系统使用电池供电时，为了降低电池的功耗，需要在程序不运行时以低功耗方式工作。MCS-51 单片机的低功耗方式有待机方式和掉电方式两种，由电源控制寄存器 PCON 来控制。寄存器 PCON 的格式如下：

	D7	D6	D5	D4	D3	D2	D1	D0
PCON(87H)	SMOD	—	—	—	GF1	GF0	PD	IDL

其中：

SMOD：波特率加倍位。SMOD=1 时波特率加倍，在串行通信时使用。

PD：掉电方式位。PD＝1 时掉电。

IDL：待机方式位。IDL＝1 时待机。

GF1：通用标志位。

GF0：通用标志位。

1. 待机方式

写 1 字节的数据到 PCON 使 IDL 置 1，单片机即进入待机方式。

在待机方式下，振荡器仍然工作，并向中断系统、串行口和定时器/计数器电路提供时钟，但向 CPU 提供时钟的电路被阻断，因此 CPU 不能工作，与 CPU 有关的全部通用寄存器也都被"冻结"在原状态。

终止待机方式的方法有两种：

(1) 通过硬件复位。系统复位会使 IDL 位清零，单片机即退出待机状态。

(2) 通过中断方法。待机期间任何一个允许的中断被触发，IDL 都会被硬件置 0，从而结束待机方式。

2. 掉电保护方式

当 CPU 执行一条置 PCON 寄存器的 PD 为 1 的指令后，系统进入掉电工作方式。在这种工作方式下，内部振荡器停止工作。由于没有振荡时钟，因此，所有的功能部件都停止工作。但内部 RAM 区和特殊功能寄存器区的内容被保留，而端口的输出状态值都被存在对应的 SFR 中。

退出掉电方式的唯一方法是通过硬件复位。

2.6 小结

本章讲解了 51 系列单片机内部集成的硬件资源，对增强型单片机 89C52 来讲，其内部也只有 8KB 的程序存储器和 256B 的数据存储器，内部资源容量非常有限。在实际应用中面对稍复杂的工程任务时，单靠这些资源是不够用的，所以在内部的各种资源不能满足应用需求时可在外部进行扩展，包括扩展 ROM、RAM、I/O 接口、定时器/计数器、中断系统等，能够给应用系统设计带来极大的方便和灵活性。

单片机在设计上所具有的引脚功能复用特点，有效化解了强大控制功能需要与有限芯片引脚数量之间的矛盾；具有的较强外部扩展能力，满足了随控制系统规模大小而灵活使用片内片外硬件资源的需求。这些设计思路和方法，可以作为成功经验供工程技术人员在解决系统设计中遇到的复杂工程问题时借鉴使用。

思考与练习

1. AT89C51 单片机的内部 ROM 和 RAM 分别是多大空间？最多可扩展至多少空间？

2. AT89C51 单片机有哪几个中断源？

3. 试画出 MCS-51 单片机的复位电路原理图，包括上电复位和手动复位功能，并根据参数计算上电复位时高电平的持续时间。

4. MCS-51 单片机的 ALE 引脚有什么特点？

5. 当 MCS-51 单片机使用内部程序存储器时，$\overline{EA}$ 引脚应该接什么电平？

6. MCS-51 单片机有几个 I/O 端口？在三总线结构中，数据总线和地址总线分别由哪些端口组成？

7. MCS-51 单片机内部 RAM 的低 128 字节可划分为哪几个区域？位寻址区有什么特点？

8. MCS-51 单片机的晶振频率为 24MHz 时，其机器周期是多少？

9. 试写出 MCS-51 单片机内部 ROM 中定时器 1 的中断矢量区地址范围。

第 3 章

MCS-51单片机C语言
程序设计基础

　　早期的单片机编程主要使用汇编语言。随着技术的发展，采用 C 语言进行单片机软件开发成为主流。C 语言具有代码效率高、数据类型丰富、运算功能强等优点，并具有良好的程序结构，适用于各种应用的程序设计。

3.1　C51 概述

　　MCS-51 单片机 C 语言称为 C51，它支持符合 ANSI 标准的 C 语言程序设计，同时针对 8051 单片机的自身特点做了专门扩展。C51 对数据类型和变量的定义必须与单片机的存储结构相关联，否则编译器不能正确地映射定位。其他的语法规定、程序结构及程序设计方法都与 ANSI C 相同。

　　由于单片机在结构及编程上的特殊要求，C51 有自己扩展的关键字：_at_ bdata、bit、code、data、idata、interrupt、pdata、reentrant、sbit、sfr、sfr16、using、volatile、xdata。

3.2　C51 数据类型

　　C51 中的数据类型如表 3-1 所示。

1. 字符型 char

　　有带符号数(signed char)和无符号数(unsigned char)之分，长度均为 1 字节，用于存放一个单字节的数据。

　　对于 signed char 类型数据，其字节中的最高位表示该数据的符号：0 表示正数；1 表示负数。负数用补码表示，数值的表示范围是-128～+127。

　　对于 unsigned char 类型数据，其字节中的所有位均用来表示数据的数值，数值的表示范围是 0～255。

2. 整型 int

　　有 signed int 和 unsigned int 之分，长度均为 2 字节，用于存放一个双字节的数据。

3. 长整型 long

有 signed long 和 unsigned long 之分，长度均为 4 字节。

表 3-1　C51 数据类型一览表

数据类型	表示方法	长　度	数值范围
无符号字符型	unsigned char	1 字节	0～255
有符号字符型	signed char	1 字节	−128～127
无符号整型	unsigned int	2 字节	0～65 535
有符号整型	signed int	2 字节	−32 768～32 767
无符号长整型	unsigned long	4 字节	0～4 294 967 295
有符号长整型	signed long	4 字节	−2 147 483 648～2 147 483 647
浮点型	float	4 字节	±1.1755E−38～±3.40E+38
特殊功能寄存器型	sfr	1 字节	0～255
	sfr16	2 字节	0～65 535
位类型	bit、sbit	1 位	0 或 1

4. 浮点型 float

浮点型变量占 4 字节，用以 2 为底的指数形式表示，其具体格式与编译器有关。对于 Keil C，它是符合 IEEE-754 标准的单精度浮点型数据，在十进制数中具有 7 位有效数字。float 类型数据占用 4 字节(32 位二进制数)，在内存中的存放格式如表 3-2 所示。

表 3-2　存放格式

字节地址	浮点数内容	数据含义
0	SEEEEEEE	符号和阶码
1	EMMMMMMM	尾数高位
2	MMMMMMMM	
3	MMMMMMMM	尾数低位

S：符号位，0 表示正，1 表示负。

E：阶码，占用 8 位，位于 2 字节中。阶码用移码表示，如实际阶码−126 用 1 表示，实际阶码 0 用 127 表示，即实际阶码数加上 127 得到阶码的表达数。阶码数值范围为−126～+128。

阶码 E 的正常取值范围是 1～254，从而实际指数的取值范围为−126～+127。

M：尾数的小数部分，用 23 位二进制数表示，存放在 3 字节中。尾数的整数部分永远为 1，因此不予保存，但它是隐含存在的。小数点位于隐含的整数位 1 的后面。

例如，浮点数−12.5 的数据格式为：

符号位为 1；

12.5 的二进制数为 1100.1=1.1001E+0011；

阶码数值为 3+127=130=10000010B；

尾数为 1001。

因此，其十六进制数为 0xC1480000。

5. 其他数据类型

1) sfr：特殊功能寄存器

这也是 Keil C51 编译器的一种扩充数据类型，利用它可以定义 51 单片机的所有内部 8 位特殊功能寄存器，sfr 型数据占用一个内存单元，其取值范围是 0～255。

2) sfr16：16 位特殊功能寄存器

它占用两个内存单元，取值范围是 0～65 535，利用它可以定义 8051 单片机内部 16 位特殊功能寄存器。

3) bit：位类型

这是 Keil C51 编译器的一种扩充数据类型，利用它可定义一个位变量，但不能定义位指针，也不能定义位数组。

4) sbit：可寻址位

sbit 是 Keil C51 编译器的一种扩充数据类型，利用它可以定义 8051 单片机内部 RAM 中的可寻址位或特殊功能寄存器中的可寻址位。

5) 指针型

指针型数据本身是一个变量，但在这个变量中存放的不是普通的数据而是指向另一个数据的地址。指针变量也要占据一定的内存单元，指针变量的长度一般为 1～3 字节。指针变量也具有类型，其表示方法是在指针符号前面冠以数据类型符号，如 char*point1 表示 point1 是一个字符型的指针变量；float*point2 表示 point2 是一个浮点型的指针变量。指针变量的类型表示该指针所指向地址中数据的类型。使用指针型变量可以方便地对单片机各部分物理地址直接进行操作。

MCS-51 单片机只有 bit 和 unsigned char 两种数据类型支持机器指令，而其他类型的数据都需要转换成 bit 或 unsigned char 型后进行存储。

3.3　C51 变量定义

变量是一种在程序执行过程中其值能不断变化的量。使用一个变量之前，必须进行定义，用一个标识符作为变量名并指出它的数据类型和存储模式，以便编译系统为它分配相应的存储单元。在 C51 中对变量进行定义的格式为：

[存储类型] 数据类型 [存储区] 变量名 1[=初值] [,变量名 2[=初值]] [,……];

或者

[存储类型] [存储区] 数据类型 变量名 1[=初值] [,变量名 2[=初值]] [,……];

变量定义的 4 部分称为变量的 4 种属性，其中用方括号表示的部分在定义时可以省略。

3.3.1　变量存储类型与存储区

存储类型仍沿用 ANSI C 的说法，C51 变量有 4 种存储类型：动态存储(auto)、静态存储(static)、全局存储(extern)、寄存器存储(register)。

动态存储的变量用 auto 定义，叫动态变量，也叫自动变量。其作用范围在定义它的函数内或复合语句内部。当定义它的函数或复合语句执行时，C51 才为变量分配存储空间，结束时所占用的存储空间释放。

定义变量时，auto 可以省略，或者说如果省略了存储类型项，则认为是动态变量。

在 C51 中为了节省资源，变量一般定义为动态变量。

变量的存储区属性是单片机扩展的概念，MCS-51 单片机有四个存储空间，片内数据存储器和片外数据存储器又分成不同的区域，不同区域有不同的寻址方式。在定义变量时，必须明确指出是存放在哪个区域。表 3-3 列出了 Keil Cx51 编译器所能识别的存储器类型变量的存储区域及范围。

表 3-3　C51 存储区与存储空间的对应关系

关键字	对应的存储空间及范围
code	ROM 64KB 全空间
data	片内 RAM 低 128B
bdata	片内 RAM 的位寻址区 0x20～0x2f，可字节访问
idata	片内 RAM256B
pdata	片外 RAM，分页寻址的 256B(P2 不变)， P2 改变可寻址 64KB 全空间
xdata	片外 RAM 64KB 全空间
bit	片内 RAM 位寻址区，位地址 0x00～0x7f，128 位

下面列举几个 C51 变量定义的例子。

(1) 定义存储在 data 区域的动态 unsigned char 变量：

unsigned char data sec=0, min=0, hou=0;

(2) 定义存储在 data 区域的静态 unsigned int 变量：

static unsigned int data dd;

(3) 定义存储在 idata 区域的动态 unsigned char 数组：

unsigned char idata temp[20];

(4) 定义存储在 code 区域的 unsigned char 数组：

unsigned char code dis_code[10]= {0x3f, 0x06, 0x5b, 0x4f, 0x66, 0x6d,
0x7d,0x07,0x7f,0x6f};　　　　//定义共阴极数码管段码数组

在定义变量时也可以缺省存储区，此时 C51 编译器则会按存储模式所规定的默认存储区存放变量。共有三种存储模式：

(1) SMALL：默认存储区为 data。

(2) COMPACT：默认存储区为 pdata。

(3) LARGE：默认存储区为 xdata。

3.3.2　变量的绝对定位

C51 有三种方式可以对变量(I/O 端口)绝对定位：绝对定位关键字_at_、指针、库函数的绝对定位宏。在这里先介绍第一种。

C51 扩展的关键字_at_专门用于对变量作绝对定位，用在变量的定义中，其格式为：

[存储类型]　数据类型　[存储区]　变量名 1　_at_　地址常数[，变量名 2，……]

下面看几个使用_at_进行变量绝对定位的例子：

(1) 对 data 区域中的 unsigned char 变量 aa 绝对定位到 40H 单元：

unsigned char data aa _at_0x40;

(2) 对 pdata 区域中的 unsigned int 数组 cc 绝对定位到 64H 单元：

unsigned int pdata cc[6]　_at_0x64;

(3) 对 xdata 区域中的 unsigned char 变量 printer_port 绝对定位到 7FFFH 单元：

unsigned char xdata printer_port_at_0x7fff;

对变量的绝对定位需要注意以下几点：

(1) 绝对地址变量在定义时不能初始化，因此不能对 code 型变量绝对定位。

(2) 绝对地址变量只能够是全局变量，不能在函数中对变量绝对定位。

(3) 绝对地址变量多用于 I/O 端口，一般情况下不对变量作绝对定位。

(4) 位变量不能使用_at_绝对定位。

3.3.3　C51 位变量的定义

1. bit 型位变量

常说的位变量指的就是 bit 型位变量。C51 的 bit 型位变量定义的一般格式为：

[存储类型] bit　位变量名 1[=初值] [,位变量名 2[=初值]] [,……]

bit 型位变量被保存在 RAM 中的位寻址区(字节地址为 0x20～0x2f 的 16 个存储单元)。例如：

bit flag_run, receiv_bit=0;
static bit send_bit;

关于 bit 型位变量说明两点：

● bit 型位变量与其他变量一样，可以作为函数的形参，也可以作为函数的返回值，即函数的类型可以是位型的。

● 位变量不能定义指针，不能定义数组。

2. sbit 型位变量

对于能够按位寻址的特殊功能寄存器，以及之前定义在位寻址区的变量(包括 char 型、int 型、long int 型)，如果想对它们按位进行操作，则都需要使用 sbit 对其各位进行定义。

1) 特殊功能寄存器中位变量的定义

能够按位寻址的特殊功能寄存器中位变量定义的一般格式为:

sbit 位变量名＝位地址表达式

位地址在使用时有三种表达形式:

- 直接位地址(00H～FFH)，如 28H。
- 特殊功能寄存器名带位号，如 P1^3，表示 P1 口的第 3 位。
- 字节地址带位号，如 0x90^0，表示 90H 单元的第 0 位。

下面分别举例说明。

(1) 用直接位地址定义位变量:

```
sbit  P0_3=0x83;              //定义 P0.3 端口
sbit  P1_1=0x91;              //定义 P1.1 端口
sbit  RS0=0xd3;               //定义 PSW 的 RS0 位
```

(2) 用特殊功能寄存器名带位号定义位变量:

```
sbit  P0_3=P0^3;              //定义 P0.3 端口
sbit  P1_1=P1^1;              //定义 P1.1 端口
sbit  RS0=PSW^3;             //定义 PSW 的 RS0 位
```

(3) 用字节地址带位号定义位变量:

```
sbit  P0_3=0x80^3;            //定义 P0.3 端口
sbit  P1_1=0x90^1;            //定义 P1.1 端口
sbit  RS0=0xd0^3;            //定义 PSW 的 RS0 位
```

几点说明:

- 用 sbit 定义的位变量，必须能够按位操作，而不能够对无位操作功能的位定义位变量。
- 用 sbit 定义位变量，必须放在函数外面作为全局位变量，而不能在函数内部定义。
- 用 sbit 每次只能定义一个位变量。
- 对其他模块定义的位变量(bit 型或 sbit 型)的引用声明，都使用 bit。
- 用 sbit 定义的是一种绝对定位的位变量，具有确定的位地址和特定的意义，在应用时不能像 bit 型位变量那样随便使用。

2) 位寻址区变量的位定义

bdata 型变量被保存在 RAM 中的位寻址区，访问时既可以执行字节操作，也可以执行位操作。在执行位操作前必须先对 bdata 型变量的各位进行位变量定义。定义格式为:

sbit 位变量名＝bdata 型变量名^位号

例如，在之前已经定义了一个 bdata 型变量 operate: unsigned char bdata operate，现在要对

operate 的低 4 位再作位变量定义，方法如下：

```
sbit flag_key=operate^0;    //键盘标志位
sbit flag_dis=operate^1;    //显示标志位
sbit flag_mus=operate^2;    //音乐标志位
sbit flag_run=operate^3;    //运行标志位
```

位号常数可以是 0～7(8 位字节变量)，或 0～15(16 位整型变量)，或 0～31(32 位字长整型变量)。

【例 3-1】 在片内 RAM 的 30H～3FH 单元存放着 16 个无符号字节数据，需要编写程序计算这 16 个数的和，请根据任务完成变量定义。

解：

```
unsigned char data xx[16] _at_ 0x30;
unsigned char i;
unsigned int data he;
```

【例 3-2】 片内 RAM 的 30H 单元内存放着一个有符号二进制数变量 X，其函数 Y 与变量 X 的关系为：

$$Y=\begin{cases} X+5 & X>20 \\ 0 & 20 \geq X \geq 10 \\ -5 & X<10 \end{cases}$$

需要编写程序，根据变量值，将其对应的函数值送入 31H 中。请根据任务完成变量定义。

解：

```
signed char data x _at_ 0x30;
signed int data y _at_ 0x31;
```

3.3.4　C51 特殊功能寄存器的定义

在 C51 中，所有特殊功能寄存器在使用时都必须先进行定义。

1) 8 位 sfr 特殊功能寄存器定义

一般格式为：

sfr 特殊功能寄存器名＝字节地址

例如：

```
sfr  P0=0x80;        //定义 P0 口寄存器
sfr  P1=0x90;        //定义 P1 口寄存器
sfr  PSW=0xd0;       //定义 PSW
sfr  IE=0xa8;        //定义 IE
```

2) 16 位 sfr 特殊功能寄存器定义

一般格式为：

sfr16 特殊功能寄存器名＝字节地址

51 单片机中的 16 位特殊功能寄存器只有一个，就是 DPTR，字节地址是 0x82，所以定义方法为：

sfr16　DPTR=0x82;

在实际应用中，单片机所有的特殊功能寄存器都已经在 reg51.h、reg52.h 等头文件中做了定义，编程时把头文件用预处理命令添加进工程文件即可。例如：

#include <reg52.h>

3.3.5　C51 指针的定义

C51 的编译器支持两种指针类型：通用指针和不同存储区域的专用指针。

(1) 通用指针就是通过该类指针可以访问所有的存储空间。在 C51 库函数中通常使用这种指针来访问。通用指针的定义与一般 C 语言指针的定义相同，其格式为：

[存储类型]　数据类型　*指针名 1 [,*指针名 2] [,……]

例如：

unsigned　char　*cpt, *dpt;　　　　　//定义通用指针变量 cpt 及 dpt

通用指针具有较好的兼容性，但运行速度较慢，在存储器中需要占用三个字节。

(2) 存储器专用指针就是通过该类指针，只能够访问规定的存储空间区域。存储器专用指针的一般定义格式为：

[存储类型] 数据类型 指向存储区 *[指针存储区] 指针名 1 [,*[指针存储区] 指针名 2,……]

其中，指向存储区是指针变量所指向的数据存储空间区域，不能够缺省。

指针存储区是指针变量本身所存储的空间区域，可以缺省。缺省时指针变量被存储在默认的存储区域，取决于所设定的编译模式。

例如：

unsigned char pdata *xdata ppt;　　　　//在 xdata 区定义指向 pdata 区的专用指针变量
unsigned char code *data ccpt;　　　　//在 data 区定义指向 code 区的专用指针变量 ccpt
unsigned char data *cpt1, *cpt2;　　　　//定义指向 data 区的专用指针变量 cpt1 和 cpt2
signed long xdata *lpt1, *lpt2;　　　　//定义指向 xdata 区的专用指针变量 lpt1 和 lpt2

后面两个指针变量本身所在的存储区域在定义指针时都省略了，指针变量本身就保存在缺省存储的区域中。

3.3.6　指针的应用

在单片机中，利用指针可独立地指向所需要访问的存储单元位置。下面介绍两种利用指针访问存储区的方法。

1. 通过指针定义的宏访问存储器

1) 访问存储器宏的原型

在 C51 的库函数中定义了访问存储器宏的原型，这些原型分为两组。

(1) 按字节访问存储器的宏：

```
#define CBYTE ((unsigned char volatile code*)0)
#define DBYTE ((unsigned char volatile data*)0)
#define PBYTE ((unsigned char volatile pdata*)0)
#define XBYTE ((unsigned char volatile xdata*)0)
```

(2) 按整型双字节访问存储器的宏：

```
#define CWORD ((unsigned int volatile code*)0)
#define DWORD ((unsigned int volatile data*)0)
#define PWORD ((unsigned int volatile pdata*)0)
#define XWORD ((unsigned int volatile xdata*)0)
```

宏定义原型中不含 idata 型，不能访问片内 RAM 高 128B 区域(0x80～0xff)，需要时可以自己定义。这些宏定义原型放在 absacc.h 文件中，使用时需要用预处理命令把该头文件包含到文件中，形式为：#include <absacc.h>。

2) 访问存储器宏的应用

用宏定义访问存储器的形式类似于数组，分为两种。

(1) 按字节访问存储器宏。形式为：

宏名[地址]

数组中的下标就是存储器的地址，使用起来非常简单。例如：

```
DBYTE[0x30]=48;                    //给片内 RAM 的 30H 单元送数据 48
XBYTE[0x0002]=0x36;                //给片外 RAM 的 0002H 单元送数据 0x36
dis_buf[0]=CBYTE[TABLE+5];         //从 CODE 区读取常数表中的数据
```

(2) 按整型数访问存储器宏。形式为：

宏名[下标]

整型数占两个字节，其下标与存储单元地址的关系为：存储单元地址=下标×2。因为数组中的下标并非是存储器的地址，在使用时必须细心。例如：

```
DWORD[0x20]=0x1234;                //给片内 RAM 的 40H、41H 单元送数据 0x1234
XWORD[0x0002]=0x5678;              //给片外 RAM 的 0004H、0005H 单元送数据 0x5678
```

2. 通过专用指针直接访问存储器

在 C51 中，只要定义好了指针变量，并且给指针变量赋地址值，就可以使用指针直接访问存储单元。例如：

```
unsigned char xdata *xcpt;         //定义指向 xdata 区的指针变量 xcpt
xcpt=0x2000;                       //给指针变量赋地址值 0x2000
*xcpt=123;                         //将数据 123 送入指针指向的存储单元中
```

```
xcpt++;                              //指针指向下一单元
*xcpt=234;                           //继续送数
```

【例 3-3】编写程序，将单片机片外数据存储器中地址从 0x2000 开始 16 个字节数据传送到片内数据存储器地址从 0x40 开始的区域。

解：

```
unsigned char data     i, *dcpt;     //定义指针变量
unsigned char xdata    *xcpt;
dcpt=0x40;                           //给指针赋地址
xcpt=0x2000;
for(i=0;i<16;i++)                    //循环传送数据
    *(dcpt+i)=*(xcpt+i);
```

3.4　C51 函数的定义

C51 函数的定义与 ANSI C 相似，但有更多的属性要求，就是在函数的后面需要带上若干个 C51 的专用关键字。

C51 函数定义的一般格式如下：

返回类型　函数名(形参表) [函数模式]　[reentrant]　[interrupt m]　[using n]
{
　　　局部变量定义
　　　执行语句
}

返回类型：自定义函数返回值的类型。对于无返回值函数，其返回类型用 void 说明；返回值类型缺省时，编译系统默认为 int。对于有返回值函数，在函数体的执行语句中应用 return 语句返回函数执行结果，且保证返回结果的数据类型与函数头定义的返回值数据类型一致。

函数名：是用标识符表示的自定义函数名字，可以是任何合法的标识符，但是不能与其他函数或者变量重名，也不能是关键字。

形参表：列出的是在主调用函数与被调用函数之间传递数据的形式参数，形式参数的类型必须加以说明。ANSI C 标准允许在形式参数表中对形式参数的类型进行说明。定义的函数可以没有形参，但圆括号不能省略。

局部变量定义：对在函数内部使用的局部变量进行定义。

执行语句：函数需要执行的语句。

各属性的含义如下：

函数模式也就是编译模式、存储模式，可以为 small、compact 和 large。缺省时使用文件的编译模式。

reentrant 表示重入函数。所谓重入函数，就是允许被递归调用的函数。重入函数不能使用 bit 型参数，函数返回值也不能是 bit 型。

interrupt m 为中断关键字和中断号，用于定义中断服务函数。中断号 m 决定了函数的入口

地址，对应关系为中断入口地址=3+8×m。MCS-51 单片机各中断源的中断号如表 3-4 所示。

表 3-4　51 单片机中断源与中断号的关系

中断源	外中断 0	T0 中断	外中断 1	T1 中断	串行中断	T2 中断
中断号	0	1	2	3	4	5
中断入口地址	0x0003	0x000b	0x0013	0x001b	0x0023	0x002b

使用中断服务函数需要注意以下几点：

- 中断服务函数不传递参数；
- 中断服务函数没有返回值；
- 中断服务函数必须有 interrupt m 属性；
- 进入中断服务函数，ACC、B、PSW 会进栈，根据需要，DPL、DPH 也可能进栈，如果没有 using n 属性，R0~R7 也可能进栈，否则不进栈；
- 在中断服务函数中调用其他函数，被调函数最好设置为可重入的，因为中断是随机的，有可能中断服务函数所调用的函数出现嵌套调用；
- 不能够直接调用中断服务函数。

using n 表示选择工作寄存器组。using 是 C51 扩展的关键字；n 为组号，可以是 0~3，对应第 0 组~第 3 组。

如果函数有返回值，则不能使用 using n 属性。这是因为返回值存放于寄存器中，在函数返回时要恢复原来的寄存器组，会导致返回值错误。

3.5　C51 中的运算符和表达式

C51 对数据有很强的表达和运算能力，拥有十分丰富的运算符。运算符是完成某种特定运算的符号，表达式是运算符和运算对象组成的具有特定含义的式子。在任意一个表达式的后面加一个分号"；"，就构成了一个表达式语句。

C51 中的运算符分为赋值运算符、算术运算符、增减运算符、关系运算符、逻辑运算符、位运算符、复合赋值运算符、逗号运算符等。运算符按运算对象个数可分为单目运算符、双目运算符和三目运算符。

1. 赋值运算符

C51 中赋值运算符是"＝"。赋值语句的格式为：

变量=表达式；

该语句先计算右边表达式的值，再将该值赋给左边的变量。例如：X＝9×8，则 X 的值为 72。

2. 算术运算符

C51 中的算术运算符如表 3-5 所示。用算术运算符将运算对象连接起来的式子即为算术表达式。

表 3-5　C51 中的算术运算符

运 算 符	功　能	举　例
+	加或取正	19+23、+7
−	减或取负	56−41、−9
*	乘	13*15
/	除	5/10＝0、5.0/10.0＝0.5
%	取余	9%5＝4

在一个算术表达式中有多个运算符时，运算顺序按运算符的优先级来进行，其中取负值(−)的优先级最高，其次是乘法、除法、取余运算符，加减法的运算符优先级最低。可通过加括号的方式改变运算符的优先级，括号的优先级最高。

3. 增减运算符

除了基本的加、减、乘、除运算符外，C51 还提供一种特殊的运算符，即++和− −，如表 3-6 所示。

表 3-6　C51 中的增减运算符

运 算 符	功　能	举　例
++	自加 1	++i：先执行 i+1，再使用 i 值
		i++：先使用 i 值，再执行 i+1
− −	自减 1	− −i：先执行 i−1，再使用 i 值
		i− −：先使用 i 值，再执行 i−1

4. 关系运算符

关系运算符用于判断某个条件是否满足，若条件满足则结果为 1，若条件不满足则结果为 0。C51 支持的关系运算符有>、<、>=、<=、==、!=。例如：(X+1)>X 表达式结果为 1；X==(X+1)表达式结果为 0。

5. 逻辑运算符

逻辑运算符用于对两个表达式进行逻辑运算，其结果为 0 或 1。逻辑运算符包括||(或)、&&(与)、!(非)。逻辑表达式的格式为：

表达式 1　逻辑运算符　表达式 2

表达式 1 和表达式 2 可以是算术表达式、关系表达式或者逻辑表达式。例如：!X &&(Y+1>1)，若 X=1，则!X=0，逻辑表达式的结果为 0。

6. 位运算符

位运算符对变量进行按二进制位逻辑运算，其优先级从高到低依次是~(按位取反)、>>(右移)、<<(左移)、&(按位与)、^(按位异或)、|(按位或)。位运算格式为：

变量 1　位运算符　变量 2

其中，左移(<<)、右移(>>)运算是将变量 1 的二进制值向左或向右移动变量 2 所指的位数。左移过程中变量 1 的最左位丢弃，右端补 0；右移过程中最右端的二进制位丢弃，左端根据变量 1 的性质，若变量 1 是无符号数，左端补 0；若变量 1 是带符号数，左端补"符号位"。

7. 复合赋值运算符

复合赋值运算符先对变量进行运算，再将结果返回给变量。C51 中的复合赋值运算符如表 3-7 所示。

表 3-7　C51 中的复合赋值运算符

复合赋值运算符	说明	复合赋值运算符	说明
+=	加法赋值	>>=	右移位赋值
-=	减法赋值	&=	逻辑与赋值
*=	乘法赋值	|=	逻辑或赋值
/=	除法赋值	^=	逻辑异或赋值
%=	取模赋值	~=	逻辑非赋值
<<=	左移位赋值		

8. 逗号运算符

用于将两个或两个以上的表达式连接起来。其一般形式为：

表达式 1,表达式 2, ...,表达式 n

它从左到右依次计算出各个表达式的值，最右边表达式的值即为整个逗号表达式的值。例如：

b=a- -,a/6;　　　　　　　　　　　//先计算 a- -，再计算 a/6，最后将结果赋值给 b

9. 条件运算符

条件运算符(? :)是三目运算符。一般格式为：

逻辑表达式 ? 表达式 1 : 表达式 2

先计算逻辑表达式，若其值为真(或非 0 值)，将表达式 1 作为整个条件表达式的值；若其值为假(或 0 值)，将表达式 2 作为整个条件表达式的值。例如：

max=(a>b)?a:b;　　　　　　　　　其执行结果是将 a 和 b 中较大的值赋值给变量 max

10. 指针和地址运算符

指针变量用于存储某个变量的地址。C51 中用 * 和 & 运算符提取变量的内容和地址。其格式为：

目标变量=*指针变量　　　　　　//将指针变量所指的存储单元内容赋值给目标变量
指针变量=&目标变量　　　　　　//将目标变量的地址赋值给指针变量

指针变量只能存放地址(即指针数据类型)，不能将非指针类型数据赋值给指针变量。例如：

```
int i;                    //定义整数型变量 i
int *dpt;                 //定义指向整数的指针变量 dpt
dpt = & i;                //将变量 i 的地址赋值给指针变量 dpt
dpt = i;                  //错误，指针变量 dpt 只能存放变量指针，不能存放变量值 i
```

11. 强制类型转换运算符

一个表达式中有多种数据类型时，编译系统会按照默认的规则自动转换：短长度数据类型→长长度数据类型；有符号数据类型→无符号数据类型。

当编译系统默认的数据类型转换规则达不到程序要求时，程序员需要对数据类型做强制转换，C51 中数据类型强制转换符是"()"。数据类型强制转换的格式为：

(数据类型名)表达式

例如：

```
float b; b = (float)25/5;       //将 25/5 的结果转换为浮点数
```

12. sizeof 运算符

sizeof 是长度运算符，用于获取表达式或数据类型的长度(字节数)。sizeof 运算符的一般格式为：

sizeof(数据类型或表达式)

例如：

```
sizeof(int)               //运算结果是 2
```

13. 数组下标运算符

C51 支持一维或二维数组，C51 数组的下标运算符是[ ]。如 TAB[3]，代表数组 TAB[ ]中的第 3 个元素。下标从 0 开始，下标最大值是数组大小减 1。

14. 成员运算符

C51 支持复杂数据类型，如结构体、联合体、线性链表等。成员运算符用于引用复杂数据类型中的成员。

C51 有两个成员运算符。"."用于非指针变量，"→"用于指针变量。其格式为：

```
结构体变量名.成员名
结构体指针→成员名
```

例如：

```
struct date{int year;
```

```
        char month,day;}
struct date d1,*d2;
d1.year = 2010;
 *d2→year = 2010;
```

C51 中各类运算符的优先级及其结合性如表 3-8 所示。

表 3-8　C51 各类运算符优先级及结合性

优先级	类别	运算符名称	运算符	结合性
1	强制转换	强制类型转换符	( )	右结合
	数组	下标运算符	[ ]	
	结构、联合体	成员运算符	. →	
2	逻辑	逻辑非	!	左结合
	字位	按位取反	～	
	增量	增1	++	
	减量	减1	——	
	指针	取地址	&	
		取内容	*	
	算术	单目减	—	
	长度计算	长度计算	size of	
3	算术	乘	*	右结合
		除	/	
		取模	%	
4	算术和	加	+	
	指针运算	减	—	
5	字位	左移	<<	
		右移	>>	
6	关系	大于等于	>=	右结合
		大于	>	
		小于等于	<=	
		小于	<	
7		恒等于	==	
		不等于	!=	
8	字位	按位与	&	
9		按位异或	^	
10		按位或			
11	逻辑	逻辑与	&&	
12		逻辑或	||	
13	条件	条件运算符	? :	
14	赋值	赋值	=	左结合
		复合赋值	%=	
15	逗号	逗号运算符	,	右结合

3.6　C51 语句和控制结构

C 语言是一种结构化的程序设计语言，提供了丰富的程序控制语句。任何数据成分只要以分号结尾就被称为语句。分号是语句的结束标志，一个语句可以写成多行，只要未遇到分号就认为是同一语句，在一行内也可以写多个语句，只要用分号隔开就行。C51 中的语句类别如表 3-9 所示。

表 3-9　C51 中的语句类别

类别	名称	一般形式
简单语句	表达式语句	<表达式>;
	空语句	;
	复合语句	｛<语句 1；……><语句 n>；｝
条件语句	if 语句	if <e1> S1 else S2;
	switch 语句	switch <e > {case……}
循环语句	while 语句	while <e> S;
	for 语句	for(e1；e2；e3)S;
	do-while 语句	do S while <e>;
转向语句	break 语句	break;
	continue 语句	continue;
	goto 语句	goto <标号>;
	return 语句	return；或 return(<e>);

1. 空语句

空语句在程序中只有一个分号：

;

空语句不做任何具体操作，只是浪费一定的机器周期。通常有两种用法：

(1) 在程序中为有关语句提供标号，用以标记程序执行的位置。

(2) 在 while 语句构成的循环语句后面加一个分号，形成一个不执行其他操作的空循环体，这种空语句在等待某个事件发生时特别有用。

空语句使用时，要注意与简单语句中有效组成部分的分号相区别。

2. 表达式语句

在表达式的后边加一个分号 "；" 就构成了表达式语句，是 C51 中最基本的一种语句。常见的主要有赋值语句和函数调用语句。例如：

```
x=8;
printf("OK");
```

3. 复合语句

复合语句是用一对大括号"{}"将若干条语句组合在一起而形成的一个功能块。复合语句不需要以分号";"结束，但它内部的各条单语句仍要以";"结束。例如：

{ ++I; ++j; k＝i＋j; }

复合语句内部虽然有多条语句，但对外是一个整体，相当于一条语句。复合语句中的单语句一般是可执行语句，此外还可以是变量的定义语句。复合语句在执行时，其中的各条单语句按顺序执行。在C语言程序中，复合语句被视为一条单语句，允许嵌套，即在复合语句内部还可以包含别的复合语句。复合语句通常出现在函数中，主要用于循环语句的循环体或条件语句的分支。函数体本身也是一个复合语句。

4. if 语句

if 语句也叫条件语句、分支语句，它由关键字 if 构成，用于控制程序按条件分支，主要有三种格式。

格式一：

if(<表达式>)<语句 1>;
else <语句 2>;

在C语言中，如果表达式符合条件，则称作条件为真；如果表达式不符合条件，则称作条件为假。格式一的语句在执行时，若表达式条件为真(非 0 值)，就执行后面的语句 1；若表达式条件为假(0 值)，就执行语句 2。执行过程如图 3-1(a)所示。语句 1 和语句 2 均可以是复合语句。

格式二：

if(<表达式>)<语句 1>;
<语句 2>;

其含义为若表达式条件为真就执行后面的语句 1；若表达式条件为假就跳过语句 1，直接执行语句 2。执行过程如图 3-1(b)所示。

格式三：

if(<表达式 1>)<语句 1>;
else if(<表达式 2>)<语句 2>;
…
else <语句 n+1>;

格式三是 if 语句的嵌套，常常用于实现多分支结构。其执行过程如图 3-1(c)所示。

5. switch 语句

switch 语句又叫开关语句，用 switch 语句可以实现多分支程序结构。开关语句直接处理多分支选择，相比 if 嵌套语句而言，程序结构清晰，使用方便。switch 语句的一般格式为：

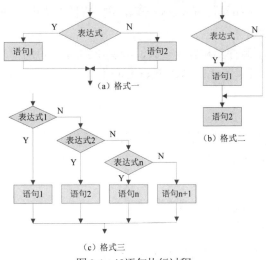

图 3-1　if 语句执行过程

```
switch(<表达式 e>)
{
        case <常量 e1>：<语句 1>; break;
        case <常量 e2>：<语句 2>; break;
        …
        case <常量 en>：<语句 n>; break;
        default：<语句 n＋1>;
}
```

开关语句的执行过程是将 switch 后面表达式的值与 case 后面各个常量表达式的值逐个进行比较，若遇到匹配，就执行相应 case 后面的语句，然后执行 break 语句。break 语句又称间断语句，功能是中止当前语句的执行，使程序跳出 switch 语句。出现无匹配的情况时，只执行“语句 n＋1”。switch 语句的执行过程如图 3-2 所示。

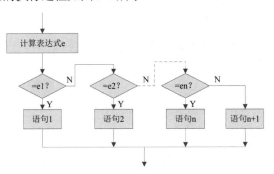

图 3-2　switch 语句执行过程

使用 switch 语句应注意以下几点：
- switch 后表达式数据类型可以是 int、char 或枚举型；
- case 后语句组可以加 { }，也可以不加 { }；
- 各个 case 后的常量表达式不能包含变量，且其值必须各不相同；
- 多个 case 子句可以共用一个语句；

- case 和 default 子句如果带有 break 子句，则它们之间的顺序变化不影响执行结果；
- switch 语句可以嵌套；
- switch 语句编译后程序结构较为复杂，考虑到 51 单片机的程序和数据存储器都不够充裕，编程时应尽量采用 if 语句替代 switch 语句。

6. for 语句

单片机在执行任务时经常会用到循环控制，C51 语言提供了三种实现循环结构的编程语句：for 语句、while 语句和 do-while 语句。

for 语句一般格式为：

for (<表达式 e1> ; <表达式 e2> ; <表达式 e3>)
　　　<语句 1>;

格式中 e2 是逻辑表达式，e1 和 e3 中不能使用比较和逻辑运算符。

for 语句的执行过程如图 3-3 所示。先计算表达式 e1 的值，作为循环控制变量的初值；再检查条件表达式 e2 的结果；当 e2 结果为真时执行循环语句 1，并计算表达式 e3。然后继续判断条件表达式 e2 是否为真，一直进行到条件表达式 e2 结果为假时退出循环体。语句 1 可以是复合语句。基本 for 语句示例如下：

for (i=1;i<=100;i++)
{
…;
…;
}

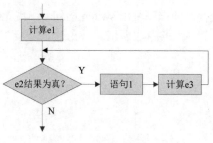

图 3-3　for 语句执行过程

使用 for 语句应注意以下几点：

- for 语句中<表达式 e1>、<表达式 e2>和<表达式 e3>可以省略，但分号不能省略，它们的功能必须在 for 语句之前或 for 语句的循环体中体现；
- 如果循环体是空语句，分号不能省略；
- 如果循环体由多个语句组成，需要用 { } 括起来，其中的两个分号都不能缺省。

在 C51 中，for 语句不仅可以用于循环次数已经确定的情况，而且可以用于循环次数不确定而只给出循环结束条件的情况。for 语句中的三个表达式是相互独立的，不要求有依赖关系。原则上三个表达式都可缺省，但一般不要缺省循环条件表达式，否则就形成死循环。

7. while 语句

while 语句的一般形式为：

while (<表达式 e>) <语句 1>;

其意义为：当条件表达式 e 的结果为真时，程序就重复执行后面的语句 1，直到表达式 e 的结果变为假时为止。这种循环结构是先检查条件表达式的结果，再决定是否执行后面的语句。如果条件表达式的结果一开始就为假，则后面的语句一次也不会被执行。语句 1 可以是复合语句。while 语句的执行过程如图 3-4 所示。

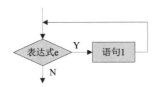

图 3-4　while 语句执行过程

使用 while 语句应注意以下几点：
- 若 while 语句循环体有多条执行语句，则应用 { } 括起来；
- 与 for 语句不同，while 语句适用于循环次数预先难以确定的循环结构。

在 C 语言里，除了表达式外，所有非 0 的常数都被认为是逻辑真，只有 0 被认为是逻辑假。所以，在语句 while(1) 中，可以把数字 1 改成 2、3、4 等其他数字，都代表是一个死循环。

8. do-while 语句

do-while 语句的一般形式为：

do <语句 1>;
　while <表达式 e >;

这种循环结构的特点是先执行给定的循环体语句，然后再检查条件表达式的结果。当条件表达式的值为真时，则重复执行循环体语句，直到条件表达式的结果变为假时退出循环。因此，用 do-while 语句构成的循环结构在任何条件下，循环体语句至少会被执行一次。语句执行过程如图 3-5 所示。

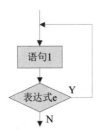

图 3-5　do-while 语句执行过程

do-while 语句与 while 语句的差别是：

(1) while 语句先判断执行条件，再执行循环体；do-while 语句先执行循环体，再判断循环条件。do-while 语句至少执行一次循环体。

(2) do-while(<表达式 e >)后面没有分号，while <表达式 e >后面要加分号。

9. goto、break、continue 语句

goto 语句是无条件转向语句，一般形式为：

goto 语句标号；

语句标号是带"："的标识符。goto 语句和 if 语句在一起使用可构成一个循环结构。在 C51 程序中，常采用 goto 语句来跳出多重循环，但只能从内层循环跳到外层循环，不允许从外层循环跳到内层循环。

break 语句也用于跳出循环语句，其形式为：

break；

在多重循环情况下，break 语句只能跳出它所在的那一层循环，而 goto 语句可以直接跳出最外层循环。

continue 语句是一种中断语句，功能是中断本次循环。其形式为：

continue；

continue 语句是一种具有特殊功能的无条件转移指令，通常和条件语句一起用于 while、do-while 和 for 语句构成的循环结构中。与 break 不同，continue 语句并不跳出循环体，只是根据循环控制条件确定是否继续执行循环语句。

10. 返回语句 return

返回语句用于终止函数的执行并控制程序返回到调用的地方。返回语句有两种形式：

return(表达式)；
return；

return 语句后面带有表达式时，要计算表达式的值，然后将其作为函数的返回值。如果不带表达式，则在被调用函数在返回主调函数时其函数值不确定。函数内部也可以没有 return 语句，此时，当程序执行到最后一个界限符"}"时，自动返回主调函数。

3.7 C51 编程实例

C51 程序书写比较自由，不过为了增加程序的可读性，一般一行写一条语句，根据程序结构和语法成分，使每行排列错落有致。

【例 3-4】片内 RAM 的 30H 单元内存放着一个 8 位二进制数，编写程序，将其转换成压缩的 BCD 码，分别存入 30H 和 31H 单元中，高位在 30H 中。

解：将 8 位二进制数转换成 BCD 码的方法是用除法实现。原数除以 10，其余数为个位数；其商再除以 10，余数为十位数；商为百位数。例程如下：

```
unsigned char data aa _at_ 0x30;
unsigned char data cc _at_ 0x31;
unsigned char temp1,temp2;
void main()
{
    temp1=aa;
    aa=temp1/100;
    temp2=temp1%100;
    cc=(temp2/10<<4)|(temp2%10);
}
```

【例 3-5】在片内 RAM 的 30H～3FH 单元，存放着 16 个无符号字节数据，编写程序，计算这 16 个数的和。

解：16 个数求和，需要循环做 15 次加法运算，所以选择使用 for 循环语句编程。例程如下：

```
unsigned char data xx[16] _at_ 0x30;
unsigned char i;
unsigned int data he;
void main()
{
    he=xx[0];
    for(i=1;i<16;i++)
    he=he+xx[i];
}
```

【例 3-6】片内 RAM 的 30H 单元内存放着一个有符号二进制数变量 X，其函数 Y 与变量 X 的关系为：

$$Y=\begin{cases} X+5 & X>20 \\ 0 & 20\geq X\geq 10 \\ -5 & X<10 \end{cases}$$

编写程序，根据变量值，将其对应的函数值送入 31H 中。

解：这是典型的多分支程序结构，这里使用 if 语句的嵌套形式来编程。例程如下：

```
signed char data x _at_ 0x30;
signed int data y _at_ 0x31;
void main()
{
    if(x>20)
            y=x+5;
    else if(x<10)
            y=-5;
    else
            y=0;
}
```

3.8 C51 程序开发软件 Keil C 简介

Keil C51 软件是德国 Keil 公司开发的单片机 C 语言编译器,其前身是 FRANKLIN C51,功能相当强大。

μVision 是 Keil C 软件自带的一个 for Windows 的集成化 C51 开发环境,集成了文本编辑处理、编译链接、项目管理、窗口、工具引用和软件仿真调试等多种功能,是相当强大的单片机开发工具。

μVision 的仿真功能有两种仿真模式:软件模拟仿真和硬件仿真。软件模拟仿真不需要任何 51 单片机硬件即可完成用户程序仿真调试,极大地提高了用户程序开发效率;硬件仿真方式下,用户可以将程序装到自己的单片机系统板上,利用单片机的串口与 PC 机进行通信来实现用户程序的实时在线仿真。

在 μVision 中使用工程的方法来管理文件,而不是单一文件的模式,所有的文件包括源程序(如 C 语言程序、汇编语言程序)、头文件等都可以放在工程项目文件里统一管理。μVision 集成开发环境的软件版本在不断升级,目前已发展到了 μVision4。软件基本使用方法都相同,下面以 μVision2 版本为例,详细介绍工程项目的建立、程序编写及仿真调试功能的使用。

3.8.1 建立工程项目

双击桌面快捷图标,即可进入如图 3-6 所示的集成开发环境编辑操作界面,主要包括三个窗口:工程管理器窗口、代码编辑窗口和信息输出窗口。

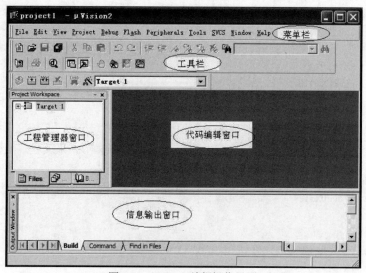

图 3-6 μVision2 编辑操作界面

选择 Project→New Project 命令,新建一个项目,如图 3-7 所示。

图 3-7　Project 界面

在弹出的对话框中选择要保存的路径，输入工程文件的名字(如保存到"keil C51 开发软件"目录中，工程文件的名字为 project1)，如图 3-8 所示，然后单击"保存"按钮。

图 3-8　Project 保存设置界面

这时会弹出一个对话框，要求选择单片机的型号，用户可根据所使用的单片机来选择。Keil 几乎支持所有 51 内核的单片机，这里选择 Atmel 的 89C52 单片机。首先选择 Atmel 公司，然后单击左边的"+"号选择 AT89C52，如图 3-9 所示。右边栏是对这个单片机的基本说明，然后单击"确定"按钮，在随后弹出的对话框中单击"否"按钮。完成后的界面如图 3-10 所示。

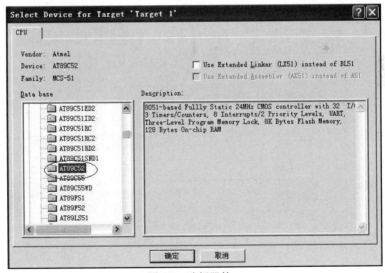

图 3-9　选择器件

首先进行选项设置，将鼠标指针指向 Target 1 并单击鼠标右键，再从弹出的快捷菜单中选择 Options for Target 'Target' 命令，如图 3-11 所示。

从弹出的 Options for Target 'Target 1' 对话框中选择 Output 选项卡，选中 Create HEX File 复选框，如图 3-12 所示。

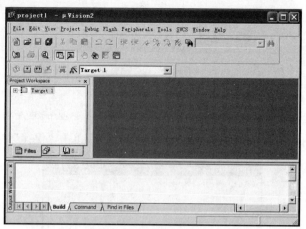

图 3-10   初始化编辑界面

图 3-11   选择 Options for Target 'Target' 命令

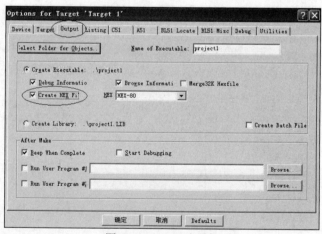

图 3-12   Output 选项卡

3.8.2   建立 C 语言程序文件并编译

下面开始建立一个 C 语言程序文件。

(1) 在菜单栏中选择 File→New 命令，或直接单击工具栏中的快捷图标 ，建立一个新的代码编辑窗口。此时光标在编辑窗口里闪烁，用户就可以输入应用程序代码了。

建议首先保存该空白文件。方法为：选择 File→Save As 命令，在弹出的对话框的"文件名"文本框中输入欲使用的文件名，同时必须输入正确的扩展名，如 Text1.c，然后单击"保存"按钮，如图 3-13 所示。

图 3-13　保存源程序

注意：

如果用 C 语言编写程序，则扩展名为 ".c"；如果用汇编语言编写程序，则扩展名为 ".asm"，且必须添加扩展文件名。

(2) 回到编辑界面后，单击 Target 1 前面的 "＋" 号，然后在 Source Group 1 上单击鼠标右键，弹出如图 3-14 所示的快捷菜单。

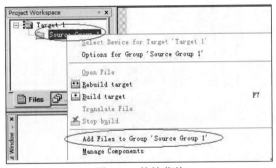

图 3-14　快捷菜单

选择 Add Files to Group 'Source Group 1' 命令，弹出如图 3-15 所示的对话框，在 "文件类型" 列表框中选择 C Source file(*.c)，在上面就可以看到刚才保存的 C 语言文件 Text1.c，双击该文件会自动添加至项目，单击 Close 按钮关闭对话框。

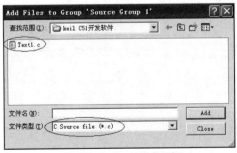

图 3-15　添加文件对话框

这时在 Source Group 1 文件夹前面会出现一个 "＋" 号，单击 "＋" 号展开就可以看到刚才添加的 Text1.c 文件。

(3) 在代码编辑区输入程序代码。以前面例 3-5 的程序代码为例，输入过程中，Keil 会自动识别关键字，并以不同的颜色提示用户加以注意，如图 3-16 所示。这样会使用户少犯错误，有利于提高编程效率。这就是事先保存空白文件的好处。程序输入完毕要及时保存。

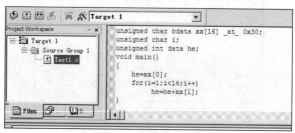

图 3-16　程序输入完毕后状态

(4) 程序文件编辑完毕后，选择 Project→Build target 命令(或者按快捷键 F7)，或者单击工具栏中的快捷图标　进行编译，如图 3-17 所示。

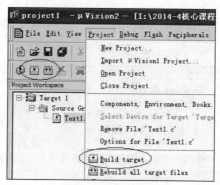

图 3-17　编译菜单

(5) 如果有错误，在下面的信息输出窗口会给出所有错误及其所在的位置、错误的原因，并有 Target not created 提示。双击该处的错误提示，在编辑区对应错误指令处左面出现蓝色箭头提示，然后对当前的错误指令进行修改，如图 3-18 所示。

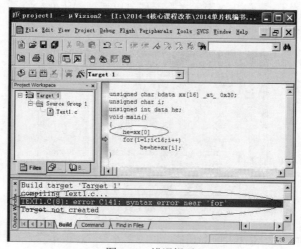

图 3-18　错误提示

(6) 对所有提示过的错误进行修改，然后重新编译，直至出现""project1" - 0 Error(s), 0 Warning(s)"，说明编译完全通过，如图 3-19 所示。有时 Warnings 可能不是 0，但不影响编译通过。

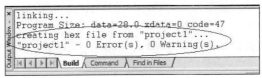

图 3-19　编译通过提示

3.8.3　调试与仿真

编译成功后，就可以进行程序调试与仿真了。选择 Project→Start/Stop Debug Session(或者按快捷键 Ctrl+F5)，或者单击工具栏中的快捷图标 就可以进入调试界面，如图 3-20 所示。

左面的工程项目窗口给出了常用的寄存器 r0～r7 以及 a、b、sp、dptr、pc、psw 等特殊功能寄存器的值。在执行程序的过程中可以看到，这些值会随着程序的执行发生相应的变化。

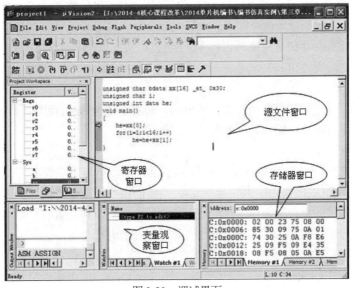

图 3-20　调试界面

在存储器窗口的地址栏处输入 c: 0x00 后按 Enter 键，可以查看单片机程序存储器的内容，如图 3-21 所示。

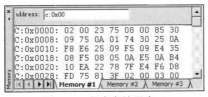

图 3-21　程序存储器窗口

如果在存储器窗口的地址栏处输入 d: 0x30 后按 Enter 键, 可以查看并修改片内数据存储器的内容。在 30H 单元数据位置上右击, 在弹出的快捷菜单中选择 Modify Memory at D 0x30 命令, 在随后的输入栏中输入数据, 就把新数据写入到了该单元中。依次进行, 分别设置 30H~35H 单元中的数据, 其余单元数据为 0, 如图 3-22 所示。同时在左边的"变量观察窗口"中添加了变量 he, 初值为 0x0000, 以便观察程序执行完后的结果。

在联机调试状态下可以启动程序全速运行、单步运行、设置断点等, 选择 Debug→Go 命令, 启动用户程序全速运行。

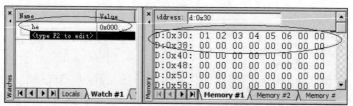

图 3-22　数据存储器及变量观察窗口

下面介绍几种常用的调试命令及方法。

1) 复位 CPU

用 Debug 菜单或工具栏中的 Reset CPU 按钮可以复位 CPU。在不改变程序的情况下, 若想使程序重新开始运行, 执行此命令即可。执行此命令后程序指针返回到 000H 地址单元。另外, 一些内部特殊功能寄存器在复位期间也将重新赋值。例如, A 将变为 00H, DPTR 变为 0000H, SP 变为 07H, I/O 口变为 0FFH。

2) 全速运行(F5)

用 Debug 菜单中的 Go 命令或快捷按钮 Run, 即可实现全速运行程序。当然, 若程序中已经设置断点, 程序将执行到断点处, 并等待调试指令。

3) 单步跟踪(F11)

用 Debug 菜单中的 Step 命令或快捷按钮 StepInto, 可以单步跟踪程序。每执行一次此命令, 程序将运行一条指令(以指令为基本执行单元)。当前的指令用黄色箭头标出, 每执行一步箭头都会移动, 已执行过的语言呈绿色。在汇编语言调试下, 可以跟踪到每一个汇编指令的执行。μVision2 处于全速运行期间, μVision2 不允许对任何资源进行查看, 也不接受其他命令。

4) 单步运行(F10)

用 Debug 菜单中的 Step Over 命令或快捷按钮 Step Over, 即可实现单步运行程序, 此时单步运行命令将把函数和函数调用当作一个实体来看待, 因此单步运行是以语句(该语句不管是单一命令行还是函数调用)为基本执行单元。

5) 执行返回(Ctrl+F11)

在用单步跟踪命令跟踪到子函数或子程序内部时, 使用 Debug 菜单中的 Step Out of Current Function 命令或快捷按钮 Step Out, 即可将程序的 PC 指针返回到调用此子程序或函数的下一条语句。

6) 停止调试(Ctrl+F5)

由于 Led_Light 程序使用了系统资源 P1 口, 为了更好地观察这些资源的变化, 用户可以打开它们的观察窗口。选择 Peripherals→I/O-Ports→Port1 命令, 即可打开并行 I/O 口 P1 的观察窗口。

在本例中，运行程序，查看变量 he 的结果发现，数据变成了 0x0015，这正是 30H 单元开始的 16 个存储单元中数据之和，如图 3-23 所示，说明程序编写正确。

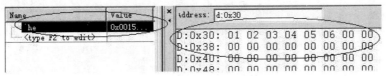

图 3-23　程序执行完的结果

3.9　小结

在 Keil C 软件中调试程序时，如果在调试界面的最下面一栏没有出现变量观察器和存储器等窗口，则可以从 View 菜单中找到 Watch &Call Stack Window 和 Memory Window 选项，点击即可打开。

对于初学 C51 编程的人员来讲，因为对变量的数据类型和数值范围概念不强，经常有人在编程时会出现类似 "unsigned char aa=300" 这样的低级错误。在工程控制系统编程中，数据类型的正确使用非常重要，历史上也出现过因类型转换问题造成数据运算错误，从而酿成重大事故的典型案例。所以，初学者在一开始练习编程时，就要严格要求自己，养成细致、认真的学习态度，在处理工程问题时，一定要秉承精益求精的工匠精神。

思考与练习

1. C51 中有哪些数据类型？它们的数值范围分别是多少？
2. C51 变量定义的格式是什么？
3. 要在片内 RAM 的 36H 单元定义一个动态无符号的字符型变量 time，试写出其定义语句。
4. 定义一个普通位变量 button，试写出其定义语句。定义后的 button 变量将被分配在哪个存储区域？
5. 如果在 bdata 区域定义了一个 char 型变量，则该变量将具有什么特点？
6. 如果将单片机 P1 口的第 3 位定义为位变量 LED，试写出其定义语句。
7. 采用指针定义的访问存储器的宏编写程序，将单片机外部 RAM 中地址从 2000H 开始的 16 个字节数据传送到片内 RAM 地址从 40H 单元开始的区域中。
8. 如果定义一个定时器 0 的中断服务程序，试写出其函数的定义语句。
9. 编写 C51 程序，把片内 RAM 40H 和 41H 单元存放的某无符号整型数按十进制将其个、十、百、千、万位分离，并将分离后的结果对应存放在 51H~55H 单元中。
10. 编写 C51 程序，将片外 RAM 地址从 2000H 开始的连续 30 个存储单元依次写入数据 1，2，3，…，30。
11. 已知数组 num[10]={1，60，20，16，92，6，70，34，18，12}，编程对其进行排序，按照由大到小的顺序依次排列数据后重新存放于该数组中。

第 4 章

项目一：按键控制8个LED灯花样显示

单片机对外部 LED 灯的亮灭控制，是通过对 I/O 端口进行输入输出编程实现的。要正确掌握单片机 I/O 口的编程和应用方法，必须对 I/O 口的结构有所了解和掌握。

4.1 MCS-51 单片机 I/O 口结构及工作原理

MCS-51 单片机有四个 8 位并行 I/O 端口，名称分别为 P0、P1、P2 和 P3，这四个端口都被称为 8 位准双向口，共占 32 条 I/O 引脚，每一条 I/O 引脚都能独立地用作输入或输出。每个端口具有一个 8 位的数据锁存器，就是特殊功能寄存器 P0～P3。此外，每一条 I/O 引脚内部都有一个输出驱动器和输入缓冲器，作输出时数据可以锁存，作输入时数据可以缓冲。这四个 I/O 口的功能特点不一样，使用时的方法也有所不同。

4.1.1 P0 口结构与应用

P0 口是三态双向 I/O 口，既可以作为一般的输入/输出端口使用，也可以作为系统扩展时的低 8 位地址总线和 8 位数据总线使用。图 4-1 所示为 P0 口中一位的结构。

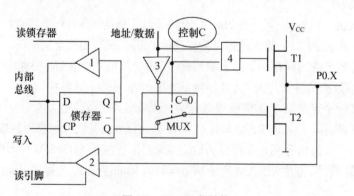

图 4-1 P0 口一位结构

在 P0 口内部有一个二选一的开关 MUX，开关的位置由控制信号 C 的状态决定。当 C=0 时，MUX 开关打向下方，输出驱动电路和端口锁存器连接，此时 P0 口作为一般双向 I/O 口使用；当 C=1 时，MUX 开关打向上方，输出驱动电路和内部地址/数据总线连接，此时 P0 口作为系统外部扩展总线，分时输出低 8 位地址信息和 8 位数据信号。

1. P0 口作为一般 I/O 口使用

P0 口作为一般 I/O 口使用时分为输出和输入两种方式。

1) P0 口输出

当 CPU 执行端口写入指令时(如赋值语句 P0=0x3f)，系统自动产生一个"写入"脉冲加在 D 锁存器的 CP 端，与内部总线相连的 D 端的数据取反后出现在反相端 $\overline{Q}$ 上，在经过输出级 T2 时信号又被再次反相后出现在引脚上，所以引脚上的数据正好是写到内部总线上的数据。这就是数据输出过程，如图 4-2 所示。

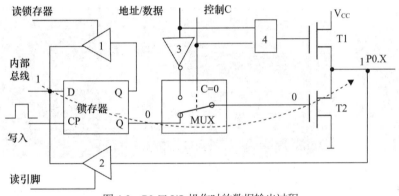

图 4-2　P0 口 I/O 操作时的数据输出过程

P0 口输出时必须注意的是：场效应管 T2 要想正常工作，其漏极必须要有工作电源。从图 4-2 中可以看到，T2 的漏极通过场效应管 T1 与电源 V_{CC} 相连。因为此时 C=0，与门 4 的输出端为低电平，场效应管 T1 截至，所以 T2 的漏极与 V_{CC} 之间相当于是断开的，当 T2 截止时 P0.X 引脚上并不能输出高电平。

因此，要想让数据顺利输出，就必须在 T2 的漏极即 I/O 引脚和 V_{CC} 之间跨接一个上拉电阻，如图 4-3 所示，这样引脚上才能够顺利输出高电平。在实际设计 PCB 电路板时端口上拉电阻一般采用排阻。图 4-4 所示为排阻及其在电路板上应用的实物图。排阻有不同阻值，此处一般选用 10kΩ。

2) P0 口输入

单片机的 I/O 口在输入时，又分为读引脚数据和读端口锁存器数值两种情况。

(1) 读引脚数据。当需要把引脚上的数据读入到单片机内部时，需要执行一条数据传送语句，如 ACC=P0。这时，系统会自动产生一个"读引脚"脉冲把三态缓冲器 2 打开，引脚上的数据经过缓冲器 2 读入到内部总线，如图 4-5 中虚线所示。

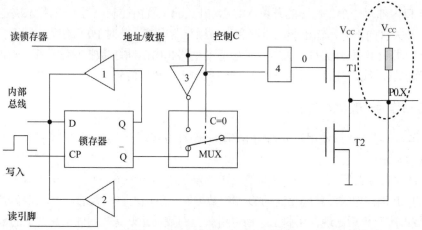

图 4-3　引脚外接上拉电阻的结构图

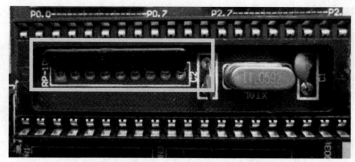

图 4-4　实际电路板中的 P0 口上拉电阻

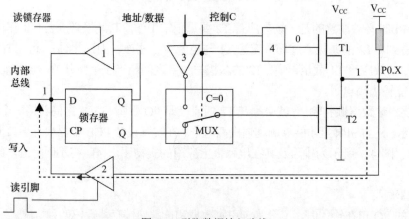

图 4-5　引脚数据输入路线

P0 口读引脚时必须注意的是：在读入引脚数据时，如果引脚数据为 1，而输出 FET 即 T2 正好处于导通状态，就会将引脚上的高电平拉成低电平，从而导致输入到内部总线的数据为 0，产生误读现象。因此，要保证能够正确读入引脚数据，无论 T2 之前处于哪种状态，一律在执行读操作前强制 T2 截止即可。方法是向端口锁存器写入数据 1，如图 4-6 所示。这就是把 MCS-51 单片机的 I/O 口称为准双向口的原因。

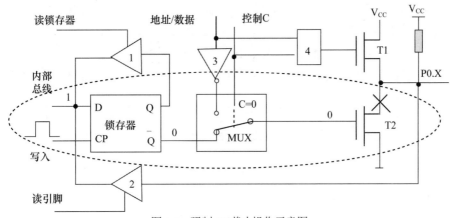

图 4-6 强制 T2 截止操作示意图

(2) 读锁存器数值。MCS-51 系列单片机可以直接对端口进行操作，譬如对端口进行数学运算和逻辑运算，此类语句诸如：P0++，P0--，P0=P0+5，P0=～P0，P0=P0|0x0f 等。此时执行的操作过程分为"读—修改—写"三步，即先把端口锁存器的数据读入到 CPU，然后在 ALU 中进行运算，最后再把运算结果写入到端口锁存器。锁存器对于单片机的 P1、P2、P3 口都有类似的操作。

在读入端口锁存器的数据时，图 4-6 中左上角的"读锁存器"脉冲使三态缓冲器 1 打开，锁存器 Q 端的数据通过三态缓冲器 1 进入到内部总线。

综上所述，P0 口作为一般 I/O 口使用时必须注意两点：

- 作为输出口时，引脚必须外接上拉电阻；
- 作为输入口时，在读入引脚数据前，必须先向端口锁存器写入 1。

2. P0 口作为地址/数据总线使用

当单片机和外部存储器进行数据通信时，一般采用总线操作方式，体现在编程上就是使用直接对存储单元进行读写的语句。如果使用指针定义的宏来访问外部数据存储器，则对应的 C 语言程序语句如：XBYTE[0x7fff]=0x32，buff=XBYET[0x3ff]。

此时，内部硬件自动使控制信号 C=1，MUX 开关打向上方，端口输出通过反相器 3 和内部"地址/数据"线连接，P0 口作为地址总线和数据总线的复用口，分时输出地址和传输数据。具体过程如下：

1) 总线输出地址/数据

当单片机对外部存储器进行写操作时，P0 口先输出低 8 位地址信息，然后跟着输出 8 位数据。输出 1 时，T1 导通，T2 截止，引脚输出高电平；输出 0 时，T1 截止，T2 导通，引脚输出低电平，如图 4-7 所示。

在 P0 总线输出数据 1 时，因为 T1 是导通的，所以不需要外部上拉电阻。

2) 总线输入数据

当 P0 口作总线输入数据时，为了能够正确读入引脚数据，CPU 会自动从地址/数据线输出 1 使 T2 截止，T1 导通。同时产生"读引脚"脉冲使三态缓冲器 2 打开，引脚上的数据进入到内部总线。

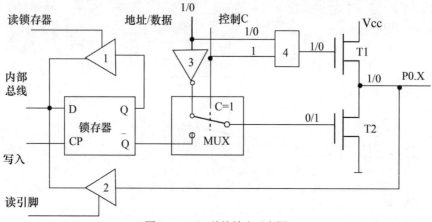

图 4-7   P0 口总线输出示意图

4.1.2   P1 口结构与应用

P1 口一位结构如图 4-8 所示。P1 口的输出驱动部分与 P0 口不同，由场效应管 T 与内部上拉电阻组成，可以直接驱动拉电流负载，不需要外接上拉电阻。实质上，上拉电阻是两个场效应管 FET 并在一起：一个 FET 为负载管，其阻值固定；另一个 FET 可工作在导通或截止两种状态，使其总电阻值变化近似为 0 或阻值很大。当阻值近似为 0 时，可将引脚快速上拉至高电平；当阻值很大时，P1 口为高阻输入状态。

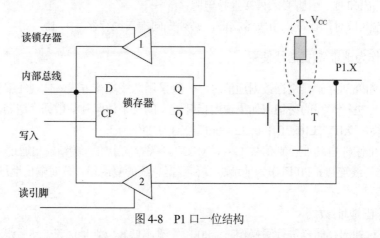

图 4-8   P1 口一位结构

P1 口也是一个准双向口，每一位都可以独立进行输入或输出，在输入引脚数据时，也应先向端口锁存器写 1 使 T 截止。输入数据的过程和 P0 口一样。

4.1.3   P2 口结构与应用

P2 口的一位结构与 P0 口类似，如图 4-9 所示。也有 MUX 开关，但驱动部分又与 P1 口类似，只是比 P1 口多了一个转换控制部分。P2 口是一个双功能口，一是可以作为通用 I/O 口使用，其用法和 P1 口相同；二是在以总线方式访问外部存储器时作为高 8 位地址口，此状态由系统自动控制切换，此时的 P2 口时钟输出高 8 位地址信息，直到完成指令操作。

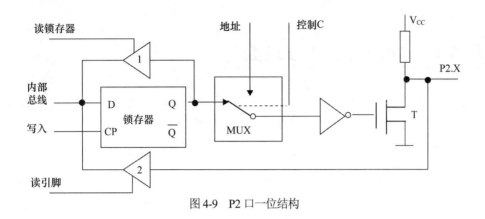

图 4-9　P2 口一位结构

4.1.4　P3 口结构与应用

P3 口是一个多功能端口，其一位结构如图 4-10 所示。

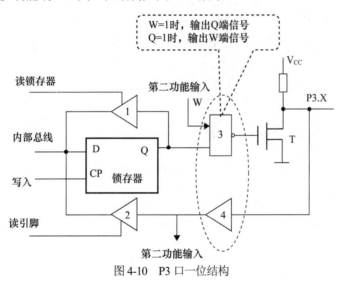

图 4-10　P3 口一位结构

P3 口比 P1 口多了与非门 3 和缓冲器 4。因此 P3 口除了具有 P1 口的准双向通用 I/O 功能外，各引脚还可以使用独有的第二功能。

P3 口作为通用 I/O 口使用时，与非门 3 的 W 信号自动为 1，缓冲器 4 常开，其数据输入/输出方法与 P1 口相同。

P3 口用作第二功能时，D 锁存器自动输出高电平 1。第二功能输出时，信号 W 经过与非门 3 和场效应管 T 传送到引脚 P3.X；输入时，信号 W 自动输出 1 使 T 截止，同时三态缓冲器 2 不导通，引脚上输入的第二功能信号经缓冲器 4 直接送给 CPU 进行处理。

P3 口各个引脚的第二功能互不相同，参见前面表 2-2 所示。

4.2 MCS-51 单片机 I/O 口编程

在如图 4-11 所示的电路中，单片机 AT89C51 的 P2.0、P2.1 引脚分别接了两个 LED 灯，P3.4、P3.6 引脚分别接了两个按键 KEY0 和 KEY1。下面通过对 I/O 口进行编程来读取按键状态和控制 LED 灯的亮灭。

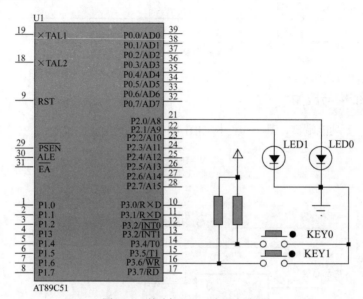

图 4-11 单片机 I/O 口应用电路图

在对单片机 I/O 端口 P0、P3 进行操作时，因为要使用特殊功能寄存器 P0 和 P3，所以编程前必须先添加特殊功能寄存器定义的头文件：#include<reg51.h>。

如果选择按位操作的方法编程，还需要定义位变量。例如：

```
sbit   LED0 = P2^0;          bit Key0_status;
sbit   LED1 = P2^1;          bit Key1_status;
sbit   KEY0 = P3^4;
sbit   KEY1 = P3^6;
```

1. I/O 口输出

如果要让 LED0 点亮，LED1 熄灭，则控制语句可以这样写：

P2=0x01;(字节操作)

或者

LED0=1;
LED1=0;(按位操作)

2. I/O 口输入

如果需要读取按键 KEY0、KEY1 的状态，这实际上就是读 P3.4 和 P3.6 的引脚数据，按照前面介绍的，读引脚之前必须先向端口锁存器写 1，所以程序应该这样写：

```
P3=0x50(只要二进制数值符合"×1×1××××B"都可以);
ACC=P3;(字节操作)
```

或者

```
KEY0=1;
KEY1=1;
Key0_status=KEY0;
Key1_status=KEY1;(按位操作)
```

3. 输入/输出综合编程

假如现在要求 KEY0 按下后只有 LED0 灯亮，KEY1 按下后只有 LED1 灯亮，程序又该怎么写呢？例程如下：

```
void main()
{
    P3=0x50;            //先向 P3.4、P3.6 端口写 1
    P2=0x00;            //LED0、LED1 都熄灭
    While(1)
    {
        if( KEY0==0)     //如果 KEY0 按下，则 LED0 点亮，LED1 熄灭
        {
            LED0=1;
            LED1=0;
        }
        if( KEY1==0)     //如果 KEY1 按下，则 LED1 点亮，LED0 熄灭
        {
            LED1=1;
            LED0=0;
        }
    }
}
```

4.3　项目设计

1. 设计内容及要求

AT89C51 单片机的 P1 口接 8 个独立按键，P0 口接 8 个 LED 灯。请设计硬件电路并编写程序，完成以下功能要求：

- 基本功能：当 P1.0 键按下后 P0.0 灯亮，P1.1 键按下后 P0.0～P1.1 灯亮，P1.2 键按下后 P0.0～P1.2 灯亮，以此类推，P1.7 键按下后 P0.0～P1.7 灯亮。
- 发挥部分：在基本要求基础上，实现其他花样显示。

2. 硬件电路设计

根据设计内容，在 Proteus 中建立的硬件电路如图 4-12 所示。按键和 P1 口通过导线标号连接，P0 口外接 10kΩ 的上拉电阻。

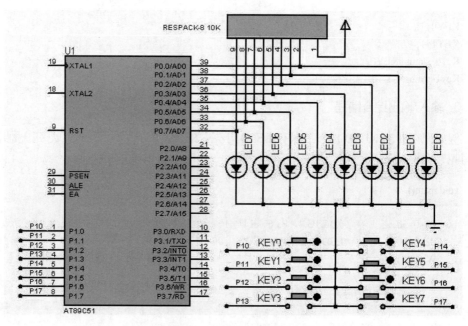

图 4-12　系统硬件电路图

3. 程序设计

根据功能要求，编写的 C 语言源程序如下。

1) 基本功能

```c
#include <reg51.h>
void main()
{
    P1=0xff;      //先向 P1 口全写 1
    P0=0x00;      //LED 灯全部不亮
    while(1)
    {
        if(P1==0xfe) P0=0x01;
        if(P1==0xfd) P0=0x03;
        if(P1==0xfb) P0=0x07;
        if(P1==0xf7) P0=0x0f;
        if(P1==0xef) P0=0x1f;
```

```
            if(P1==0xdf)P0=0x3f;
            if(P1==0xbf)P0=0x7f;
            if(P1==0x7f)P0=0xff;
        }
    }
```

2) 发挥部分

发挥部分设计的功能是：当 KEY0 按下时，LED0～LED7 全亮；KEY1 按下时，LED0～
LED3 全亮；KEY2 按下时，LED4～LED7 全亮；KEY3 按下时，LED0、LED2、LED4、LED6
全亮；KEY4 按下时，LED1、LED3、LED5、LED7 全亮；KEY5 按下时，从右向左流水显示
一遍，间隔 1s；KEY6 按下时，从左向右流水显示一遍，间隔 1s；KEY7 按下时，花样显示，
间隔 0.5s。

```
#include <reg51.h>
void delay(unsigned int z)          //1ms 延时函数
{
    unsigned int x,y;
    for(x=z;x>0;x--)
    for(y=110;y>0;y--);
}

void main(void)
{
    unsigned char i,j;
    P1=0xff;
    P0=0x00;
    while(1)
    {
        if(P1==0xfe)  P0=0xff;          //KEY0 按下时，LED0～LED7 全亮
        if(P1==0xfd)  P0=0x0f;          //KEY1 按下时，LED0 ～LED3 全亮
        if(P1==0xfb)  P0=0xf0;          //KEY2 按下时，LED4～LED7 全亮
        if(P1==0xf7)  P0=0x55;          //KEY3 按下时，LED0、2、4、6 全亮
        if(P1==0xef)  P0=0xaa;          //KEY4 按下时，LED1、3、5、7 全亮
        if(P1==0xdf)                    //KEY5 按下时，从右向左流水显示一遍
        {
            for(i=0;i<8;i++)
            {
                P0=(0x01<<i);
                delay(1000);            //延时 1s
                P0=0x00;
            }
        }
        if(P1==0xbf)                    //KEY6 按下时，从左向右流水显示一遍
        {
            for(j=0;j<8;j++)
            {
```

```
                    P0=(0x80>>j);
                    delay(1000);          //延时 1s
                    P0=0x00;
                }
        }
        if(P1==0x7f)                      //KEY7 按下时花样显示
        {
                    P0=0x81;
                    delay(500);           //延时 0.5s
                    P0=0xC3;
                    delay(500);
                    P0=0xE7;
                    delay(500);
                    P0=0xFF;
                    delay(500);
                    P0=0x7E;
                    delay(500);
                    P0=0x3C;
                    delay(500);
                    P0=0x18;
                    delay(500);
                    P0=0x00;
                    delay(500);
                }
        }
}
```

4. 运行结果

在 Proteus ISIS 界面中，加载目标代码文件，单击 ▶ 按钮启动仿真。基本功能运行结果如图 4-13 所示，当按下 KEY5 按键后，LED0~LED5 全部点亮。部分运行结果片段如图 4-14 所示，此为 KEY7 按下时的 LED 灯花样显示效果。

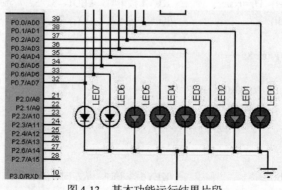

图 4-13　基本功能运行结果片段

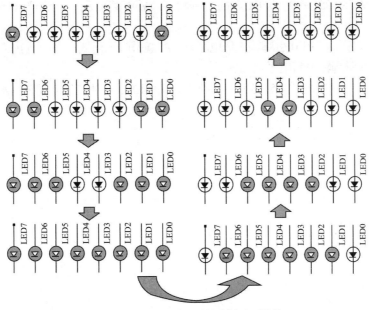

图 4-14　KEY7 按下时的花样显示效果

4.4　小结

　　在控制系统中，单片机 I/O 口进行开关量控制的应用比较多。在硬件电路设计时，必须要考虑单片机 I/O 口的驱动能力，合理设计输入输出驱动电路。传统 51 系列单片机 P1、P2、P3 口内部的上拉电阻大约为 330kΩ，所以端口在输出高电平时的驱动电流只有十几个 μA；在输出低电平时是靠内部的场效应管来驱动的，电流方向为灌电流，驱动能力大大提高。不同厂家生产的 51 单片机，其 I/O 口的驱动能力也各不下同，使用时需要查阅数据手册。

　　有资料表明，AT89 系列单片机在输出电压为 3.7V 时，拉电流为 25μA；输出电压为 0.45V 时，灌电流为 1.6mA。目前市场上比较常用的宏晶科技 STC89 系列单片机，灌电流可达到 20 mA，整个芯片的灌电流最高为 100 mA。这样的驱动能力可以直接驱动 LED 和数码管等，但如果要使用继电器、电机等大电流大功率负载，必须要外接晶体管或达林顿管来提高电流驱动能力。此外，单片机系统工作时的安全性、稳定性非常重要，在系统设计时要尽量考虑采取一些抗干扰措施。当 I/O 口外接有大功率电路时，应当使用光电耦合器进行端口与功率电路间的电气隔离。

思考与练习

1. 为什么说 MCS-51 单片机的 I/O 口是准双向口？
2. MCS-51 单片机的 P0 口作为一般 I/O 口使用时必须注意哪两点？
3. 传统 MCS-51 单片机端口在输出高电平时的驱动电流是多少？

4. 编程读取 AT89C51 单片机 P2 口的引脚状态，并将其取反后存储于内部 RAM 的 40H 单元中。

5. 编写 C51 程序，当 P1.0 引脚输入低电平时，P2.0 引脚输出低电平；当 P1.0 引脚输入高电平时，P2.0 引脚输出高电平。

6. 在图 4-12 的电路中编写 C51 程序，实现 P0 口的 LED 灯从左往右循环流水显示，时间间隔自定。

第 5 章

项目二：两级外部中断控制 LED灯做不同显示

中断技术是计算机中一项非常重要的技术，是 CPU 与外部设备交换信息的一种方式。计算机引入中断技术以后，可以对控制对象进行实时的处理和控制，中断系统是否比较完善已成为反映计算机功能强弱的重要标志之一。

MCS-51 单片机内部集成有中断控制模块，要利用单片机的中断资源进行控制系统的设计，首先要了解和掌握其中断系统的结构和控制方法。

5.1 中断技术概述

5.1.1 中断的概念

所谓中断，是指当 CPU 正在执行某段程序时，计算机的内部或者外部发生了某一事件，请求 CPU 迅速去处理，于是 CPU 暂时中止当前执行的程序，自动转去执行预先安排好的处理该事件的服务子程序，处理完成后，再返回到原来被中止的地方继续执行原来的程序。中断过程的示意图如图 5-1 所示。

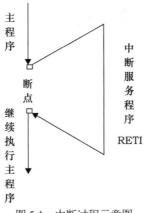

图 5-1　中断过程示意图

一般把实现中断功能的部件称为中断系统，又称中断机构。中断系统里面有如下一些基本概念。

(1) 中断源：引起中断的请求源称为中断源。

(2) 中断请求：中断源向 CPU 提出的处理请求，称为中断请求，也叫中断申请。

(3) 中断响应：CPU 暂时中止自身的事务，转去处理事件的过程，称为 CPU 的中断响应过程。

(4) 中断服务程序：CPU 响应中断后，处理中断事件的程序称为中断服务程序。

(5) 断点地址：在 CPU 暂时中止执行的程序转去执行中断服务程序时的 PC 值称为断点地址。

(6) 中断返回：CPU 执行完中断服务程序后回到断点的过程称为中断返回。

5.1.2　中断的功能

中断是计算机中的一项重要技术，计算机引入中断以后，大大提高了它的工作效率和处理问题的灵活性。中断的功能主要体现在以下三个方面。

(1) 使 CPU 与外设同步工作。计算机的中断系统可以使 CPU 与外设同时工作。CPU 在启动外设后，便继续执行主程序；而外设被启动后，开始进行准备工作。当外设准备就绪时，就向 CPU 发出中断请求，CPU 响应该中断请求并为其服务完毕后，返回原来的断点处继续运行主程序。外设在得到服务后，也继续进行自己的工作。因此，CPU 可以使多个外设同时工作，并分时为各外设提供服务，从而提高了 CPU 的利用率和输入/输出的速度。

(2) 实现实时处理。单片机的重要应用领域是进行实时信息的采集、处理和控制。所谓实时(real time)，指的是单片机能够对现场采集到的信息及时做出分析和处理，以便对被控对象立即做出响应，使被控对象保持在最佳工作状态。有了中断系统，CPU 就可以及时响应随机输入的各种参数和信息，使单片机具备实时处理和控制功能。

(3) 故障及时处理。设备在运行时往往会出现一些故障，如断电、存储器奇偶校验出错、运算溢出等。有了中断系统，当出现上述情况时，CPU 可及时转去执行故障处理程序，自行处理故障而不必停机，从而提高了设备的可靠性。

5.2　MCS-51 单片机中断系统

5.2.1　中断系统结构

基本型 MCS-51 单片机的中断系统结构如图 5-2 所示。

由图 5-2 可以看出，基本型 MCS-51 单片机的中断系统提供 5 个中断源，两个中断优先级，主要由与中断有关的 4 个特殊功能寄存器 TCON、SCON、IE、IP 和硬件查询电路等组成。

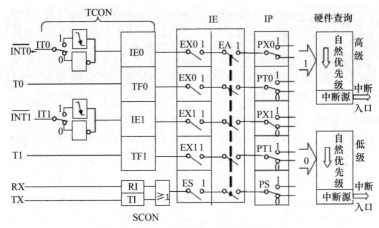

图 5-2　MCS-51 单片机中断系统结构图

MCS-51 中断系统主要是对 5 个中断源进行管理，依次为：

- 外部中断 0($\overline{\text{INT0}}$)；
- 定时器/计数器 0(T0)；
- 外部中断 1($\overline{\text{INT1}}$)；
- 定时器/计数器 1(T1)；
- 串行口中断(TX/RX)。

这 5 个中断源中，外部中断 0($\overline{\text{INT0}}$)和外部中断 1($\overline{\text{INT1}}$)是两个外部中断源，分别通过单片机的 P3.2 和 P3.3 两个引脚把中断源从单片机外部引入内部。定时器/计数器 0(T0)、定时器/计数器 1(T1)和串行口中断(TX/RX)是内部中断源，中断源自单片机内部的定时器/计数器和串行口。

4 个特殊功能寄存器 TCON、SCON、IE、IP 在中断控制中起着非常重要的作用，是中断控制的核心，也体现了软件控制硬件的单片机设计、应用核心，下面会重点介绍。

硬件查询电路主要用于判定 5 个中断源的自然优先级别，MCS-51 中断系统有高和低两个中断优先级。

5.2.2　中断系统中的特殊功能寄存器

特殊功能寄存器主要用于控制中断的开放和关闭、保存中断信息、设置中断的优先级别等。MCS-51 中断系统主要由 4 个特殊功能寄存器 TCON、SCON、IE、IP 来实现对单片机中断系统的控制。

1. 定时器控制寄存器 TCON

TCON 为定时器/计数器 T0 和 T1 的控制器，其功能是控制定时器的启动和停止，同时也锁存 T0 和 T1 的溢出中断标志及外部中断 0 和 1 的中断标志等。TCON 特殊功能寄存器复位后为 00H，内部共 8 位。其各位的格式如图 5-3 所示。

TCON(88H)	8FH	8EH	8DH	8CH	8BH	8AH	89H	88H
	TF1	TR1	TF0	TR0	IE1	IT1	IE0	IT0

图 5-3 TCON 各位的格式

TCON 特殊功能寄存器的字节地址为 88H，另外各位还可以位操作，因此其各位还有位地址，图 5-3 上面一行右面 8 位即为各位的位地址。下面介绍一下各位的含义。

- IT0(interrupt trigger 0)：外部中断 0 的中断触发方式控制位。

IT0=0 时，外部中断 0 定义为电平触发方式。CPU 在每一个机器周期 S5P2 期间采样外部中断 0 请求引脚 P3.2 的输入电平，若为低电平，则使 IE0 置 1；若为高电平，则使 IE0 清零。

IT0=1 时，外部中断 0 定义为边沿触发方式。CPU 在每一个机器周期 S5P2 期间采样外部中断 0 请求引脚 P3.2 的输入电平。如果在相继的两个机器周期采样过程中，一个机器周期采样到 P3.2 引脚为高电平，接着的下一个机器周期采样到 P3.2 为低电平，则使 IE0 置 1。直到 CPU 响应该中断时，才由硬件使 IE0 清零。

- IE0(interrupt enable 0)：外部中断 0(P3.2)的中断请求标志位。

当检测到外部中断 0 即 P3.2 引脚上存在有效的中断请求信号时，由硬件使 IE0 置 1。当 CPU 响应中断请求时，由硬件使 IE0 清零。

- IT1：外部中断 1 的中断触发方式控制位，其含义与 IT0 类同。
- IE1：外部中断 1 (P3.3)的中断请求标志位，其含义与 IE0 类同。
- TR0(timer run 0)：定时器/计数器 T0 运行控制位。可通过软件置 1(TR1=1)或清零(TR1=0) 来启动或关闭 T0。
- TF0(timer full 0)：定时器/计数器 T0 溢出中断请求标志位。当启动 T0 开始计数后，T0 从初值开始加 1 计数，计数器最高位产生溢出时，由硬件使 TF0 置 1，并向 CPU 发出中断请求。当 CPU 响应中断时，硬件将自动对 TF0 清零。
- TR1：定时器/计数器 T1 运行控制位，其含义与 TR0 类同。
- TF1：定时器/计数器 T1 溢出中断请求标志位，含义与 TF0 类同。

注意：TCON 特殊功能寄存器这 8 位里面，有 IE0、IE1、TF0、TF1 这四位是中断请求标志位，基本上是满足一定条件后由硬件自动置 1 和清零的，一般不需要用户进行设置；而 IT0、IT1、TR0、TR1 这四位则需要用户根据具体的情况去进行相应的软件设置。

2. 串行口控制寄存器 SCON

SCON 为串行口控制寄存器，用来对单片机的串行口进行控制。SCON 特殊功能寄存器复位后为 00H，内部共 8 位，字节地址为 98H，各位也可以位操作，因此其各位也有位地址。其各位的格式如图 5-4 所示。

SCON(98H)	9FH	9EH	9DH	9CH	9BH	9AH	99H	98H
	SM0	SM1	SM2	REN	TB8	RB8	TI	RI

图 5-4 SCON 各位的格式

SCON 特殊功能寄存器和中断功能有关的只有最后两位，其中：

- TI(transmit interrupt)：串行口发送中断请求标志位。

当 CPU 将一个数据写入发送缓冲器 SBUF 时，就启动发送。每发送完一帧串行数据后，硬件置位 TI。但 CPU 响应中断时，并不清除 TI，必须在中断服务程序中由软件对 TI 清零。

● RI(receive interrupt)：串行口接收中断请求标志位。

在串行口允许接收时，每接收完一个串行帧，硬件置位 RI。同样，CPU 响应中断时不会清除 RI，必须在中断服务程序中由软件对 RI 清零。

注意：这两位是中断请求标志位，在满足条件后由硬件自动置 1，但是硬件不会自动清零，必须由软件对这两位清零，即需要用户根据具体的情况去进行相应的软件设置。

3. 中断允许寄存器 IE

单片机对中断源的开放或关闭是由中断允许寄存器 IE 控制的。其各位的格式如图 5-5 所示。

	AFH	AEH	ADH	ACH	ABH	AAH	A9H	A8H
IE(A8H)	EA	—	ET2	ES	ET1	EX1	ET0	EX0

图 5-5　IE 各位的格式

● EA(enable all)：中断允许总控制位。

　　EA=0，屏蔽所有的中断请求；

　　EA=1，CPU 开放中断。

对各中断源的中断请求是否允许，还要取决于各中断源的中断允许控制位的状态。这就是所谓的两级控制。

● ET2(enable timer2)：定时器/计数器 T2 的溢出中断允许位。

　　ET2=0，禁止 T2 中断；

　　ET2=1，允许 T2 中断。

● ES(enable serial)：串行口中断允许位。

　　ES=0，禁止串行口中断；

　　ES=1，允许串行口中断。

● ET1(enable timer1)：定时器/计数器 T1 的溢出中断允许位。

　　ET1=0，禁止 T1 中断；

　　ET1=1，允许 T1 中断。

● EX1(enable external1)：外部中断 1 的溢出中断允许位。

　　EX1=0，禁止外部中断 1 中断；

　　EX1=1，允许外部中断 1 中断。

● ET0(enable timer0)：定时器/计数器 T0 的溢出中断允许位。

　　ET0=0，禁止 T0 中断；

　　ET0=1，允许 T0 中断。

● EX0(enable external0)：外部中断 0 的溢出中断允许位。

　　EX0=0，禁止外部中断 0 中断；

　　EX0=1，允许外部中断 0 中断。

【例 5-1】假设允许 INT0、T1 中断，试设置 IE 的值。

解：C 语言编程可以有两种方法。

(1) 用字节操作：

IE=0x89;

(2) 用位操作：

EX0=1;   //允许外部中断 0 中断
ET1=1;   //允许定时/计数器 1 中断
EA=1   //开总中断控制

4. 中断优先级控制寄存器 IP

单片机有 6 个中断源，每个中断源又有两个中断优先级：高优先级和低优先级。每一个中断源都可以通过中断优先级控制寄存器 IP 设置为高优先级中断或者低优先级中断。中断优先级控制寄存器 IP 各位的格式如图 5-6 所示。

		BDH	BCH	BBH	BAH	B9H	B8H
IP(B8H)		PT2	PS	PT1	PX1	PT0	PX0

图 5-6   IP 各位的格式

- PT2(priority timer2)：定时器/计数器 T2 中断优先级控制位。
- PS(priority serial)：串行口中断优先级控制位。
- PT1(priority timer1)：定时器/计数器 T1 中断优先级控制位。
- PX1(priority external1)：外部中断 1 中断优先级控制位。
- PT0(priority timer0)：定时器/计数器 T0 中断优先级控制位。
- PX0(priority external0)：外部中断 0 中断优先级控制位。

若某控制位为 1，则相应的中断源规定为高级中断；反之为 0，则相应的中断源规定为低级中断。

当 CPU 同时接收到多个中断源的中断请求时，要根据优先级的硬件排队来解决响应哪一个。如果 IP 寄存器的上述某一位为 1，则对应的中断源被设定为高优先级；如果对应位为 0，则对应的中断源被设定为低优先级。对于同级中断源，则有系统默认的优先级顺序，如表 5-1 所示。

表 5-1   中断优先级的排列顺序

中断源	优先级顺序
外部中断 0	最高
定时器/计数器 T0 中断	
外部中断 1	
定时器/计数器 T1 中断	↓
串行口中断	
定时器/计数器 T2 中断	最低

当 CPU 正在处理一个中断请求时，又出现了另一个优先级比它高的中断请求，此时 CPU 就暂时停止执行原来低优先级中断请求的服务程序，保护当前断点，转去处理高优先级中断请求，在服务完毕后回到原来被中止的中断程序继续执行，此过程称为中断嵌套。两级中断嵌套

的处理过程如图 5-7 所示。

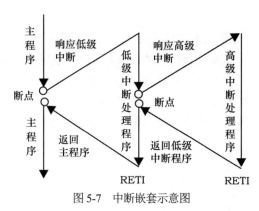

图 5-7　中断嵌套示意图

5.3 外部中断功能编程实例

中断系统虽是硬件系统，但也必须由相应的软件配合才能正确使用。具体到外部中断，既有硬件方面的设置，又有软件方面的编程，二者缺一不可。

【例 5-2】利用外部中断源 $\overline{INT0}$、$\overline{INT1}$，实现中断及中断嵌套，设 $\overline{INT1}$ 为高优先级。如图 5-8 所示，用两个按键 S1 和 S2，分别接到 P3.2 和 P3.3 引脚，按动两个中断按键，产生两个不同的中断。先按动低优先级中断源 S1 键，紧接着按动高优先级按键 S2 键，将产生中断嵌套。设中断为边沿触发方式，试编写程序，实现上述功能，无中断请求时，两个二极管全灭，低优先级中断请求时，LED1 亮 5s；高优先级中断时，LED2 亮 5s。

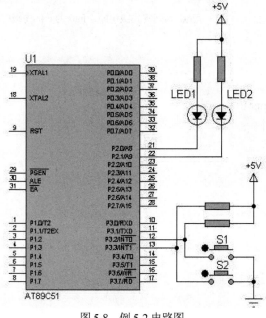

图 5-8　例 5-2 电路图

解:

1) 外部中断功能设置

有关外部中断功能的寄存器设置主要包括下面三个内容:

(1) 选择中断触发方式。这里选择边沿触发方式,所以设置寄存器 TCON=0x05。

(2) 打开外部中断。中断允许寄存器 IE 复位后的值为 00H,即所有的中断都被禁止,如果用外部中断,则必须先开放中断。所以设置寄存器 IE=0x85。

(3) 设置中断优先级。因为题意要求外部中断 1 的优先级比外部中断 0 高,所以还要设置优先级寄存器 IP=0x04。

2) 程序设计

C 语言例程如下:

```
#include <reg51.h>
sbit P2_0=P2^0;
sbit P2_1=P2^1;
sbit P3_2=P3^2;
sbit P3_3=P3^3;
void delay(void)
{
        unsigned int m,n;
        for(m=620;m>0;m--)
        for(n=1000;n>0;n--);
}
void main(void)
{
        TCON=0X05;
        IE=0X85;
        IP=0X04;                        //int1 为高优先级中断,int0 为低优先级中断
        P2_0=1;
        P2_1=1;
        while(1);
}
void int0_int(void) interrupt 0
{
        P2_0=0;
        delay( );
        P2_0=1;
}
void int1_int(void) interrupt 2
{
        P2_1=0;
        delay( );
        P2_1=1;
}
```

5.4　项目设计

1. 设计内容及要求

利用单片机的 P0 口做输出接 8 只发光二极管，P3.2 引脚接独立按键产生外部中断信号。编写程序，当程序正常运行时 8 个发光二极管做流水灯显示，当外部中断 0 有中断请求信号时，8 只发光二极管全部点亮约 5s 后返回原状态。在外部中断 0 中断服务状态，如果外部中断 1 有中断请求信号，则 8 只发光二极管全部熄灭约 5s 后返回原状态。

要求在 Proteus 中设计硬件电路，并编写程序完成所要求的功能。

2. 硬件电路设计

根据项目要求，在 Proteus 中设计的硬件电路如图 5-9 所示。这里省略了晶振和复位电路。

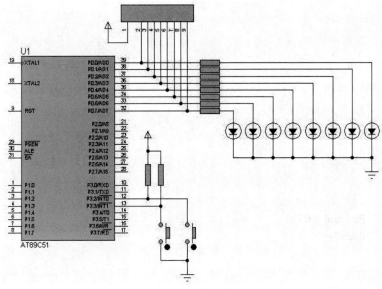

图 5-9　硬件电路图

3. 程序设计

主程序和外部中断服务程序的软件流程如图 5-10 所示。

参考程序如下：

```
#include <reg51.h>
#include <intrins.h>
unsigned char a,b;
void delay(unsigned char x)
{
    unsigned int y=5000;
    while(x--)
```

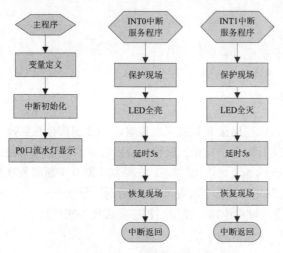

图 5-10　程序流程图

```
            while(y--);
    }
void main()
{
    EA=1;
    EX0=1;
    EX1=1;
    IT0=1;
    IT1=1;
    IP=0x04;
    P0=0x01;
    while(1)
    {
            P0=_crol_(P0,1);
            delay(2);
    }
}
void INT_0() interrupt 0
{
    a=P0;                           //保护现场
    P0=0xff;                        //LED 灯全亮
    delay(8);
    P0=a;                           //恢复现场
}
void INT_1() interrupt 2
{
    b=P0;                           //保护现场
    P0=0x00;                        //LED 灯全灭
    delay(8);
    P0=b;                           //恢复现场
}
```

4. 运行结果

在 Proteus 中加载程序代码并运行仿真，通过操作按键观察程序功能。上电时，8 个 LED 做流水灯显示；当产生外部中断 0 中断时，8 个 LED 灯全部点亮，结果如图 5-11 所示。

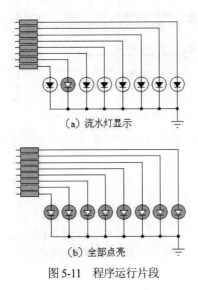

图 5-11　程序运行片段

5.5　外部中断源扩展

MCS-51 单片机只有两个外部中断源，当实际应用中需要多个外部中断源时，可通过采用硬件请求和软件查询相结合的方法加以扩展。

一般方法是：把多个中断源通过"或非"门接到外部中断输入端，同时又连到某个 I/O 端口，这样每个中断源都能引起中断，然后在中断服务程序中通过查询 I/O 端口的状态来区分是哪个中断源引起的中断。若有多个中断源同时发出中断请求，则查询的次序就决定了同一优先级中断中的优先级。

【例 5-3】如图 5-12 所示为某系统的故障指示电路。当系统各部分正常工作时，四个故障源的输入均为低电平，LED 灯全都不亮。当有某个故障发生时，相应的输入线由低电平变为高电平，对应的发光二极管点亮。要求编程实现上述功能。

解：

C 语言例程如下：

```
#include<reg51.h>
sbit INT_1=P1^0;
sbit LED1=P1^1;
sbit INT_2=P1^2;
sbit LED2=P1^3;
sbit INT_3=P1^4;
sbit LED3=P1^5;
```

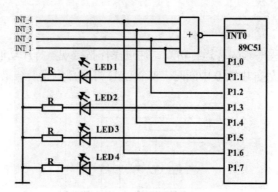

图 5-12　中断源扩展电路

```
sbit INT_4=P1^6;
sbit LED4=P1^7;
void main()
{
    P1=0x55;                        //P1.0、P1.2、P1.4、P1.6 为输入，其他引脚输出
    EX0=1;                          //允许外部中断 0 中断
    IT0=1;                          //选择边沿触发方式
    EA=1;                           //CPU 开中断
    while (1);                      //等待中断
}
void int0_server( ) interrupt 0
{
    P1=0x55;
    if (INT_1) LED1=1;             //故障 1 为高电平，则 LED1 点亮
    if (INT_2) LED2=1;
    if (INT_3) LED3=1;
    if (INT_4) LED4=1;
}
```

5.6　小结

外部中断有两种触发方式，在应用设计时有一些注意事项：

(1) 在电平触发方式时，系统在中断返回前必须撤消 INTX 引脚上的低电平信号，否则将再次中断造成出错；

(2) 在边沿触发方式，为保证 CPU 在 2 个机器周期内可靠检测到"负跳变"，触发信号的高、低电平持续时间分别应保持在至少 1 个机器周期以上。

在编写中断服务程序时，一定要注重现场保护操作。也就是，当主程序中使用的寄存器或变量在中断服务程序中也要被使用时，则：

(1) 在进入中断服务程序后，应先将这些寄存器或变量原有的内容保存起来，然后再使用，称为现场保护；

(2) 等中断程序执行完返回主程序之前，要将这些寄存器或变量原来的内容先恢复，称为现场恢复。

中断现场的保护与恢复，犹如在生活中做事要善始善终一样：借用了别人的东西，归还时要做到完好如初；在阅览室看完书，从哪里取的还要再放回到原处等。这既是做事的责任感，更是做人的美德。

在本章 5.4 项目设计的中断服务程序中，像 "a=P0，P0=a；b=P0，P0=b" 等语句，就是把 P0 口的数据先保存到变量 a 或 b 中，在中断返回前又进行恢复的操作。如果去掉这些操作，大家可以仔细对比一下结果有何不同。

思考与练习

1. 增强型 MCS-51 单片机共有几个中断源？其默认的优先级顺序是什么？
2. MCS-51 单片机的外部中断对应的输入引脚分别是什么？其信号触发方式有哪两种？如何设置？
3. 外部中断采用电平触发方式时，对触发信号的持续时间有什么要求？
4. 控制 MCS-51 单片机外部中断功能的特殊功能寄存器有哪些？分别起什么作用？
5. 要使 CPU 能响应 $\overline{\text{INT0}}$、T1 中断，应如何设置 IE 寄存器？
6. 当优先级寄存器 IP=10H 时，试写出 AT89C51 单片机中断源的优先响应次序。
7. 若要求 MCS-51 单片机外部中断 1 为边沿触发方式，高优先级，试写出其中断初始化程序。

第 6 章

项目三：单片机控制多位 LED数码管动态显示

单片机系统往往离不开显示功能，它是人机交互的重要窗口。可以实现显示的器件有很多种，包括发光二极管、LED 数码管、LED 点阵屏、液晶显示器(LCD)、触摸屏等。其中，LED 数码管结构简单，价格低廉，应用方便，是单片机系统中最基本、使用最广泛的一种显示器件。

LED 数码管是使用 7 个发光二极管排列成 8 字型，再使用一个发光二极管作为小数点所构成的一个显示器件，主要用于显示数字、符号及小数。通常称其为七段 LED 数码管，实物外形如图 6-1 所示，有 1 位、2 位、多位等不同结构形式。

图 6-1　七段 LED 数码管实物图

6.1 LED 数码管结构及显示原理

1. 内部结构

一位 LED 数码管的内部结构如图 6-2 所示。7 个发光二极管按照 8 字形排列，用字母 a~g 来表示，分别对应字形的七段。小数点用字符 dp 表示。在电气连接上，这 8 个发光二极管的阴极连接在一起引出一根线，把它叫作公共端；8 个二极管的阳极分别引出，用以控制每一段发光二极管的亮灭，把它叫作段选线。因此一个 LED 数码管共有 9 个功能引脚。

在实际应用中，LED 数码管分为共阴极和共阳极两种类型。在 LED 数码管内部，如果是把 8 个发光二极管的阴极连接在一起作为公共端，则称这种结构为共阴极，使用时公共端通常接地，如图 6-3(a)所示。相反，也可以把 8 个发光二极管的阳极连接在一起作为公共端，这种结构称为共阳极，使用时公共端通常接+5V 电源，如图 6-3(b)所示。

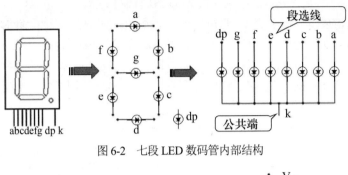

图 6-2　七段 LED 数码管内部结构

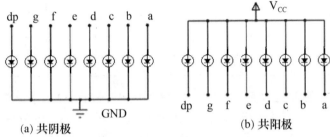

(a) 共阴极　　　　　　　　　　　　　(b) 共阳极

图 6-3　两种 LED 数码管类型

2. 显示原理

要想让数码管显示 0～9 等不同的数字，只需要让对应段的发光二极管点亮即可。例如要显示数字 7，由图 6-4(a)、(b)可知，需要使 a、b、c 三段的发光二极管点亮。对于共阴极 LED 数码管来说，在公共端接地的条件下，只需要给 a、b、c 这三个段选端送高电平 1，其他的段选端都送低电平 0 就可以了，如图 6-4(c)所示。

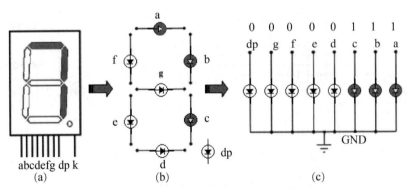

图 6-4　数字 7 的 LED 数码管显示原理

加在段选端的代码构成了一个 8 位的二进制数。按照从 a～g～dp 由低到高的顺序排列，可以得到数字 7 的显示代码为 00000111B，即十六进制数 07H，把它称为数字 7 的共阴极七段码。

对于共阳极 LED 数码管来说，同样要显示数字 7，在公共端接电源 Vcc 的条件下，需要给 a、b、c 这三个段选端送低电平 0，其他的段选端都送高电平 1，因此得到的数字 7 的显示代码为11111000B，即F8H，把它称为7的共阳极七段码。

由此可知，所使用的LED数码管类型不同，在显示相同数字时使用的七段码是不一样的。在实际编程应用时，必须首先认清电路所接LED数码管的类型。

每一个要显示的数字或符号都分别对应一个七段码值。为了便于应用，针对共阴极和共阳极两种类型的数码管，把部分常用字符的七段码总结并制成了七段码码表，如表6-1所示。所有段码值的数位排列顺序都是以a段为最低位，小数点段为最高位得到的。需要注意的是，表6-1中的段码值是在小数点不亮的情况下得到的。如果在应用中需要使用小数点，则还需要自行修改。

表6-1　常用字符的七段码表

显示字符	0	1	2	3	4	5	6	7	8
共阴极段码	3F	06	5B	4F	66	6D	7D	07	7F
共阳极段码	C0	F9	A4	B0	99	92	82	F8	80
显示字符	9	A	B	C	D	E	F	—	灭
共阴极段码	6F	77	7C	39	5E	79	71	40	00
共阳极段码	90	88	83	C6	A1	86	8E	BF	FF

在单片机系统中使用LED数码管显示时，是通过单片机的I/O口输出高、低电平来实现对显示内容的控制。将要显示的字符转换成七段码的过程可以分为硬件译码和软件译码两种方法。采用硬件译码是通过"BCD—七段码"译码器实现的，单片机输出数字的BCD码，译码器将其转换成七段码后直接点亮LED数码管的段。这种方法简化了单片机的程序，但硬件电路会相对复杂。软件译码是通过程序查表的方法进行，硬件电路比较简单，在单片机系统中比较常用。

图6-5所示是采用软件译码法的数码管接口电路。图中使用的是共阴极LED数码管，公共端接地，单片机的P0口接数码管的段选端。如果要显示数字2，只需要从P0口输出2的共阴极七段码5BH即可。

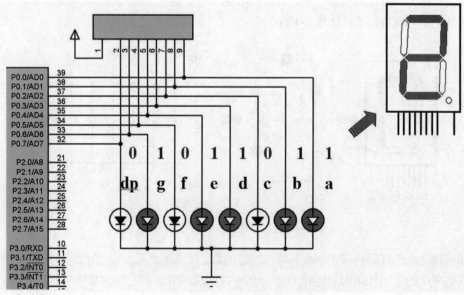

图6-5　单片机与LED数码管接口电路

采用 C 语言编写查表程序的过程如下：

(1) 先在 code 区定义一个数组变量，如 discode[16]={0xc0, 0xf9, 0xa4, 0xb0, 0x99, 0x92, 0x82, 0xf8, 0x80, 0x90, 0x88, 0x83, 0xc6, 0xa1, 0x86, 0x8e}，里面存放的数据依次是十六进制数字 0x00～0x0F 对应的共阳极七段码。

(2) 在显示程序中，将要显示的数字作为数组变量 discode[] 的下标，取出对应的七段码送到显示端口。

在单片机系统中，LED 数码管的显示程序根据实际需要分为静态显示和动态显示两种方式。

6.2　LED 数码管静态显示及实例

所谓静态显示，是当数码管显示某个字符时，公共端接固定电平，相应段的发光二极管恒定地导通或截止，直到显示另一个字符为止。

【例 6-1】利用单片机 AT89C52 外接两位 LED 数码管，固定显示数字 17。要求设计硬件电路并编写程序。

解：

1) 硬件电路设计

硬件电路设计在 Proteus 中进行，采用软件译码的方法。数码管选用的是共阳极数码管，不带小数点。两个数码管的公共端分别通过一个 50 Ω 的电阻接到电源 Vcc 上，电阻起限流作用。利用单片机的 P1 口和 P3 口分别作为两个数码管的段选信号控制端，最终电路如图 6-6 所示(省略了晶振和复位电路)。

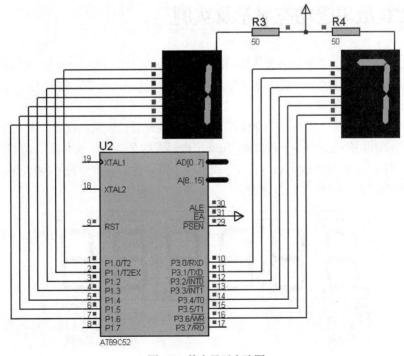

图 6-6　静态显示电路图

2) 显示程序设计

根据硬件电路图，要在两个数码管上显示数字 17，只需分别从 P1 和 P3 口恒定地送出 1 和 7 的七段码就可以了。C 语言例程如下：

```
#include <reg52.h>
unsigned char code discode[16]={0xc0, 0xf9, 0xa4, 0xb0, 0x99, 0x92, 0x82, 0xf8, 0x80, 0x90, 0x88, 0x83, 0xc6,
                                 0xa1, 0x86, 0x8e};
                                                    //定义七段码常数表，在 code 区
void main()
{
    while(1)                        //程序循环执行
    {
        P1= discode [1];            //将数字 1 的七段码取出送 P1 口
        P3= discode [7];            //将数字 7 的七段码取出送 P3 口
    }
}
```

3) Proteus 仿真

在 Proteus 中运行程序，显示结果如图 6-6 所示。在该程序基础上添加延时程序和相应语句，即可在两位数码管上变化显示不同的数值。

采用数码管静态显示方式，单片机显示程序比较简单，数码管显示亮度稳定。但因为每一个数码管都需要一个 8 位的端口来控制，占用资源较多，一般适用于显示位数较少的场合。

当单片机系统显示的数据位数较多时，通常采用动态显示方式。

6.3　LED 数码管动态显示及实例

所谓动态显示方式，是将所有数码管的段选线并联在一起，由一个 8 位 I/O 口控制。而公共端分别由不同的 I/O 线控制，通过程序实现各位的分时选通。在多位 LED 显示时，动态显示方式能够简化电路，降低成本。

图 6-7 所示为一 6 位一体的 LED 数码管。这 6 个数码管的段选端在器件内部并联在一起，外部引出了一个共用的段选端 A～G、DP。每一个数码管的公共端单独引出，分别对应引脚 1～6。在这 6 个引脚上加不同的选通信号，可以控制各个数码管的显示与关闭，我们称之为位选信号。位选信号由单片机的 I/O 口进行控制。

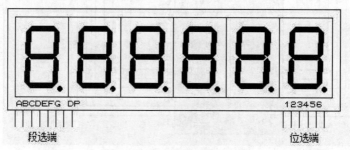

图 6-7　6 位一体数码管示意图

【例 6-2】设计单片机 AT89C51 控制的 6 位 LED 数码管显示电路，并编写程序，实现在数码管上显示 6 位数字 123456。

解：

1) 硬件电路设计

在 Proteus 仿真环境中，选择使用 6 位一体共阳极 LED 数码管。数码管段选信号由单片机的 P1 口输出，位选信号由 P2.0～P2.5 引脚进行控制。暂不考虑端口驱动问题，硬件电路如图 6-8 所示。

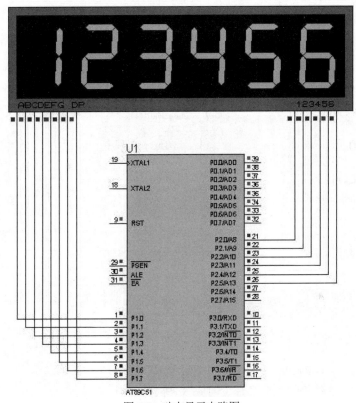

图 6-8　动态显示电路图

2) 程序设计

动态扫描时的程序流程如图 6-9 所示。显示过程为：先送第 1 位数码管显示内容的七段码值，再送位选信号使第 1 位数码管显示，其他数码管全部关闭，然后延时一段时间；接下来，送第 2 位数码管显示内容的七段码值，再送位选信号使第 2 位数码管显示，其他数码管全部关闭，然后延时一段时间。依次类推，直到 6 位数码管的内容都显示一遍。

要想看到稳定的显示效果，编程时，上述动态扫描过程需要反复循环进行。

C 语言源程序如下：

```
#include<reg51.h>
unsigned char code discode[]={0xc0,0xf9,0xa4,0xb0,0x99,0x92,0x82,0xf8, 0x80,0x90};
                        //定义数字 0～9 的七段码表，在 code 区
unsigned char i;
```

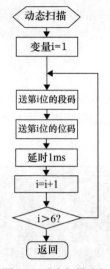

图 6-9　动态扫描流程

```c
void delay1ms()                              //1ms 延时程序
{
    unsigned char j;
    for(j=110;j>0;j--);
}
void main()
{
    P2=0;
    P1=0;
    while(1)                                 //循环显示
    {
        for(i=0;i<6;i++)                     //6 位轮流显示
        {
            P1=discode[i+1];                 //段码送 P1 口
            P2=(0x01<<i);                    //位码送 P2 口
            delay1ms();                      //延时 1ms
            P2=0x00;                         //消隐
        }
    }
}
```

3) Proteus 仿真

在 Proteus 中加载目标代码并运行仿真，显示结果如图 6-8 所示。

虽然在程序中是给每一位数码管轮流送显示的，但是最终看到的却是 6 个数码管在同时显示。之所以会有这样的效果，是因为利用了人眼具有视觉暂留这样一个生理特点。只要对象的动态变化过程不超出人眼的视觉暂留时间(一般在 50～100ms)，人眼就觉察不到。

在编写动态扫描显示程序时，有两个关键时间需要注意：

● 循环一遍的总时间：不能超出人眼的视觉暂留时间。

● 每位显示停留时间：每送入一次段选码、位选码后至少应延时 1ms，以确保每一位数码管有足够的时间来达到一定的亮度，能让人看到清晰的数字。

6.4　项目设计

1. 设计内容及要求

单片机 AT89C51 外接 4 位共阳 LED 数码管，P3.0 引脚外接一独立按键。开机时数码管显示数字 2014；在按下按键时，数字从 2014 开始自动倒计数(时间间隔自定)，到 2000 时停止变化。设计单片机接口电路并编程实现以上功能。

2. 硬件电路设计

根据设计要求，在 Proteus 中设计的硬件电路如图 6-10 所示。单片机的 P1 口提供数码管的段选信号，P2 口的低四位 I/O 线输出位选信号。P3.0 引脚通过 1 个 10kΩ 电阻接电源 Vcc，同时又通过按键接地。在按键弹起时 P3.0 引脚固定为高电平；当按下按键时，P3.0 引脚变为低电平。

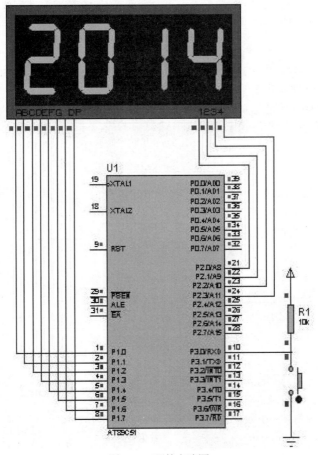

图 6-10　硬件电路图

3. 程序设计

在系统上电时，单片机控制数码管固定显示数字 2014，该程序的编写方法与例 6-2 相同。同时还要不断查询 P3.0 引脚，当 P3.0 引脚变为低电平时，显示内容减 1 后显示一段时间，再继续减 1 并显示，直到内容减为 2000 时再次固定显示。程序流程如图 6-11 所示。

C 语言例程如下：

```c
#include <reg51.h>
sbit key=P3^0;                          //定义按键端口
unsigned char code LED[]={0xc0,0xf9,0xa4,0xb0,0x99,0x92,0x82,0xf8, 0x80,0x90};
                                        //建立数字 0~9 的七段码表
unsigned char m,buf[4];                 //定义显示缓冲区
unsigned int shu;
void delay(unsigned char x)             //延时子程序
{
    unsigned char y;
    for(;x>0;x--)
        for(y=110;y>0;y--);
}

void dis(unsigned int temp)             //显示子程序
{
    unsigned char i;
    buf[0]=temp/1000;                   //分离 4 位数值的千、百、十、个位
    buf[1]=temp%1000/100;
    buf[2]=temp%100/10;
    buf[3]=temp%10;
    for(i=0;i<4;i++)                    //4 位轮流显示
    {
        P2=(0x01<<i);                   //送位选信号
        P1=LED[buf[i]];                 //送段选信号
        delay(5);                       //延时一段时间
        P1=0xff;                        //消隐
    }
}

void main()                             //主程序
{
    while(1)
    {
        shu=2014;
        dis(shu);                       //显示数值 2014
        if(key==0)                      //如果按键按下
        {
            shu--;                      //数值减 1
            while(1)
```

```
{
    for(m=0;m<200;m++)                    //循环显示一定时间
            dis(shu);
    shu--;                                //数值减 1
    if(shu==2000)                         //如果数字减为 2000
            while(1) dis(shu);            //循环显示 2000
}
        }
    }
}
```

4. 运行结果

在 Proteus 中加载目标程序代码并运行仿真，数码管固定显示数值 2014，如图 6-11 所示。按下按键后，显示数值开始每间隔一定时间就自动减 1，直到数值变为 2000 时又固定显示，如图 6-12 所示。

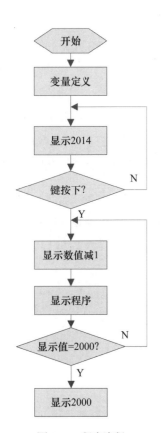

图 6-11　程序流程

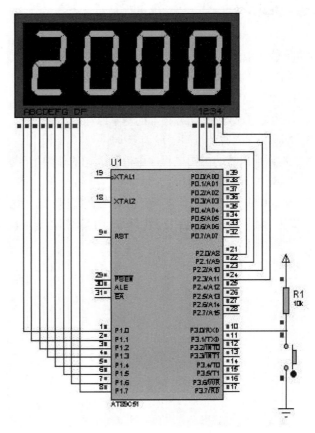

图 6-12　程序运行结果片段

6.5 小结

多位数码管动态显示时，为了避免有重影，编程时要进行消隐操作，也就是在变换的下一位数码管显示前，有个让所有数码管全都熄灭的短暂过程。消隐的方法可以采用段信号消隐，也可以采用位信号消隐。但要想达到消隐的效果，在编程时必须要遵循一个原则：在扫描程序中，先送段选信号后送位选信号时，用位消隐的方法；先送位选信号后送段选信号时，采用段消隐的方法。

多位数码管的动态显示原理启发我们，在解决复杂工程问题的时候，不仅需要具有熟练的专业技术能力，还要善于基于生理学、电子学等方面的科学原理去分析、思考问题，要能够从技术之外去寻找问题的解决方案。所以，技术人员在学习单片机编程技术的同时，更应该注重学习和积累前人解决问题的思路和方法，开阔设计思路，这将是未来技术创新的重要源泉。

思考与练习

1. 在 C51 中定义一个数字 0～9 的共阳极七段码码表。
2. 共阳极和共阴极数码管的区别是什么？
3. LED 数码管的译码方式有哪些？原理分别是什么？
4. 简述 LED 数码管动态扫描的基本原理。
5. 人眼的视觉暂留时间一般为多少？
6. LED 数码管动态扫描程序中消隐语句的作用是什么？编程时有哪两种实现方法？使用时应遵循的原则是什么？
7. 编写 C51 程序，用 3 个共阳 LED 数码管同时在 P0、P1、P2 端口静态显示数字 3、6、9。
8. 编程实现 1 位共阴 LED 数码管在 P1 口依次显示十六进制数字 0～F，时间间隔 1 秒钟，不断循环。

第 7 章

项目四：单片机控制16×16 LED 点阵显示汉字

LED 显示屏是由发光二极管排列组成的显示器件，是集光电子技术、微电子技术、计算机技术、信息处理技术于一体的大型显示系统。因其色彩鲜艳、动态范围广、视角大、可视距离远、成本低、亮度高、寿命长、工作性能稳定等特点，日渐成为显示媒体中的佼佼者，被广泛应用于室外广告、证券、信息传播、新闻发布等领域。近年来，由于半导体材料的制备和工艺逐步成熟和完善，超高亮度的 R、G、B LED 的商品化，全色 LED 平板可用于室内外各种需要的显示应用。

LED 显示器和单片机的接口比较容易设计，可以在单片机的控制下进行包括汉字在内的多种图像显示。在某些场合，LED 显示的使用能大大简化人工操作，实现单片机资源的有效利用。显示内容可以实现汉字的循环显示、上下左右滚动显示。

7.1 LED 点阵结构及显示原理

根据图素数目的不同，LED 点阵有 4×4、5×7、8×8、16×16、24×24 等多种结构。根据图素颜色的不同，有单原色、双原色、三原色等。单原色只能显示固定颜色，如红、绿、黄等，双原色和三原色显示的颜色由发光二极管的点亮组合决定。

7.1.1 LED 点阵结构

8×8 LED 点阵的实物如图 7-1 所示。在每一个点上都是一个发光二极管，一共 8 行 8 列共 64 个。在点阵内部，这些发光二极管的电极按照图 7-2 所示的结构进行连接，每一竖列 8 个二极管的阴极都连在一起引出一根线，叫作列线。每一横行 8 个二极管的阳极也都连在一起引出一条线，叫作行线。这种连接方法称为共阳型。也可以把每一竖列二极管的阳极接在一起引出，每一横行二极管的阴极接在一起引出，这种结构称为共阴型。

7.1.2 显示原理

8×8 LED 点阵可以显示一些简单的数字和字符。如果想在点阵上显示一定的字符，则只需让对应位置上的发光二极管点亮就可以了。例如，要显示数字 0，则显示效果如图 7-3 所示。

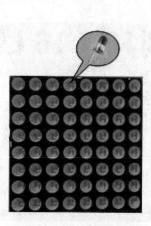
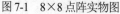

图 7-1 8×8点阵实物图

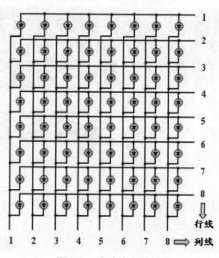

图 7-2 点阵内部结构图

共阳型点阵显示字符时，列线必须加低电平 0，行线则根据每一列的显示内容分别加对应的高低电平。把行线的数值按顺序由低到高排列，组成的 8 位二进制数称为该列对应的行值。要想显示如图 7-3 所示的数字 0，可以看到，因为第 1、2 列的二极管全都不亮，所以行线必须全是低电平 0，即第 1、2 列的行值为 00H；第 3 列中间 5 个二极管点亮，对应行线加高电平 1，其余行线加低电平 0，所以第 3 列的行值应该是 7CH；第 4、5、6 列都是相同位置两个二极管点亮，所以它们的行值都是 82H；第 7 列行值和第 3 列一样是 7CH；第 8 列行值也是 00H。这八列的行值按顺序组合在一起，称为数字 0 的字模，如图 7-4 所示。每一个要显示的字符都对应有一个字模。

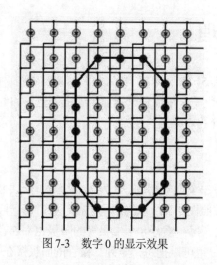

图 7-3 数字 0 的显示效果

图 7-4 数字 0 对应的模值

当显示一个字符时，因为每一列要加的行值是不同的，所以想让 8 列同时显示是不可能的。在前面学习多位数码管显示时掌握了动态扫描原理，在这里依然要利用这一原理。在显示一个字符时，采用各列轮流显示、循环轮流的方法。只要轮流一遍的总时间不超过人眼的视觉暂留时间(50~100ms)，那么看到的就是一个完整的字符。这就是 LED 点阵显示的基本原理。在此基础上，通过编程控制，可以实现多种不同的显示效果。

7.2　8×8 点阵应用实例

在设计 LED 点阵应用电路时, 首先要分清楚点阵的行线和列线, 还要明确该点阵是行共阳还是行共阴。

对于实物来说, 可以查看相关资料了解其引脚分配。如果没有资料, 则最简单的方法是用 5V 电源串联一个 1kΩ 电阻试验, 就可以判断清楚 LED 点阵。也可以用数字表中的二极管挡直接测结压降, 正向时, 结压降会有数值显示(LED 可能会被点亮); 反向时, 结压降基本是无穷大。

Proteus 中的 8×8 LED 点阵元件如图 7-5(a)所示。由于该元件引脚没有标注, 所以使用前必须进行测试, 以确定行线和列线的顺序及极性。图 7-5(b)给出了一种进行引脚测试的方法, 根据测试结果就很容易确定该元件的电路接法。

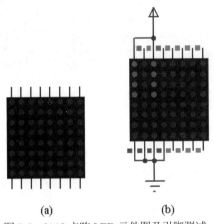

(a)　　　　　　　　(b)

图 7-5　8×8 点阵 LED 元件图及引脚测试

下面通过一个实例具体学习单片机控制 8×8 点阵显示的编程应用。

【例 7-1】设计硬件电路并编写程序, 实现 AT89C51 单片机控制 8×8 LED 点阵轮流显示数字 0~9, 间隔 1s。

解:

1) 硬件电路设计

在 Proteus 中进行硬件电路设计, 如图 7-6 所示。使用的是行共阳型 LED 点阵, 用 AT89C51 的 P3 口接 LED 点阵的列线, 用 P0 口通过一个总线驱动器 74LS245 外接 LED 点阵的行线。P0 口外接上拉电阻, 单片机晶振频率设为 12MHz。

2) 程序设计

按照逐列动态扫描的原理, 当第 1 列显示时, 第 1 列列线要加低电平 0, 其他列加高电平 1, 所以 P3 口应该输出列线值 0FEH。以此类推, 第 2~8 列的列线值分别应该是 0FDH、0FBH、0F7H、0EFH、0DFH、0BFH、7FH。

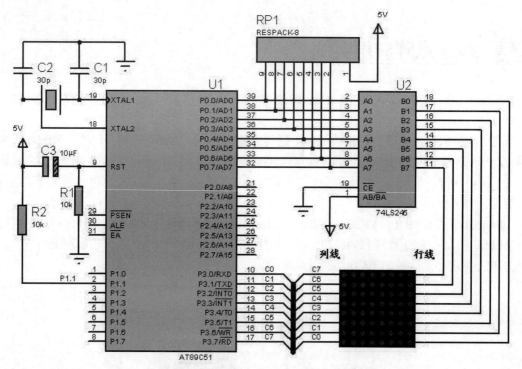

图7-6 单片机控制 8×8 LED 点阵电路原理图

采用 C 语言编写的源程序如下：

```c
#include <reg51.h>
unsigned char code tab[]={0xfe,0xfd,0xfb,0xf7,0xef,0xdf,0xbf,0x7f};        //列线值
unsigned char code digittab[10][8]={
    {0x00,0x00,0x3e,0x41,0x41,0x41,0x3e,0x00},        //数字 0 的行值
    {0x00,0x00,0x00,0x00,0x21,0x7f,0x01,0x00},        //1
    {0x00,0x00,0x27,0x45,0x45,0x45,0x39,0x00},        //2
    {0x00,0x00,0x22,0x49,0x49,0x49,0x36,0x00},        //3
    {0x00,0x00,0x0c,0x14,0x24,0x7f,0x04,0x00},        //4
    {0x00,0x00,0x72,0x51,0x51,0x51,0x4e,0x00},        //5
    {0x00,0x00,0x3e,0x49,0x49,0x49,0x26,0x00},        //6
    {0x00,0x00,0x40,0x40,0x40,0x4f,0x70,0x00},        //7
    {0x00,0x00,0x36,0x49,0x49,0x49,0x36,0x00},        //8
    {0x00,0x00,0x32,0x49,0x49,0x49,0x3e,0x00}         //9
};
unsigned int timecount;                    //定义定时次数变量
unsigned char lie;                         //定义列变量
unsigned char shu;                         //定义要显示数字的顺序变量

void main(void)
{
    TMOD=0x01;                    //定时器 0 初始化，打开中断，定时 3ms
    TH0=(65536-3000)/256;
```

```
        TL0=(65536-3000)%256;
        TR0=1;
        ET0=1;
        EA=1;
        while(1);                       //等定时器中断
}

void t0(void) interrupt 1               //定时器 0 中断服务程序
{
        TH0=(65536-3000)/256;           //重装初值
        TL0=(65536-3000)%256;
        P3=tab[lie];                    //送列值
        P0=digittab[shu][lie];          //送行值
        lie++;                          //列值加 1
        if(lie==8) lie=0;               //8 列扫描完，列值归 0
        timecount++;
        if(timecount==333)              //显示时间够 1s
        {
                timecount=0;            //定时次数清零
                shu++;                  //换下一个数字
                if(shu==10)             //0～9 显示完
                {
                        shu=0;          //再从 0 开始
                }
        }
}
```

3) Proteus 仿真

在 Proteus 中运行程序，点阵显示结果片段如图 7-7 所示。

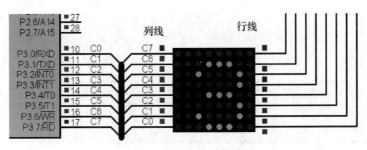

图 7-7　程序运行结果片段

7.3　16×16 点阵汉字显示

8×8 点阵的图素有限，只能用于显示数字和简单的字符。如果要显示汉字，则需要通过更多图素的 LED 点阵来实现，比较常用的是 16×16 LED 点阵。

7.3.1 LED 汉字点阵的编码原理

以中文宋体字库为例，每一个字由 16 行 16 列的点阵组成，即国标汉字库中的每一个字均由 256 个点表示。如果把每一个点理解为一个像素，而把每一个字的字形理解为一幅图像，那么这个点阵屏不仅可以显示汉字，也可以显示 256 像素范围内的任何图形。

如果在 16×16 LED 点阵屏上显示一个"大"字，其显示效果如图 7-8 所示。首先要对每一列的行值进行编码。按照从下往上、从低到高的顺序，灰的地方为 1，白的地方为 0，那么可以得到第一列的行值为一个 16 位的二进制数 0400H，即两个 8 位二进制编码 04H 和 00H。依照这个方法，继续算出后面各列的行值编码，一共可得到 32 个字节编码：04H，00H，04H，02H，04H，02H，04H，04H，04H，08H，04H，30H，05H，0C0H，0FEH，00H，05H，08H，04H，60H，04H，10H，04H，08H，04H，04 H，0CH，06H，04H，04H，00H，00H。这 32 个字节编码叫作汉字"大"的点阵代码，也叫字模。

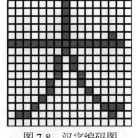

图 7-8　汉字编码图

无论显示哪种字体的汉字或图像，都可以用这个方法来分析出它的点阵代码。在应用时，只要输出点阵代码就可以在屏幕上显示出汉字或图像。

7.3.2 字模的提取

每一个汉字或图像都有对应的字模。在应用时，如果每一个字模都需要手工分析就很麻烦。在实际应用中，通常是使用一些专门的小软件来计算字模，如"字模精灵"。

如图 7-9 所示为"字模精灵"软件界面。在"输入字符"文本框中输入要提取字模的字符"南"字，在"参数设置"中分别选择"C51 格式""字节正序""精简格式"和"纵向取模"。单击"字体"按钮打开字体设置界面，选择想要显示的字体，最后单击"取模"按钮，即可生成点阵数据。"南"字的点阵数据如图 7-10 所示。

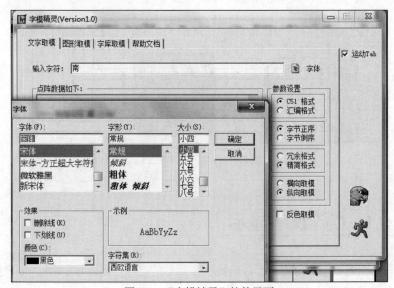

图 7-9　"字模精灵"软件界面

图 7-10　"南"字的取模结果

"C51 格式"生成的点阵数据每个字节前加 0x 前缀。"字节正序"与单片机的接线有关，若不能正确显示则换成"字节倒序"。"精简格式"和"冗余格式"的区别是后者在注释中给出字体大小等详细说明。"横向取模"或"纵向取模"与系统扫描方式有关，即采用行扫描或列扫描。如果采用列扫描，则选中"纵向取模"单选按钮。

编程时，把生成的点阵数据粘贴到程序中即可。

7.3.3　16×16 LED 点阵构成

实际应用中，16×16 LED 点阵通常采用 4 个 8×8 点阵组合而成。在图 7-11 中的 4 个 8×8 LED 点阵，左边两个的列线对应连接在一起，构成高 8 位列线 L9～L16，它们的行线共 16 根，分别对应行线 D0～D15；右边两个也是列线连接在一起，构成低 8 位列线 L1～L8，它们的 16 根行线和左边两个对应连接在一起，同样对应行线 D0～D15。这样，图中的 4 个 8×8 LED 点阵就组合成了一个 16 列 16 行的点阵屏。

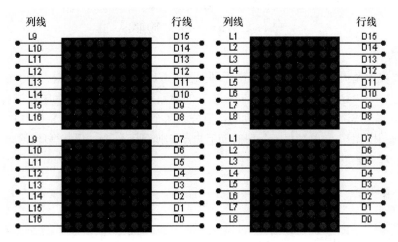

图 7-11　16×16 LED 点阵组成

7.3.4　应用实例

【例 7-2】设计硬件电路并编写程序，实现 AT89C51 单片机控制 16×16 LED 点阵屏轮流静态显示汉字"南阳理工学院"。

解：

1) 硬件电路设计

按照题目要求，在 Proteus 中设计的硬件电路如图 7-12 所示。16×16 LED 点阵屏由 4 个 8×8 点阵按照 7.3.3 节中的连线方法组合在一起。单片机的 P0 口和 P2 口连接点阵屏的 16 根行线 D0～D15。单片机的 P3.0～P3.3 引脚外接一 4-16 译码器 74HC154，74HC154 的 16 根输出引脚对应连接 16 根列线 L1～L16。

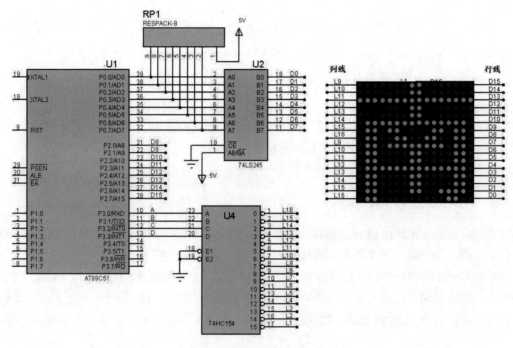

图 7-12　Proteus 中电路原理图

2) 程序设计

首先在"字模精灵"软件中获取"南阳理工学院"六个字的点阵数据。本例选择"C51 格式""字节正序""精简格式"和"纵向取模"的参数设置，字体选择为宋体加粗。显示采用逐列动态扫描的方式，一共 16 列，每列的行值分为两个字节。行值的高 8 位由 P2 口输出，低 8 位由 P0 口输出。每个字单独显示一段时间后自动切换到下一个，反复循环。

C 语言源程序如下：

```
#include <reg51.h>
unsigned int i;
unsigned char j,k;
unsigned char code zifu1[]=
{0x20,0x00,0x27,0xFF,0x27,0xFF,0x24,0x10,0x26,0x90,0x27,0x90,0x25,
0x90,0xFC,0xFE,0xFC,0xFE,0x25,0x90,0x27,0x90,0x26,0x92,0x24,0x13,
0x27,0xFF,0x27,0xFE,0x20,0x00};
                    //"南"字的点阵数据，共 16 行，每行两字节，高字节在前
unsigned char code zifu2[]=
{0x00,0x00,0x7F,0xFF,0x7F,0xFF,0x44,0x18,0x5F,0x18,0x7B,0xF0,0x60,
```

0xE0,0x3F,0xFF,0x3F,0xFF,0x20,0x82,0x20,0x82,0x20,0x82,0x20,0x82,
0x3F,0xFF,0x3F,0xFF,0x00,0x00};
　　　　　　　　//"阳"字的点阵数据，共 16 行，每行两字节，高字节在前
unsigned char code zifu3[]=
{0x20,0x04,0x21,0x06,0x21,0x06,0x3F,0xFC,0x3F,0xF8,0x21,0x08,0x21,
0x0A,0x7F,0x22,0x7F,0x22,0x49,0x22,0x7F,0xFE,0x7F,0xFE,0x49,0x22,
0x7F,0x22,0x7F,0x22,0x00,0x02};
　　　　　　　　//"理"字的点阵数据，共 16 行，每行两字节，高字节在前
unsigned char code zifu4[]=
{0x00,0x04,0x20,0x04,0x20,0x04,0x20,0x04,0x20,0x04,0x20,0x04,0x20,
0x04,0x3F,0xFC,0x3F,0xFC,0x20,0x04,0x20,0x04,0x20,0x04,0x20,0x04,
0x20,0x04,0x20,0x04,0x00,0x04};
　　　　　　　　//"工"字的点阵数据，共 16 行，每行两字节，高字节在前
unsigned char code zifu5[]=
{0x02,0x20,0x0E,0x20,0x8C,0x20,0xE9,0x20,0x69,0x20,0x09,0x22,0x89,
0x23,0xE9,0x7F,0x69,0x7E,0x09,0xE0,0x19,0xA0,0x39,0x20,0xE8,0x20,
0xCA,0x20,0x0E,0x20,0x0C,0x20};
　　　　　　　　//"学"字的点阵数据，共 16 行，每行两字节，高字节在前
unsigned char code zifu6[]=
{0x00,0x00,0x7F,0xFF,0x7F,0xFF,0x5E,0x30,0x7B,0xF0,0x69,0xE1,0x38,
0x83,0x34,0x8E,0x24,0xFC,0xA4,0xF0,0xE4,0x80,0x64,0xFC,0x24,0xFE,
0x2C,0x82,0x38,0x8E,0x30,0x8E};
　　　　　　　　//"院"字的点阵数据，共 16 行，每行两字节，高字节在前

```
void delay()  //延时函数
{
    for(i=200;i>0;i--)
      ;
      ;
}

void main()      //主函数
{
    while(1)
    {
        for(k=60;k>0;k--)                    //显示汉字"南"
        {
        for(j=0;j<16;j++)                    //16 列轮流扫描
        {
            P3=j;                            //输出列线值
            P2=zifu1[2*j];                   //输出行值高 8 位
            P0=zifu1[2*j+1];                 //输出行值低 8 位
            delay();                         //延时
        }
        }
        for(k=60;k>0;k--)                    //显示汉字"阳"
        {
            for(j=0;j<16;j++)
            {
                P3=j;
```

```
            P2=zifu2[2*j];
            P0=zifu2[2*j+1];
            delay();
        }
    }
    for(k=60;k>0;k--)                          //显示汉字"理"
    {
        for(j=0;j<16;j++)
        {
            P3=j;
            P2=zifu3[2*j];
            P0=zifu3[2*j+1];
            delay();
        }
    }
    for(k=60;k>0;k--)                          //显示汉字"工"
    {
        for(j=0;j<16;j++)
        {
            P3=j;
            P2=zifu4[2*j];
            P0=zifu4[2*j+1];
            delay();
        }
    }
    for(k=60;k>0;k--)                          //显示汉字"学"
    {
        for(j=0;j<16;j++)
        {
            P3=j;
            P2=zifu5[2*j];
            P0=zifu5[2*j+1];
            delay();
        }
    }
    for(k=60;k>0;k--)                          //显示汉字"院"
    {
        for(j=0;j<16;j++)
        {
            P3=j;
            P2=zifu6[2*j];
            P0=zifu6[2*j+1];
            delay();
        }
    }
}
}
```

3) Proteus 仿真

在 Proteus 中运行程序，仿真结果片段见图 7-12 所示。

7.4　项目设计

1. 设计内容及要求

设计硬件电路并编写程序，实现 AT89C51 单片机控制一个 16×16 LED 点阵屏拉幕式显示汉字"南阳理工学院"。单片机晶振频率为 12MHz。

2. 硬件电路设计

在 7.3 节中已经设计了一种 AT89C51 单片机控制一个 16×16 LED 点阵屏的硬件电路，但这种方法占用端口较多。在比较复杂的系统设计中，单片机的 I/O 口资源比较紧缺，采用节约端口的设计方法更能满足应用需要。本设计中，利用锁存器实现 P0 口分时输出 16 位行值，如图 7-13 所示。

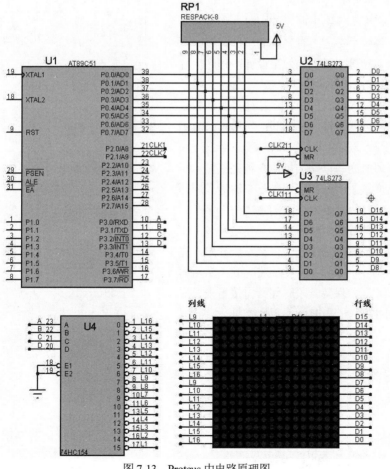

图 7-13　Proteus 中电路原理图

锁存器采用 8 位数据/地址锁存器 74LS273。74LS273 是一种带清除功能的 8 位 D 触发器，D0～D7 为数据输入端，Q0～Q7 为数据输出端；1 脚 MR 为主清除端，低电平触发，为低电平时芯片被清除，输出全为 0(低电平)；11 脚 CLK 为触发端，上升沿触发，当 CLK 从低到高电平时，D0～D7 的数据通过芯片，为低电平时将数据锁存，Q0～Q7 的数据不变。

由于 16×16 LED 点阵共有 16 行，故需两片 74LS273 分别接 LED 点阵的 16 条行线。单片机 AT89C51 的 P0 口分时输出高、低两字节的点阵数据，分别送给两个锁存器的 D0～D7。P2.0 和 P2.1 分别接两个锁存器的锁存脉冲触发端 CLK，控制点阵数据保持在锁存器的输出端。两个锁存器的 MR 引脚都固定为高电平。

对列线的控制仍然采用 4-16 译码器实现。

3. 程序设计

掌握了 LED 点阵显示的基本原理和使用方法后，可以在程序中加入不同的控制策略，使显示内容按照不同的样式进行显示，从而提高视觉效果。

要产生拉幕式显示效果，在程序设计时，把每个字的显示分为四个阶段：进右半、进左半、出右半和出左半。在上一个字出后半的同时，下一个字开始进前半。每两个字之间有半屏的空白间隔。程序按照从左到右拉幕式显示的效果设计。程序流程如图 7-14 所示。

在"南"字进入的编程中，从左边开始，先让屏幕只显示第 1 列并保持一段时间；然后再只显示第 1～2 列并保持一段时间；再接下来只显示第 1～3 列并保持一段时间。以此类推，直到完整显示第 1～16 列，就产生了"南"字逐步从左边进入屏幕的效果。进入的时候，最先进入的是"南"字最右边一列对应的点阵数据，然后依次向左边发展。

在"南"字出右半的编程中，从左边开始，先让屏幕只显示第 2～16 列并保持一段时间；然后再只显示第 3～16 列并保持一段时间；再接下来只显示第 4～16 列并保持一段时间。以此类推，直到只显示第 9～16 列，就产生了字的左边逐步移到右边，右边逐步被拉出屏幕的效果。从右边拉出的时候，最先拉出的是"南"字最右一列对应的点阵数据，然后依次向左，最后只剩下"南"字的左半部分。

在"南"字出左半的同时开始让"阳"字的右半进入。编程时，先让屏幕只显示第 10～16 列和第 1 列，在 10～16 列上显示的是"南"字的左半部分，在第 1 列上显示的是"阳"字最右边一列；保持一段时间后，再显示第 11～16 列和第 1～2 列，"南"字移出一列，"阳"字增加一列。以此类推，直到最后只显示第 1～8 列即"阳"字的右半部分，"南"字的左半部分被完全拉出。

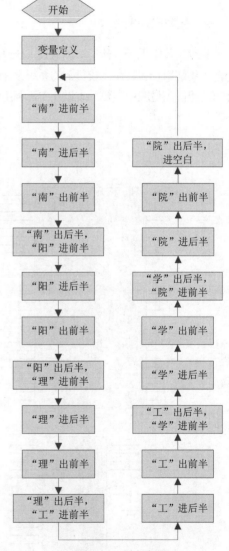

图 7-14　程序流程

　　按照上述控制策略，最终可实现"南阳理工学院"六个字从左到右拉幕式显示的效果。

　　待显示的点阵数据放在数组中，共 8 个，第一个和最后一个是空白字，中间六个分别是"南阳理工学院"的字模。加空白字的目的是在六个字之前和之后有一段黑屏间隔。

　　C 语言源程序如下：

```
#include <reg51.h>
#define tt 5
unsigned int i;
unsigned char   i,j,k,m;
sbit CLK1=P2^0;
sbit CLK2=P2^1;

unsigned char code zifu1[]=
{0x00,0x00,0x00,0x00,0x00,0x00,0x00,0x00,0x00,0x00,0x00,0x00,0x00,
0x00,0x00,0x00,0x00,0x00,0x00,0x00,0x00,0x00,0x00,0x00,0x00,0x00,
0x00,0x00,0x00,0x00,0x00,0x00};
                          //空白字符模值
unsigned char code zifu2[]=
{0x20,0x00,0x27,0xFF,0x27,0xFF,0x24,0x10,0x26,0x90,0x27,0x90,0x25,
0x90,0xFC,0xFE,0xFC,0xFE,0x25,0x90,0x27,0x90,0x26,0x92,0x24,0x13,
0x27,0xFF,0x27,0xFE,0x20,0x00};
                          //南
unsigned char code zifu3[]=
{0x00,0x00,0x7F,0xFF,0x7F,0xFF,0x44,0x18,0x5F,0x18,0x7B,0xF0,0x60,
0xE0,0x3F,0xFF,0x3F,0xFF,0x20,0x82,0x20,0x82,0x20,0x82,0x20,0x82,
0x3F,0xFF,0x3F,0xFF,0x00,0x00};
                          //阳
unsigned char code zifu4[]=
{0x20,0x04,0x21,0x06,0x21,0x06,0x3F,0xFC,0x3F,0xF8,0x21,0x08,0x21,
0x0A,0x7F,0x22,0x7F,0x22,0x49,0x22,0x7F,0xFE,0x7F,0xFE,0x49,0x22,
0x7F,0x22,0x7F,0x22,0x00,0x02};
                          //理
unsigned char code zifu5[]=
{0x00,0x04,0x20,0x04,0x20,0x04,0x20,0x04,0x20,0x04,0x20,0x04,0x20,
0x04,0x3F,0xFC,0x3F,0xFC,0x20,0x04,0x20,0x04,0x20,0x04,0x20,0x04,
0x20,0x04,0x20,0x04,0x00,0x04};
                          //工
unsigned char code zifu6[]=
{0x02,0x20,0x0E,0x20,0x8C,0x20,0xE9,0x20,0x69,0x20,0x09,0x22,0x89,
0x23,0xE9,0x7F,0x69,0x7E,0x09,0xE0,0x19,0xA0,0x39,0x20,0xE8,0x20,
0xCA,0x20,0x0E,0x20,0x0C,0x20};
                          //学
unsigned char code zifu7[]=
{0x00,0x00,0x7F,0xFF,0x7F,0xFF,0x5E,0x30,0x7B,0xF0,0x69,0xE1,0x38,
0x83,0x34,0x8E,0x24,0xFC,0xA4,0xF0,0xE4,0x80,0x64,0xFC,0x24,0xFE,
0x2C,0x82,0x38,0x8E,0x30,0x8E};
                          //院
unsigned char code zifu8[]=
```

```
    {0x00,0x00,0x00,0x00,0x00,0x00,0x00,0x00,0x00,0x00,0x00,0x00,0x00,
    0x00,0x00,0x00,0x00,0x00,0x00,0x00,0x00,0x00,0x00,0x00,0x00,0x00,
    0x00,0x00,0x00,0x00,0x00,0x00};                              //空白

void delay1()                                                   //延时函数
{
    for(i=200;i>0;i--)
        ;
        ;
}

void main()
{
    CLK1=0;
    CLK2=0;
    while(1)                                     //拉幕式显示，依次显示"南阳理工学院"
    {
        for(k=8;k>0;k--)                         // "南"进前半，分8步
        {
            for(m=tt;m>0;m--)                    //维持一段时间
            {
                for(j=0;j<8-k;j++)               //逐列扫描
                {
                    P3=j;                        //P3 口输出列线值
                    P0=zifu2[2*(8+k+j)];         //送该列对应点阵数据的高字节
                    CLK1=1;                      //高 8 位行值锁存器直通
                    CLK1=0;                      //高 8 位行值锁存器锁存
                    P0=zifu2[2*(8+k+j)+1];       //送该列对应点阵数据的低字节
                    CLK2=1;                      //低 8 位行值锁存器直通
                    CLK2=0;                      //低 8 位行值锁存器锁存
                    delay1();                    //显示一段时间
                }
            }
        }
        for(k=8;k<16;k++)                        // "南"进后半，分8步
        {
            for(m=tt;m>0;m--)
                for(j=0;j<k;j++)
                {
                    P3=j;
                    P0=zifu2[2*(16-k+j)];
                    CLK1=1;
                    CLK1=0;
                    P0=zifu2[2*(16-k+j)+1];
                    CLK2=1;
                    CLK2=0;
                    delay1();
```

```
            }
    }
    for(k=16;k>8;k--)                              // "南" 出前半，分 8 步
    {
        for(m=tt;m>0;m--)
                for(j=k;j>0;j--)
                {
                    P3=16-j;
                    P0=zifu2[2*(k-j)];
                    CLK1=1;
                    CLK1=0;
                    P0=zifu2[2*(k-j)+1];
                    CLK2=1;
                    CLK2=0;
                    delay1();
                }

    }
    for(k=8;k>0;k--)                               // "南" 出后半，阳进前半
    {
        for(m=tt;m>0;m--)
        {
                for(j=k;j>0;j--)                   // "南" 出后半，分 8 步
                {
                    P3=16-j;
                    P0=zifu2[2*(k-j)];
                    CLK1=1;
                    CLK1=0;
                    P0=zifu2[2*(k-j)+1];
                    CLK2=1;
                    CLK2=0;
                    delay1();
                }
                for(j=0;j<8-k;j++)                 // "阳" 进前半
                {
                    P3=j;
                    P0=zifu3[2*(8+k+j)];
                    CLK1=1;
                    CLK1=0;
                    P0=zifu3[2*(8+k+j)+1];     //
                    CLK2=1;
                    CLK2=0;
                    delay1();
                }
        }
    }
    for(k=8;k<16;k++)                              // "阳" 进后半
    {
```

```
        for(m=tt;m>0;m--)
                for(j=0;j<k;j++)
                {
                        P3=j;
                        P0=zifu3[2*(16-k+j)];
                        CLK1=1;
                        CLK1=0;
                        P0=zifu3[2*(16-k+j)+1];
                        CLK2=1;
                        CLK2=0;
                        delay1();
                }
    }
    for(k=16;k>8;k--)                          // "阳" 出前半
    {
        for(m=tt;m>0;m--)
                for(j=k;j>0;j--)
                {
                        P3=16-j;
                        P0=zifu3[2*(k-j)];
                        CLK1=1;
                        CLK1=0;
                        P0=zifu3[2*(k-j)+1];
                        CLK2=1;
                        CLK2=0;
                        delay1();
                }
    }
    for(k=8;k>0;k--)                           // "阳" 出后半, "理" 进前半
    {
        for(m=tt;m>0;m--)
        {
                for(j=k;j>0;j--)
                {
                        P3=16-j;
                        P0=zifu3[2*(k-j)];
                        CLK1=1;
                        CLK1=0;
                        P0=zifu3[2*(k-j)+1];
                        CLK2=1;
                        CLK2=0;
                        delay1();
                }
                for(j=0;j<8-k;j++)
                {
                        P3=j;
                        P0=zifu4[2*(8+k+j)];
                        CLK1=1;
```

```
                        CLK1=0;
                        P0=zifu4[2*(8+k+j)+1];
                        CLK2=1;
                        CLK2=0;
                        delay1();
                    }
            }
    }
    for(k=8;k<16;k++)                      // "理" 进后半
    {
        for(m=tt;m>0;m--)
                    for(j=0;j<k;j++)
                    {
                        P3=j;
                        P0=zifu4[2*(16-k+j)];
                        CLK1=1;
                        CLK1=0;
                        P0=zifu4[2*(16-k+j)+1];
                        CLK2=1;
                        CLK2=0;
                        delay1();
                    }
    }
    for(k=16;k>8;k--)                      // "理" 出前半
    {
        for(m=tt;m>0;m--)
                    for(j=k;j>0;j--)
                    {
                        P3=16-j;
                        P0=zifu4[2*(k-j)];
                        CLK1=1;
                        CLK1=0;
                        P0=zifu4[2*(k-j)+1];
                        CLK2=1;
                        CLK2=0;
                        delay1();
                    }
    }
    for(k=8;k>0;k--)                       // "理" 出后半，"工" 进前半
    {
        for(m=tt;m>0;m--)
        {
                    for(j=k;j>0;j--)
                    {
                        P3=16-j;
                        P0=zifu4[2*(k-j)];
                        CLK1=1;
                        CLK1=0;
                        P0=zifu4[2*(k-j)+1];
```

```
                    CLK2=1;
                    CLK2=0;
                    delay1();
            }
        for(j=0;j<8-k;j++)
        {
                P3=j;
                P0=zifu5[2*(8+k+j)];
                CLK1=1;
                CLK1=0;
                P0=zifu5[2*(8+k+j)+1];
                CLK2=1;
                CLK2=0;
                delay1();
        }
    }
}
for(k=8;k<16;k++)                    // "工" 进后半
{
    for(m=tt;m>0;m--)
            for(j=0;j<k;j++)
            {
                    P3=j;
                    P0=zifu5[2*(16-k+j)];
                    CLK1=1;
                    CLK1=0;
                    P0=zifu5[2*(16-k+j)+1];
                    CLK2=1;
                    CLK2=0;
                    delay1();
            }
}
for(k=16;k>8;k--)                    // "工" 出前半
{
    for(m=tt;m>0;m--)
            for(j=k;j>0;j--)
            {
                    P3=16-j;
                    P0=zifu5[2*(k-j)];
                    CLK1=1;
                    CLK1=0;
                    P0=zifu5[2*(k-j)+1];
                    CLK2=1;
                    CLK2=0;
                    delay1();
            }

    }
```

```
for(k=8;k>0;k--)                        //"工"出后半，"学"进前半
{
        for(m=tt;m>0;m--)
        {
                for(j=k;j>0;j--)
                {
                        P3=16-j;
                        P0=zifu5[2*(k-j)];
                        CLK1=1;
                        CLK1=0;
                        P0=zifu5[2*(k-j)+1];
                        CLK2=1;
                        CLK2=0;
                        delay1();
                }
                for(j=0;j<8-k;j++)
                {
                        P3=j;
                        P0=zifu6[2*(8+k+j)];
                        CLK1=1;
                        CLK1=0;
                        P0=zifu6[2*(8+k+j)+1];
                        CLK2=1;
                        CLK2=0;
                        delay1();
                }
        }
}
for(k=8;k<16;k++)                       //"学"进后半
{
        for(m=tt;m>0;m--)
                for(j=0;j<k;j++)
                {
                        P3=j;
                        P0=zifu6[2*(16-k+j)];
                        CLK1=1;
                        CLK1=0;
                        P0=zifu6[2*(16-k+j)+1];
                        CLK2=1;
                        CLK2=0;
                        delay1();
                }
}
for(k=16;k>8;k--)                       //"学"出前半
{
        for(m=tt;m>0;m--)
                for(j=k;j>0;j--)
                {
                        P3=16-j;
```

```
                                    P0=zifu6[2*(k-j)];
                                    CLK1=1;
                                    CLK1=0;
                                    P0=zifu6[2*(k-j)+1];
                                    CLK2=1;
                                    CLK2=0;
                                    delay1();
                              }
                   }
            for(k=8;k>0;k--)                        //"学"出后半，"院"进前半
            {
                   for(m=tt;m>0;m--)
                   {
                          for(j=k;j>0;j--)
                          {
                                    P3=16-j;
                                    P0=zifu6[2*(k-j)];
                                    CLK1=1;
                                    CLK1=0;
                                    P0=zifu6[2*(k-j)+1];
                                    CLK2=1;
                                    CLK2=0;
                                    delay1();
                          }
                          for(j=0;j<8-k;j++)
                          {
                                    P3=j;
                                    P0=zifu7[2*(8+k+j)];
                                    CLK1=1;
                                    CLK1=0;
                                    P0=zifu7[2*(8+k+j)+1];
                                    CLK2=1;
                                    CLK2=0;
                                    delay1();
                          }
                   }
            }
            for(k=8;k<16;k++)                       //"院"进后半
            {
                   for(m=tt;m>0;m--)
                          for(j=0;j<k;j++)
                          {
                                    P3=j;
                                    P0=zifu7[2*(16-k+j)];
                                    CLK1=1;
                                    CLK1=0;
                                    P0=zifu7[2*(16-k+j)+1];
                                    CLK2=1;
                                    CLK2=0;
```

```
                    delay1();
            }
    }
    for(k=16;k>8;k--)                    // "院" 出前半
    {
        for(m=tt;m>0;m--)
                for(j=k;j>0;j--)
                {
                        P3=16-j;
                        P0=zifu7[2*(k-j)];
                        CLK1=1;
                        CLK1=0;
                        P0=zifu7[2*(k-j)+1];
                        CLK2=1;
                        CLK2=0;
                        delay1();
                }
    }
    for(k=8;k>0;k--)                     // "院" 出后半
    {
        for(m=tt;m>0;m--)
        {
                for(j=k;j>0;j--)
                {
                        P3=16-j;
                        P0=zifu7[2*(k-j)];
                        CLK1=1;
                        CLK1=0;
                        P0=zifu7[2*(k-j)+1];
                        CLK2=1;
                        CLK2=0;
                        delay1();
                }
                for(j=0;j<8-k;j++)
                {
                        P3=j;
                        P0=zifu8[2*(8+k+j)];
                        CLK1=1;
                        CLK1=0;
                        P0=zifu8[2*(8+k+j)+1];
                        CLK2=1;
                        CLK2=0;
                        delay1();
                }
        }
    }
  }
}
```

4. 运行结果

在 Proteus 中运行程序，结果片段如图 7-15 所示。"南阳理工学院"6 个汉字依次从左边进入向右边移出，不断循环。

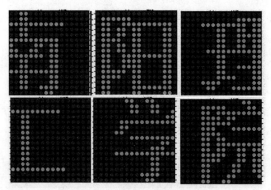

图 7-15   程序运行结果片段

7.5   小结

本章介绍的 16×16 点阵硬件电路设计和软件编程方法，只是实现汉字点阵显示的一种设计方案。在实际应用中，还有一些其它的设计方法，如使用 2 片 74HC595 串入并出移位寄存器来输出 16 根行线，从而可有效节约单片机的 I/O 口。所以，一个问题的解决方案往往会有多种，不同的方案其思路不同，考虑问题的侧重点也不同。作为初学者，要善于学习和掌握多种方法，并能分析其利弊，活学活用，而不要受局限于某一种思维方式。

8×8 点阵单元，不仅可以组合成 16×16 点阵，同样还可以组合成 24×24、24×16、32×32 等多种点阵结构，能够实现的显示效果也十分丰富，有兴趣的读者可以进一步探索实践。但是，"万变不离其宗"，必须在掌握了根本原理和方法后才能够自由发挥。因此，初学者一定要注重强化基础能力的学习和训练。在求知的路上，正所谓"不积跬步，无以至千里"。

思考与练习

1. 什么是点阵显示时的字模？通常怎么获得？
2. 1 个 16×16 点阵的字模包括多少个字节？
3. 在实际应用中，16×16 点阵是如何构成的？
4. 在 Proteus 软件中画出图 7-6 所示的电路图。
5. 根据图 7-6 的电路编写程序，在 8×8 点阵上轮流显示符号 A、B、C、D、E、F。
6. 编写程序，在图 7-13 所示的 16×16 点阵上静态轮流显示文字：51 单片机。

第 8 章

项目五：单片机4×4矩阵键盘输入并显示

在单片机系统中，用户常常要通过按键来设置或控制系统功能。按键是单片机系统中最基本的人机交互输入设备。键盘的结构形式有很多种，如机械式、电容式、电感式、薄膜式等，其中机械式和电容式最为常用。薄膜开关具有结构简单、体积小、防尘、防水等优点，也得到了越来越广泛的应用。

8.1 按键的识别与抖动

1. 按键的识别

在单片机系统中，按键与单片机的基本连接电路如图 8-1 所示。当按键 K 未被按下时，P1.0 输入为高电平；当 K 闭合时，P1.0 输入变为低电平；当 K 抬起时，P1.0 再次回到高电平。通过判断 P1.0 引脚的电平便可知道按键的状态。

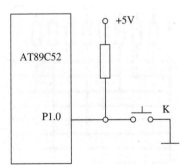

图 8-1　单片机与按键的基本连接电路

2. 按键的抖动

对于机械式按键，由于机械触点的弹性作用，按键在闭合和断开时不会立即达到稳定状态，而是伴随有一连串的抖动。按键抖动过程如图 8-2 所示。抖动时间由按键的机械特性决定，一般为 5～10ms。按键抖动会导致一次按键被单片机误读多次，产生错误操作。为确保 CPU 对一次按键闭合只做一次处理，必须消除抖动问题。

去除按键抖动的方法有硬件和软件两种。

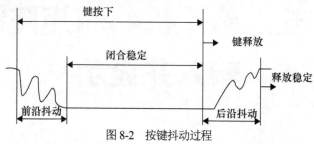

图8-2　按键抖动过程

硬件去抖是给每个按键加上 RC 滤波电路，或者利用 RS 触发器去抖。这种方法会造成电路设计复杂，硬件成本高的问题。

软件去抖是单片机在检测到有键按下后，先执行 10~20ms 的延时程序，然后再次检测按键是否仍然闭合。如果仍然闭合，则确认为有键按下，否则认为是按键抖动引起的，不做响应。

在单片机系统电路设计中，当需要使用多个按键时，键盘结构可采用独立式和矩阵式两种。

8.2　独立式键盘设计

独立式键盘结构是指每个按键独立地占用单片机的一根 I/O 线，如图 8-3 所示。当任何一个键按下时，与之连接的 I/O 线变为低电平，没有按下的键保持高电平。这种结构的优点是电路简单，编程简单；缺点是按键数量较多时，要占用较多的 I/O 线，只适用于按键数量较少的场合。

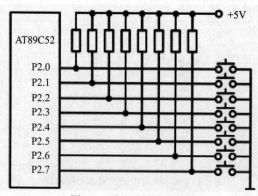

图8-3　独立式键盘连接图

独立式键盘的查询过程为：逐位读入每个 I/O 线的状态，为高电平 1，表明按键没有按下，继续读入下一位；为低电平 0，则说明该 I/O 线所接的按键按下，转向该键的功能处理子程序。

8.3 矩阵式键盘结构与扫描方法

当单片机系统需要使用的按键数量较多时，通常将它们按照一定的方式组合成行列式键盘结构，又叫矩阵式键盘。

8.3.1 矩阵式键盘结构

如图 8-4 所示为一 4×4 的矩阵式键盘结构，键盘分为 4 行和 4 列。这 4 根行线和 4 根列线都接到单片机的 P2 口。4 根列线的另一端分别通过 10kΩ 电阻接到+5V 电源。为了便于表示，给这些行线和列线分别从 0 开始编上序号，依次为 0、1、2、3。每条行线与每条列线的交叉处通过一个按键将二者连接。所有按键也都从 0 开始编上号码，叫作键值。按键键值同其所在的行号和列号的关系满足下式：

$$键值=行号×4+列号$$

利用行列式结构，只需 M 条行线和 N 条列线，即可组成具有 $M×N$ 个按键的键盘，但占用的 I/O 线条数只有 $M+N$ 个。

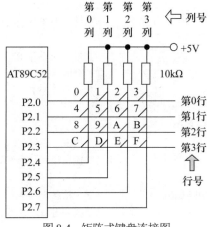

图 8-4 矩阵式键盘连接图

矩阵式键盘能够节约单片机的 I/O 口线，但在对按下键的键值识别上比较复杂。对矩阵式键盘扫描的方法通常分为行扫描法和行列反转法。

8.3.2 行扫描法原理及编程

行扫描法的扫描过程一共分为三个步骤。

(1) 判断键盘中有无键按下。

具体方法为：单片机向所有行线输出低电平 0，然后读入所有列线的电平状态。如果不全为 1，则说明有键按下；如果全为 1，则说明没有键按下。

基本原理：如图 8-4 所示，在没有键按下时，4 根列线的电平均为高电平 1；一旦有键按下，则该键所在的列线与行线接通，由于行线端口的锁存器输出低电平，所以列线就被拉至低电平，从而使读入的 4 根列线电平状态不全为 1。

在软件去抖的系统设计中，当判断到有键按下时，为了防止是由抖动引起的，应该延时 10～20ms，然后再次进行判断以进行确认。

(2) 查找按下键所在位置。

方法：依次给每条行线送低电平，读入列线状态。如果全为 1，则说明按下的键不在此行；如果不全为 1，则说明按下的键必在此行，并且位于电平是 0 的那根列线上。

(3) 计算按键键值。

根据步骤(2)中确定的按键的行号和列号，利用前面的键值计算公式求出按键键值。

下面是针对图 8-4 采用行扫描法编写的 4×4 矩阵键盘扫键子程序。

```
unsigned char keyscan()                    //键扫描子程序，带返回值
{
    unsigned char row,col=0,m=0xff;        //定义行号、列号、键值，键值默认为 0xff
    P2=0xf0;
    if((P2&0xf0)==0xf0)                    //列值全 1，无键按下
        return m;                          //返回键值 0xff
    delay20ms();                           //有键按下，延时去抖
    if((P2&0xf0)==0xf0)                    //无键按下，说明上次是抖动引起
        return m;                          //返回键值 0xff
    for(row=0;row<4;row++)                 //仍然有键按下，从 0 开始逐行扫描
    {
        P2=~(1<<row);                      //扫描值 0xfe 送 P2
        m=P2&0xf0;                         //读列线状态
        if(m!=0xf0)                        //列线不全为 1
        {
            while(m&(1<<(col+4)))
                col++;                     //所按键不在该列，查找下一列号
            m=row*4+col;                   //按键在该列，计算键值
            P2=0xf0;
            while((P2&0xf0)!=0xf0);        //键未抬起，等待
            break;                         //已找到键值，退出 for 循环
        }
    }
    return m;                              //返回键值
}
```

8.3.3 行列反转法原理及编程

采用行列反转法的扫描过程也分为三个步骤。

(1) 判断键盘中有无键按下。

判断方法和行扫描法相同。

(2) 列线变为输出，行线变为输入，再读。

具体过程：将第(1)步中读取到的四根列线状态值从列线端口输出，然后读入所有行线端口的电平状态。

(3) 定位求键值。

将第(1)步读取到的列线值和第(2)步读取到的行线值合并为一个 8 位二进制数，再通过查表确定按下键的键值。

在查表前，首先要按照上述方法将每一个按键按下时所产生的 8 位二进制数统计出来，然后在 code 区建立一个常数表。对于图 8-4 中的 16 个按键，建立的常数表为：Keycode[16]={0xee, 0xde, 0xbe, 0x7e, 0xed, 0xdd, 0xbd, 0x7d, 0xeb, 0xdb, 0xbb, 0x7b, 0xe7, 0xd7, 0xb7, 0x77}。

表中数值的顺序和按键的编号顺序一一对应。编写行列反转法扫键程序时，在第(3)步得到某个键按下时产生的 8 位二进制数后，通过查找该数值在表中的位置，就可以确定按键的编号(即键值)。

针对图 8-4 采用行列反转法编写的键盘扫键子程序例程如下：

```
unsigned char keyscan()                    //键扫描子程序，带返回值
{
    unsigned char row,col,k=0xff;          //定义行值、列值，键值 k 默认为 0xff
    unsigned char i;
    unsigned char code keycode[]={0xee,0xde,0xbe,0x7e,
                        0xed,0xdd,0xbd,0x7d,
                        0xeb,0xdb,0xbb,0x7b,
                        0xe7,0xd7,0xb7,0x77};
                                           //定义 16 个按键的行列组合数值表
    P2=0xf0;
    if((P2&0xf0)==0xf0)
        return k;                          //无键按下，返回 0xff
    delay20ms();                           //延时去抖
    if((P2&0xf0)==0xf0)
        return k;                          //抖动引起，返回 0xff
    P2=0xf0;                               //有键按下，行线输出全 0
    col=P2&0xf0;                           //读 P2 口，保留列线状态值
    P2=col|0x0f;                           //将列值从列线端口输出
    row=P2&0x0f;                           //读 P2 口，保留行线状态值
    for(i=0;i<16;i++)                      //开始查找按键行列组合值在数值表中的位置
        if((row|col)==keycode[i])          //如果找到
        {
            k=i;                           //则 i 即为键值
            break;                         //终止 for 循环
        }
    P2=0xf0;
    while((P2&0xf0)!=0xf0);                //等待键释放
    return k;                              //返回键值
}
```

8.4 项目设计

1. 设计内容及要求

在图 8-5 所示的电路中，单片机 AT89C51 的 P2 口外接一 4×4 矩阵键盘，P1 口外接两位 LED 共阳数码管。编写键盘扫描程序和显示程序。实现功能如下：按下某按键时，数码管上显示该键对应的键值 0～15。如果连续第二次按下该键，则数码管显示的数值为该键值加 3。

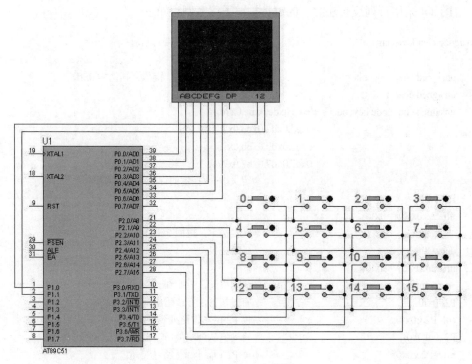

图 8-5　Proteus 电路图

2. 程序设计

系统主程序流程如图 8-6 所示。

这里分别采用两种键盘扫描方法编写扫键子程序。

1) 行扫描法

用行扫描法进行程序设计，只需在前面例程的基础上添加显示程序和主程序即可。编写的 C 语言源程序如下：

```c
#include<reg51.h>
#include<intrins.h>
unsigned char k,kk=100,n=0;
unsigned char code TAB[]={0xc0,0xf9,0xa4,0xb0,0x99,0x92,0x82,0xf8, 0x80,0x90};
                        //定义数字 0～9 的七段码表
```

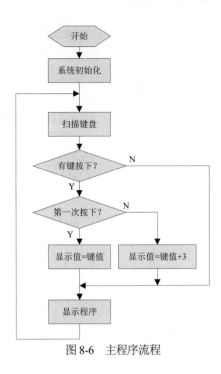

图 8-6　主程序流程

```
void delay20ms()
{
    unsigned char i,j;
    for(i=0;i<100;i++)
        for(j=0;j<20;j++);
}

void delay()
{
    unsigned int i,j;
    for(i=0;i<100;i++)
        for(j=0;j<5;j++);
}

unsigned char keyscan()                         //键扫描子程序，带返回值
{
    unsigned char row,col=0,m=0xff;             //定义行号、列号、键值，键值默认为0xff
    P2=0xf0;
    if((P2&0xf0)==0xf0)                         //列值全1，无键按下
        return m;                               //返回键值 0xff
    delay20ms();                                //有键按下，延时去抖
    if((P2&0xf0)==0xf0)                         //无键按下，说明上次是抖动引起
        return m;                               //返回键值 0xff
    for(row=0;row<4;row++)                      //仍然有键按下，从 0 开始逐行扫描
    {
        P2=~(1<<row);                           //扫描值 0xfe 送 P2
```

```
        m=P2&0xf0;                      //读列线状态
        if(m!=0xf0)                     //列线不全为1
        {
                while(m&(1<<(col+4)))
            col++;                      //所按键不在该列，查找下一列号
            m=row*4+col;                //按键在该列，计算键值
            P2=0xf0;
            while((P2&0xf0)!=0xf0);      //键未抬起，等待
            break;                      //已找到键值，退出 for 循环
        }
    }
    return m;                            //返回键值
}

void display(unsigned char a)
{
    unsigned char shi,ge;
    shi=a/10;
    ge=a%10;
    P0=TAB[shi];
    P1=0x01;
    delay();
    P0=0xff;
    P0=TAB[ge];
    P1=0x02;
    delay();
    P0=0xff;
}

void main()
{
    P0=TAB[0];
    P1=3;
    while(1)
    {
        k=keyscan();
        if(k!=0xff)
        {
            if(k!=kk)
                kk=k;
            else
                k=k+3;
            n=k;
        }
        display(n);
    }
}
```

2) 行列反转法

将 8.3.2 节程序中的行扫描法键盘子程序更换为行列反转法键盘子程序，修改后的源程序清单如下：

```
#include<reg51.h>
#include<intrins.h>
unsigned char k,kk=100,n=0;
unsigned char code TAB[]={0xc0,0xf9,0xa4,0xb0,0x99,0x92,0x82,0xf8, 0x80,0x90};
                                    //定义数字 0～9 的七段码表

void delay20ms()
{
    unsigned char i1,j1;
    for(i1=0;i1<100;i1++)
        for(j1=0;j1<20;j1++);
}

void delay()
{
    unsigned char i2,j2;
    for(i2=0;i2<100;i2++)
        for(j2=0;j2<5;j2++);
}

unsigned char keyscan()                    //键扫描子程序，带返回值
{
    unsigned char row,col,m=0xff;           //定义行值、列值，键值 k 默认为 0xff
    unsigned char i;
    unsigned char code keycode[]={0xee,0xde,0xbe,0x7e,0xed,0xdd,0xbd,0x7d,0xeb,0xdb,0xbb,0x7b,0xe7,0xd7,
        0xb7,0x77};
                                    //定义 4×4 个按键的行列组合数值表
    P2=0xf0;
    if((P2&0xf0)==0xf0)
        return m;                          //无键按下，返回 0xff
    delay20ms();                           //延时去抖
    if((P2&0xf0)==0xf0)
        return m;                          //抖动引起，返回 0xff
    P2=0xf0;                               //有键按下，行线输出全 0
    col=P2&0xf0;                           //读 P2 口，保留列线状态值
    P2=col|0x0f;                           //将列值从列线端口输出
    row=P2&0x0f;                           //读 P2 口，保留行线状态值
    for(i=0;i<16;i++)                      //开始查找按键行列组合值在数值表中的位置
        if((row|col)==keycode[i])          //如果找到
        {
            k=i;                           //则 i 即为键值
            break;                         //终止 for 循环
```

```
        }
    P2=0xf0;
    while((P2&0xf0)!=0xf0);                  //等待键释放
    return m;                                //返回键值
}

void display(unsigned char a)
{
    unsigned char shi,ge;
    shi=a/10;
    ge=a%10;
    P0=TAB[shi];
    P1=0x01;
    delay();
    P0=0xff;
    P0=TAB[ge];
    P1=0x02;
    delay();
    P0=0xff;
}

void main()
{
    P0=TAB[0];
    P1=3;
    while(1)
    {
        k=keyscan();
        if(k!=0xff)
        {
            if(k!=kk)
                    kk=k;
            else
                    k=k+3;
            n=k;
        }
        display(n);
    }
}
```

3. 运行结果

在 Proteus 中运行程序，结果片段如图 8-7 所示。初次按下每一个按键，数码管上显示该键的键值；如果连续按下同一按键，在数码管显示的数值为键值加 3。

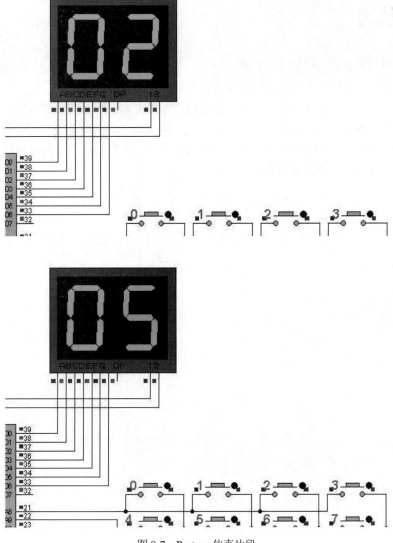

图 8-7　Proteus 仿真片段

8.5 小结

单片机系统在设计键盘模块时，应该采用独立式还是行列式键盘结构，需要根据实际情况来决定。按照"资源节约、效能最大化"的原则，当行数 M 和列数 N 满足 M×N > M+N 时，行列式结构的端口利用率相对比较高；反之，则用独立式键盘结构更加合适。

按键抖动问题是机械式按键的固有弊端，如果不重视，则在实际工程应用中可能会造成非常严重的危害。所以，在按键模块设计时必须要采取消抖动措施，这是一名负责任的设计师必须要具备的专业素养和责任意识。现在，随着科技的不断创新发展，也出现了多种新型的按键技术，如红外键盘、手指键盘等。尽管新型键盘的设计原理各不相同，但单片机对按键的识别原理依然不变。

思考与练习

1. 简述单片机识别按键的基本原理。
2. 单片机系统中使用机械式按键会存在什么问题？应如何解决？
3. 独立式键盘和矩阵式键盘的优缺点各是什么？在实际应用中应如何选择？
4. 简述行扫描法的工作步骤。
5. 在 Proteus 中画出 AT89C51 单片机的 P1 口外接 2×4 矩阵式键盘的电路原理图，并采用行扫描法编写键盘扫描子程序。

第 9 章

项目六：单片机对外部脉冲计数并定时控制

在控制系统中，常常需要进行时间上的定时、延时，或者对外部事件进行计数。通常采用以下三种方法来实现定时或者计数：

(1) 软件法。通过执行一段循环程序来进行时间上的延时，它的优点是没有额外的硬件电路，但牺牲了 CPU 的时间，且不容易得到比较精确的定时时间。

(2) 硬件法。完全由硬件电路完成，不占用 CPU 的时间。但当要求改变定时时间的时候只能改变电路中的元件参数来实现。

(3) 可编程定时器/计数器。利用软件编程来实现定时时间的改变，通过中断或查询来完成定时或者计数功能，当定时时间到或者计数满时置位溢出标志。

MCS-51 单片机内部带有 16 位的可编程定时器/计时器模块,因此在应用系统设计中通常采用第三种方式。

9.1 MCS-51 单片机定时器/计数器结构

基本型的 MCS-51 单片机定时器/计数器的内部结构如图 9-1 所示。

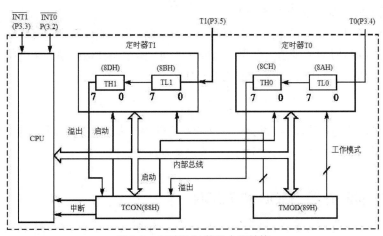

图 9-1 定时器/计数器内部结构

从图9-1中可以看出，基本型MCS-51单片机的定时器/计数器主要由以下部分构成：

- 两个16位的可编程定时器/计数器，即定时器0(T0)和定时器1(T1)，它们实际上都是16位加1计数器，既可以工作在定时工作方式，也可以工作在计数工作方式。
- 每个定时器均由两部分构成：THx和TLx。
- 特殊功能寄存器TMOD和TCON对T0和T1进行控制。
- 引脚P3.4、P3.5输入计数脉冲。
- 特殊功能寄存器之间通过内部总线和控制逻辑电路连接起来。

9.2 AT89C51单片机定时器/计数器工作方式与工作模式

每个定时器都可由软件设置为定时工作方式或计数工作方式及其他灵活多样的可控功能方式，如图9-2所示。定时器工作不占用CPU时间，除非定时器/计数器溢出，才能中断CPU的当前操作。

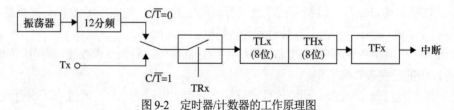

图9-2 定时器/计数器的工作原理图

1) 定时工作方式

定时器计数单片机片内振荡器经12分频后的脉冲，即每个机器周期使定时器(T0或T1)的数值加1直至计数满溢出。当单片机采用12MHz晶振时，一个机器周期为1μs，计数频率为1MHz。

2) 计数工作方式

通过引脚T0(P3.4)和T1(P3.5)对外部脉冲信号计数。计数器在每个机器周期的S5P2节拍采样引脚电平，若上一个机器周期的S5P2节拍采样值为1(高电平)，下一个机器周期S5P2节拍采样值为0(低电平)，则计数器的值加1。

CPU检测一个由1至0的下跳变需要两个机器周期，为了确保某个电平在变化之前被采样一次，要求电平保持时间至少是一个完整的机器周期。故最高计数频率为振荡频率的1/24。如果晶振频率为12MHz，则最高计数频率为0.5MHz。

注意：

单片机做定时器还是计数器，其最大的区别就是脉冲的来源不同，当来源于晶振分频后的内部脉冲时做定时器，当来源于P3.4和P3.5引脚的外部脉冲时做计数器。

9.2.1 特殊功能寄存器TMOD和TCON

定时器/计数器的工作主要由特殊功能寄存器TMOD和TCON控制。下面介绍这两个寄存器。

1. 定时器/计数器模式控制寄存器 TMOD

TMOD 主要用于设定 T0 和 T1 的工作模式。它主要由两部分组成，高 4 位用于设置 T1 的工作模式，低 4 位用于设置 T0 的工作模式。TMOD 的字节地址为 89H，不可位寻址。复位后，TMOD=00H。其格式如图 9-3 所示。

	D7	D6	D5	D4	D3	D2	D1	D0
TMOD(89H)	GATE	C/$\overline{T}$	M1	M0	GATE	C/$\overline{T}$	M1	M0

图 9-3　TMOD 格式

各位具体含义如下：

● GATE——门控位。

GATE=1 时，由外部中断引脚 $\overline{\text{INT0}}$、$\overline{\text{INT1}}$ 和 TR0、TR1 共同来启动定时器。当 $\overline{\text{INT0}}$ 引脚为高电平时，TR0 置位，启动定时器 T0。当 $\overline{\text{INT1}}$ 引脚为高电平时，TR1 置位，启动定时器 T1。

GATE=0 时，仅由 TR0 和 TR1 置位来启动定时器 T0 和 T1。

● C/$\overline{T}$——定时器/计数器工作方式选择位。

C/$\overline{T}$=0 时，选择定时器(timer)方式。

C/$\overline{T}$=1 时，选择计数器(counter)方式。

● M1、M0——定时器/计数器工作模式选择位。

单片机的定时器/计数器 T0 一共有 4 种工作模式，T1 则只有 3 种。M1 和 M0 用于对这些工作模式进行选择，如表 9-1 所示。

表 9-1　定时器/计数器的工作模式

M1	M0	工作模式	功　能
0	0	模式 0	13 位定时器/计数器
0	1	模式 1	16 位定时器/计数器
1	0	模式 2	8 位自动重置定时器/计数器
1	1	模式 3	定时器 0：TL0 可做 8 位定时器/计数器，TH0 为 8 位定时器 定时器 1：不工作

这 4 种工作模式中模式 0~2 对 T0 和 T1 是一样的，模式 3 对两者不同，T1 不能工作在模式 3，若强行设置为模式 3，则 T1 将停止工作。

TMOD 寄存器各位定义及具体的意义如图 9-4 所示。

2. 定时器/计数器控制器寄存器 TCON

在学习外部中断时，已经了解了 TCON 寄存器。在这里主要使用 TR0 和 TR1 来启动定时器/计数器开始工作。

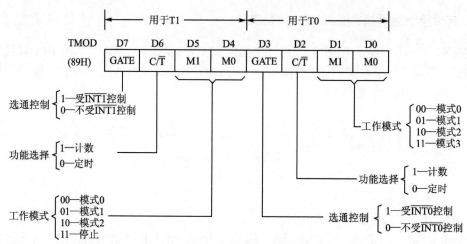

图9-4 TMOD 各位定义及具体的意义

9.2.2 定时器的四种模式及应用

1. 模式0

模式0是一个13位的定时器/计数器。其逻辑电路结构如图9-5所示。

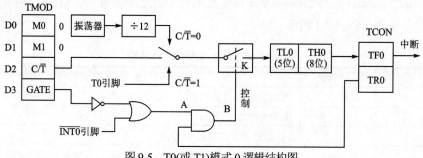

图9-5 T0(或 T1)模式0逻辑结构图

在模式0状态下，16位寄存器(TH0 和 TL0)只用了其中的13位，包括 TL0 的低5位和 TH0 的8位，TL0 的高3位未用。当 TL0 的低5位计满溢出时向 TH0 进位，TH0 溢出时向中断标志 TF0 进位，硬件自动置位 TF0，并向 CPU 申请中断。同时，13位计数器继续从0开始加1计数。

作为定时器使用时，其定时时间 t 的计算公式为

$$t = (2^{13} - \text{T0 初值}) \times \text{振荡周期} \times 12$$

在实际应用中，定时时间 t 往往是已知的，晶振频率 f_{osc} 也是已知的，需要求的是计数器的初值。对应定时时间 t，计数初值 X 的计算公式为

$$\text{初值 } X = 2^{13} - t \times f_{osc} / 12$$

【例9-1】设定时器 T0 选择工作模式0，定时时间1ms，f_{osc}=6MHz。试确定 T0 初值。

解：当 T0 处于工作模式0时，加1计数器为13位。

设 T0 的计数初值为 X，则有

$$X = 2^{13} - 1 \times 10^{-3} \times 6 \times 10^6 / 12 = 8192 - 500 = 7692\text{D} = 1\ 1110\ 0000\ 1100\text{B}$$

T0 的低 5 位为 0 1100B，即 0x0C，所以 TL0=0x0C。

T0 的高 8 位为 1111 0000B，即 0xF0，所以 TH0=0xF0。

2. 模式 1

模式 1 是一个 16 位的定时器/计数器。图 9-6 所示为模式 1 的逻辑电路结构图。

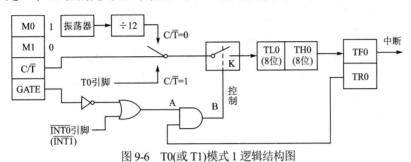

图 9-6　T0(或 T1)模式 1 逻辑结构图

在该模式下，TH0 和 TL0 对应的 16 位全部参与计数运算。当 TH0 和 TL0 计数满溢出时由硬件自动将 TF0 置位并申请中断，同时 16 位加 1，计数器继续从 0 开始计数。

在定时工作方式，定时时间 t 对应的初值为

初值 $X = 2^{16} - t \times f_{osc}/12$

在计数工作方式，计数长度最大为

$$2^{16} = 65\,536(个外部脉冲)$$

3. 模式 2

T0 的模式 2 是把 TL0 配置成一个可以自动重装载初值的 8 位定时器/计数器。其逻辑电路结构如图 9-7 所示。

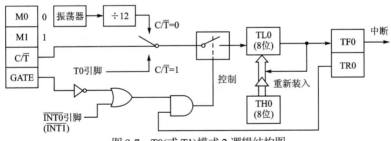

图 9-7　T0(或 T1)模式 2 逻辑结构图

在模式 2 中，只有 TL0 用作 8 位计数器参与脉冲计数工作，TH0 不参与计数，只用来保存初值。在系统初始化时，由软件将 TL0 和 TH0 赋相同的初值，当 TL0 计数溢出时，溢出中断标志位 TF0 置 1，同时硬件会自动把 TH0 中的内容重新装载到 TL0 中。

在定时工作方式下，定时时间 t 对应的初值为

$$初值 X = 2^8 - t \times f_{osc}/12$$

在计数工作方式下，计数长度最大为

$$2^8 = 256(个外部脉冲)$$

该模式可省去软件中重装常数的语句，能够产生相当精确的定时时间，所以适合作为串行口的波特率发生器。

4. 模式3

工作模式3对T0和T1来说大不相同。T0设置为模式3时，TL0和TH0被分成两个相互独立的8位计数器，其中TL0可工作于定时器方式或计数器方式，而TH0只能工作于定时器方式。定时器T1没有工作模式3，如果强行设置T1为模式3，则T1停止工作。

T0模式3时的逻辑电路结构如图9-8所示。在该模式下，TL0使用了原T0的各控制位、引脚和中断源，即C/$\overline{\text{T}}$、GATE、TR0、TF0、T0(P3.4)引脚、INT0(P3.2)引脚，既可以工作在定时器方式又可以工作在计数器方式，其功能和操作分别与模式0、模式1相同，只是计数位数变为8位。

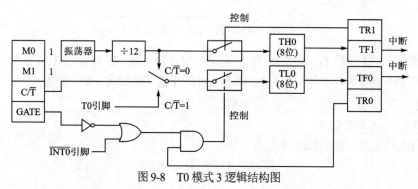

图9-8　T0模式3逻辑结构图

TH0只能对内部机器周期进行计数，所以只能做8位定时器使用。由于它占用了定时器T1的控制位TR1和T1的中断标志TF1，所以启动和关闭仅受TR1的控制。

在T0设置为模式3时，T1仍可工作于模式0～2。T0模式3下T1的逻辑电路结构如图9-9所示。

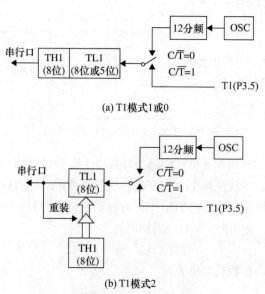

(a) T1模式1或0

(b) T1模式2

图9-9　T0模式3时T1的逻辑电路结构

由于 TR1 和 TF1 被定时器 TH0 占用，T1 的计数器开关直接接通运行。只需设置 T1 的控制位 C/$\overline{T}$ 来切换其工作于定时器或计数器即可。当计数器溢出时，只能将输出送入串行口或用于不需要中断的场合，一般用作串口的波特率发生器。

9.3　AT89C51 单片机定时器/计数器编程实例

T0 和 T1 分别有定时和计数两种功能、4 种或 3 种工作模式，在使用定时器/计数器之前，必须对其进行初始化编程操作。下面归纳一下具体的初始化步骤。

9.3.1　编程初始化步骤

单片机定时器/计数器的初始化在主函数进行，步骤包括以下几步：

(1) 设置 TMOD。首先要根据功能分析，选择做定时器还是计数器，其次要在 4 种工作模式中选择合适的模式。

(2) 设置定时器的计数初值。将初值写入 TH0 和 TL0 或 TH1、TL1。

(3) 设置 TCON，启动定时器。也可以使用位操作指令，如 TR0=1。

(4) 设置中断允许寄存器 IE。如果需要中断，则要设置中断总开关 EA 和定时器的分开关 ET0 或者 ET1。可以使用位操作指令，例如：EA=1；ET0=1。

9.3.2　编程实例

【例 9-2】设单片机的振荡频率为 12MHz，用定时器/计数器 0 的模式 1 编程，在 P1.0 引脚产生一个周期为 1000μs 的方波，如图 9-10 所示。定时器 T0 采用中断的处理方式。

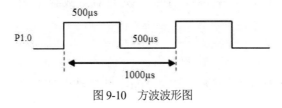

图 9-10　方波波形图

分析：定时器的设置一般有如下几方面内容。

1) 工作方式选择

当需要产生波形信号时，往往使用定时器/计数器的定时功能，定时时间到了对输出端进行相应的处理即可。

2) 工作模式选择

根据定时时间长短选择工作模式。定时时间长短依次为模式 1＞模式 0＞模式 2。如果产生周期性信号，则首选模式 2，不用重装初值。

3) 定时时间计算

周期为 1000μs 的方波要求定时器的定时时间为 500μs，每次溢出时，将 P1.0 引脚电平的状态取反，就可以在 P1.0 上产生所需要的方波。

4) 计数初值计算

振荡频率为 12MHz，则机器周期为 1μs。设计数初值为 X，则有

$$X = 2^{16} - 500 \times 10^{-6} \times 12 \times 10^6 / 12 = 65\,536 - 500 = 65\,036 = 0xFE0C$$

所以，定时器的计数初值为 TH0=0xFE，TL0=0x0C。

解：

C 语言程序如下：

```
#include <reg52.h>                              //包含特殊功能寄存器库
sbit  P1_0=P1^0;                                //进行引脚的位定义
void main( )
{
        TMOD=0x01;                              //T0 做定时器，工作在模式 1
        TL0=0x0c;
        TH0=0xfe;                               //设置定时器的初值
        ET0=1;                                  //允许 T0 中断
        EA=1;                                   //允许 CPU 中断
        TR0=1;                                  //启动定时器
        while(1);                               //等待中断
}
void  time0_int(void)    interrupt 1            //中断服务程序
{
        TL0=0x0c;
        TH0=0xfe;                               //定时器重赋初值
        P1_0=~P1_0;                             //P1.0 取反，输出方波
}
```

【例 9-3】设单片机的振荡频率为 12MHz，用定时器/计数器 0 编程实现从 P1.0 输出周期为 500μs 的方波。

分析：

1) 定时时间

从 P1.0 输出周期为 500μs 的方波。定时 250μs，定时结束对 P1.0 取反。

2) 工作模式

当系统时钟频率为 12MHz，机器周期为 1μs，定时器/计数器 0 可以选择模式 0、模式 1 和模式 2。模式 2 最大的定时时间为 256μs，满足 250μs 的定时要求，选择模式 2。

3) 计数初值 X

初值 $X = 2^8 - 250 \times 10^{-6} \times 12 \times 10^6 / 12 = 256 - 250 = 6$，则 TH0 =TL0 = 6。

解：

(1) 采用中断处理方式的 C 语言程序如下：

```
# include <reg52.h>                      //包含特殊功能寄存器库
sbit  P1_0=P1^0;
void main( )
{
        TMOD=0x02;                       //选择定时器的工作模式
```

```
        TL0=0x06;
        TH0=0x06;                            //为定时器赋初值
        ET0=1;                               //允许定时器 0 中断
        EA=1;
        TR0=1;                               //启动定时器 0
        while(1);                            //等待中断
}
void    time0_int(void)    interrupt 1
{
        P1_0=~P1_0;
}
```

(2) 采用查询方式处理的 C 语言程序如下：

```
# include <reg52.h>                          //特殊功能寄存器库
sbit  P1_0=P1^0;
void main()
{
        TMOD=0x02;
        TL0=0x06;
        TH0=0x06;
        TR0=1;
        while (1)
        {
                while(!TF0) ;                //查询计数溢出
                TF0=0;
                P1_0=~P1_0;
        }
}
```

【例 9-4】利用定时器 T1 的模式 2 对外部信号进行计数，要求每计满 100 次，将 P1.0 端取反。

分析：

1) 工作方式

T1 工作在计数方式，计数脉冲数为 100。

2) 工作模式

采用模式 2，则寄存器 TMOD = 01100000B=0x60。

3) 计数初值

在模式 2 下，初值 $X = 2^8 - 100 = 156 = 0x9C$。

解：

C 语言程序如下：

```
#include <reg52.h>
sbit P1_0=P1^0;                                         //进行位定义
void main (  )
```

```
{
        TMOD=0x60;                                              //T1 工作在模式 2，计数
        TL1=0x9c;                                               //装入计数(重装)初值
        TH1=0x9c;
        ET1=1;                                                  //允许定时器 1 中断
        EA=1;                                                   //开中断
        TR1=1 ;                                                 //启动定时器 1
        while(1);
}
void    time0_int(void)    interrupt 3                          //中断服务程序
{
        P1_0=~P1_0;                                             //取反，产生方波
}
```

【例 9-5】利用定时器精确定时 1s 控制 LED 以秒为单位闪烁。已知 f_{osc}=12MHz。

分析：

1) 工作模式

定时器/计数器在定时方式下，各个模式最大定时时间分别为：

定时器 0=(8192−0)×12/f_{osc} = 8.192ms；

定时器 1=(65 536−0)×12/f_{osc} = 65.536ms；

定时器 2=(256−0)×12/f_{osc} = 0.256ms。

这里选择模式 1，定时时间为 10ms，当 10ms 的定时时间到，TF1=1，连续定时 100 次，调用亮灯函数；再连续定时 100 次，调用灭灯函数。循环工作，即达到 1s 闪烁 1 次的效果。

2) 计数初值

初值 $X = 2^{16} - 10 \times 10^{-3} \times 12 \times 10^{6}/12 = 65\ 536 - 10\ 000 = 55\ 536 = 0xD8F0$。

解：

C 语言程序如下：

```
#include <reg52.h>
sbit LED=P1^0;
unsigned char i;
void main()
{
    LED=0;                                                  //定义灯的初始状态为灭
    TMOD=0x10;                                              //设置定时器 1 工作在模式 1
    TL1=0xf0;
    TH1=0xd8;                                               //设置定时初值
    TR1=1;                                                  //启动定时器 1
    ET1=1;                                                  //允许定时器 1 中断
    EA=1;
    while(1);
}
void timer1_int() interrupt 3
{
    TL1=0xf0;                                               //定时器重装初值
```

```
        TH1=0xd8;
        if(++i==100)
        {
                LED=~LED;
                i=0;
        }
}
```

【例 9-6】已知 AT89C51 单片机 f_{osc}=6MHz，试利用 T0 和 P1 口输出矩形波，矩形波高电平宽为 40μs，低电平宽为 360μs，如图 9-11 所示。

图 9-11　矩形波图

分析：

前面遇到的都是方波，所以高、低电平持续时间是一样的，只要用定时器定时周期的一半时间，把 P1.0 引脚的电平持续取反就可以了。但是现在矩形波高电平宽为对应的 40μs，低电平宽为 360μs，二者不相等。

观察两个时间，40μs 和 360μs 之间刚好是一个 9 倍的关系，这样可以用定时器定时一个基数 40μs，360μs 可以用循环 9 次 40μs 来实现。方式 2 对应的最大定时时间是 512μs，所以用方式 2 就可以了。

$$TMOD=00000010=0x02$$

40μs 定时初值 $X= 2^8 -40×6/12 = 256 -20 = 236 = 0xEC$

解：

C 语言程序如下：

```
#include <reg51.h>
sbit signal=P1^0;
bit    level;                        //用来存储产生 T0 中断之前输出何种电平
unsigned char counter;
void main(void)
{
    TMOD=0x02;                       //T0 选择工作方式 2，8 位定时器
    TH0=0xec;
    TL0=0xec;                        //定时时间为 40μs
    counter=0;
    signal=1;
    level=1;                         //初始化全局变量
    EA=1;                            //使能 CPU 中断
    ET0=1;                           //使能 T0 溢出中断
    TR0=1;                           //T0 开始运行
    while(1) ;                       //无限循环
}
void isr_t0(void) interrupt 1        //T0 中断服务函数
```

```
{
    if(level==1)                        //如果中断产生之前输出的是高电平
    {
        signal=0;                       //输出低电平
        level=0;                        //保存当前输出的电平(低电平)
    }
    else                                //如果中断产生之前输出的是低电平
    {
        counter++;                      //中断次数计数加 1
        if(counter==9)                  //如果已经输出低电平 360μs
        {
            counter=0;                  //中断次数计数归零
            signal=1;                   //输出高电平
            level=1;                    //保存当前输出的电平(高电平)
        }
    }
}
```

9.4 项目设计

1. 设计内容及要求

在图 9-12 所示的电路中，单片机晶振为 11.0592MHz，编程实现以下功能：当 P3.4 引脚的电平连续发生 5 次负跳变，单片机 P0.0 引脚所接的 LED 灯亮 3s 灭 1s，循环 5 次后停止。

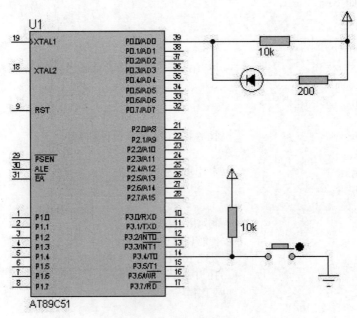

图 9-12　硬件电路图

2. 程序设计

C 语言程序如下：

```
#include <reg51.h>
sbit LED=P0^0;
unsigned int i,j;
void main()
{
    P0=0xFF;
    TMOD=0x16;                          //定时器0为计数方式，模式2；定时1为定时方式，模式1
    TH0=251;
    TL0=251;
    TR0=1;
    ET0=1;
    EA=1;
    TR1=0;
    ET1=0;
    while(1);
}
void T0_int() interrupt 1
{
    LED=0;                              //灯亮
    TH1=(65536-110592/12)/256;         //装定时器1初值，定时10ms
    TL1=(65536-110592/12)%256;
    TR1=1;                             //启动定时器1
    ET1=1;                             //开定时器1中断
    j=0;
    i=0;
}

void T1_int() interrupt 3
{

    TH1=(65536-110592/12)/256;         //重装初值
    TL1=(65536-110592/12)%256;
    ++i;                              //中断次数加1
    if(i<300) LED=0;                  //3s之内灯亮
    else if(300<=i<400) LED=1;        //3~4s之间灯灭
    if(i==400)
    {
        i=0;
        ++j;                          //一次循环结束，i清零，循环次数j加1
    }
    if(j==5)
        ET1=0;                        //循环够5次，关闭定时器0中断
}
```

3. 运行结果

在 Proteus 中加载程序代码并运行仿真，当 P3.4 引脚的按键按下后输入电平即发生负跳变。连续按下 5 次后，P0.0 引脚所接的 LED 灯亮 3s 灭 1s，循环 5 次后停止。LED 灯亮的状态如图 9-13 所示。也可观察 P0.0 引脚输出的波形，结果如图 9-14 所示。

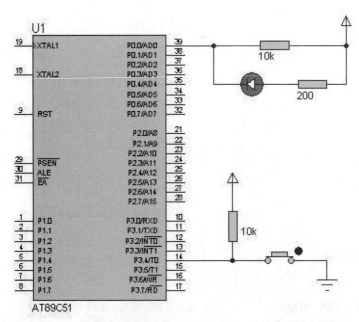

图 9-13　仿真结果片段

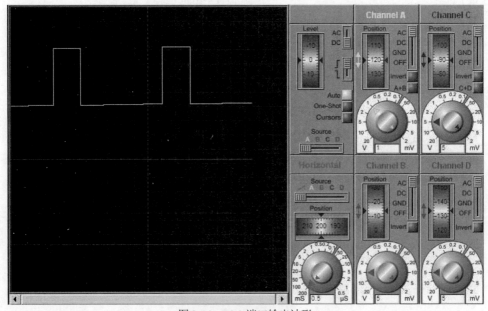

图 9-14　P0.0 端口输出波形

9.5 小结

时间控制是单片机系统最常用的方式。编程时可通过延时函数实现，也可以使用定时器实现。因为延时函数写起来比较简单，所以受到了大多数初学者的青睐。但这两种方式的效果是有区别的：用 C 语言编程的延时函数与汇编语言不同，它不能实现精确的定时，所以时间控制上有很明显的误差；定时器的时间控制是直接对机器周期进行计数，所以可以把时间计算得比较准确。因此在实际应用中，应该根据控制系统对时间精度的要求来选择合适的控制方式。

此外，在使用定时器进行控制时，还要注意因重装初值、中间程序操作等因素造成的时间误差。例如在【例 9-6】中，因程序的中间操作较多，大家仿真时会发现实际波形的低电平宽度为约 400μs，与计算的 360μs 误差了 10%。在工程应用中，10% 的定时误差可能会造成非常严重的后果，所以当设计中出现问题时一定不能掉以轻心，而要秉持一丝不苟的认真态度、发扬精益求精的工匠精神，努力想办法解决问题。针对该例出现的问题，因为正好多了约 40μs，所以在程序中，把循环次数 9 修正为 8，就可以得到比较满意的结果。

思考与练习

1. AT89C51 单片机的定时器/计数器有哪几种工作模式？
2. AT89C51 单片机的定时器/计数器主要由哪几个特殊功能寄存器编程控制？各起什么作用？
3. AT89C51 单片机的定时器/计数器工作于计数方式时的最高计数频率如何计算？当晶振频率为 6MHz 时，最高计数频率是多少？
4. 当 AT89C51 单片机的定时器/计数器工作于模式 0 时，其计数值共多少位？在 TH 和 TL 寄存器中如何存放？
5. 实际编程时，应如何合理选择定时器/计数器的工作模式？
6. AT89C51 单片机的定时器/计数器初始化时一般包括哪些步骤？
7. 编写程序，实现 AT89C51 单片机的 P1.7 引脚向外输出周期为 2ms 的方波，设晶振频率为 6MHz。
8. 编写程序，当 AT89C51 单片机的 P3.4 引脚输入 10 个脉冲信号时，P1.7 引脚向外连续输出周期为 1 秒的方波。

第 10 章

项目七：LCD1602液晶显示的
电子密码锁设计

字符型液晶显示模块是一种专门用于显示字母、数字、符号等功能的点阵式 LCD，市面上字符液晶绝大多数是基于 HD44780 液晶芯片，HD44780 是带西文字库的液晶显示控制器，用户只需要向 HD44780 送 ASCII 字符码，HD44780 就按照内置的 ROM 点阵发生器自动在 LCD 液晶显示器上显示出来。所以，HD44780 主要适用于显示西文 ASCII 字符内容的液晶显示。

10.1 LCD1602 液晶显示模块

1602 字符型 LCD 能够同时显示 16×2(16 列 2 行)即 32 个字符。其内置 192 种字符(160 个 5×7 点阵字符和 32 个 5×10 点阵字符)，具有 64 个字节的自定义字符 RAM，可自定义 8 个 5×8 点阵字符或 4 个 5×11 点阵字符。

LCD1602 通常有 14 条引脚线或 16 条引脚线两种，多出来的 2 条线是背光电源线和地线。带背光的比不带背光的略厚，控制原理与 14 脚的 LCD 完全一样，是否带背光在编程应用中并无差别。LCD1602 的主要技术参数如下：

- 显示容量：16×2 个字符。
- 芯片工作电压：4.5～5.5V。
- 工作电流：2.0mA(5.0V)。
- 模块最佳工作电压：5.0V。
- 字符尺寸：2.95mm×4.35mm(宽×高)。

带背光的 LCD1602 引脚结构如图 10-1 所示。

其 16 个引脚的功能分别为：

- V_{SS}：电源地(GND)。
- V_{DD}：电源电压(5V)。
- V_{EE}：LCD 驱动电压，液晶显示器对比度调整端。使用时可以通过一个 10kΩ 的电位器进行调整，当引脚接正电源时对比度最弱，接电源地时对比度最高。

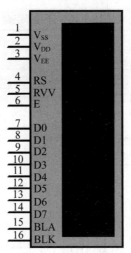

图 10-1　LCD1602 引脚结构

- RS：寄存器选择输入端，选择模块内部寄存器类型信号。RS=0，进行写模块操作时指向指令寄存器，进行读模块操作时指向地址计数器；RS=1，无论进行读操作还是写操作，均指向数据寄存器。
- R/W：读/写控制输入端，选择读/写模块操作信号。R/W=0 时为读操作；R/W=1 时为写操作。一般应用时只需往 LCD 里写数据即可。
- E：使能信号输入端。读操作时，高电平有效；写操作时，下降沿有效。
- D0～D7：数据输入/输出口，单片机与模块之间的数据传送通道。选择 4 位方式通信时，不使用 D0～D3。
- BLA：背光的正端+5V。
- BLK：背光的负端 0V。

LCD1602 模块内部主要由 LCD 显示屏、控制器、列驱动器和偏压产生电路构成。控制器接受来自单片机的指令和数据，控制着整个模块的工作，主要由显示数据缓冲区 DDRAM、字符发生器 CGROM、字符发生器 CGRAM、指令寄存器 IR、地址寄存器 DR、"忙"标志 BF、地址计数器 AC 以及时序发生电路组成。

模块通过数据总线 D0～D7 和 E、R/W、RS 三个输入控制端与单片机接口。这三根控制线按照规定的时序相互协调作用，使控制器通过数据总线接受单片机发来的数据和指令，从 CGROM 中找到欲显示字符的字符码，送入 DDRAM，在 LCD 显示屏上与 DDRAM 存储单元对应的规定位置显示出该字符。控制器还可以根据单片机的指令，实现字符的显示、闪烁和移位等效果。

CGROM 内提供的是内置字符码，CGRAM 则是供用户存储自定义的点阵图形字符。模块字符在 LCD 显示屏上的显示位置与该字符的字符代码在显示缓冲区 DDRAM 内的存储地址一一对应。

LCD1602 模块内部具有两个 8 位寄存器：指令寄存器 IR 和地址寄存器 DR，用户可以通过 RS 和 R/W 输入信号的组合选择指定的寄存器，进行相应的操作。表 10-1 中列出了组合选择方式。

表 10-1   寄存器选择组合

RS	R/W	操　作
0	0	将 D0~D7 的指令代码写入指令寄存器 IR 中
0	1	分别将状态标志 BF 和地址计数器 AC 内容读到 D7 和 D6~D0
1	0	将 D0~D7 的数据写入数据寄存器中,模块的内部操作将写到 DDRAM 或者 CGRAM 中的数据送入数据寄存器中
1	1	将数据寄存器内的数据读到 D0~D7,模块的内部操作自动将 DDRAM 或者 CGRAM 中的数据送入数据寄存器中

LCD1602 提供了较为丰富的指令设置,通过选择相应的指令设置,用户可以实现多种字符显示样式。对一些常用指令介绍如下:

1) 清屏指令 clear display

清屏指令将空位字符码 20H 送入全部 DDRAM 地址中,使 DDRAM 中的内容全部清除,显示消失,地址计数器 AC=0,自动增 1 模式。显示归位,光标闪烁回到原点(显示屏左上角),但不改变移位设置模式。清屏指令码如图 10-2 所示。

RS	R/W	D7	D6	D5	D4	D3	D2	D1	D0
0	0	0	0	0	0	0	0	0	1

图 10-2   清屏指令码

2) 进入模式设置指令 entry mode set

如图 10-3 所示,进入模式设置指令用于设定光标移动方向和整体显示是否移动。

RS	R/W	D7	D6	D5	D4	D3	D2	D1	D0
0	0	0	0	0	0	0	1	I/D	S

图 10-3   模式设置指令码

(1) I/D:字符码写入或者读出 DDRAM 后 DDRAM 地址指针 AC 变化方向标志。

- I/D=1,完成一个字符码传送后,AC 自动加 1。
- I/D=0,完成一个字符码传送后,AC 自动减 1。

(2) S:显示移位标志。

- S=1,完成一个字符码传送后显示屏整体向右(I/D=0)或向左(I/D=1)移位。
- S=0,完成一个字符码传送后显示屏不移动。

3) 显示开关控制指令 display on/off control

该指令功能为控制整体显示开关、光标显示开关和光标闪烁开关。指令码如图 10-4 所示。

RS	R/W	D7	D6	D5	D4	D3	D2	D1	D0
0	0	0	0	0	0	1	D	C	B

图 10-4   显示开关控制指令码

(1) D:显示开/关标志。

- D=1,开显示。
- D=0,关显示。

关显示后，显示数据仍保持在 DDRAM 中，开显示即可再现。

(2) C：光标显示控制标志。

- C=1，光标显示。

- C=0，光标不显示。

不显示光标并不影响模块的其他显示功能。显示 5×8 点阵字体时，光标在第 8 行显示；显示 5×10 点阵字符时，光标在第 11 行显示。

(3) B：闪烁显示控制标志。

- B=1，光标所在位置会交替显示全黑点阵和显示字符，产生闪烁效果。

- B=0，光标不闪烁。

4) 功能设置指令 function set

功能设置指令用于设置接口数据位数、显示行数以及字形。指令码如图 10-5 所示。

RS	R/W	D7	D6	D5	D4	D3	D2	D1	D0
0	0	0	0	1	DL	N	F	*	*

图 10-5　功能设置指令码

(1) DL：数据接口宽度标志。

- DL=1，8 位数据总线 D7～D0。

- DL=0，4 位数据总线 D7～D4，D3～D0 不使用，用此方式传送数据需分两次进行。

(2) N：显示行数标志。

- N=0，显示一行。

- N=1，显示两行。

(3) F：显示字符点阵字体标志。

- F=0，显示 5×7 点阵字符。

- F=1，显示 5×10 点阵字符。

LCD1602 模块内部设有上电自动复位电路，当外加电源电压超过+4.5V 时，自动对模块进行初始化操作，将模块设置为默认的显示工作状态。初始化大约持续 10ms。初始化进行的指令操作为：

(1) 清显示。

(2) 功能显示。

- DL=1：8 位数据接口。

- N=0：显示一行。

- F=0：显示 5×7 点阵字符字体。

(3) 显示开/关控制。

- D=0：关显示。

- C=0：不显示光标。

- B=0：光标不闪烁。

(4) 输入模式设置。

- I/D=1：AC 自动增 1。

- S=0：显示不移位。

但是需要特别注意的是：倘若电源电压达不到要求，模块内部复位电路无法正常工作，上电复位初始化就会失败。因此，最好在系统初始化时通过指令设置对模块进行手动初始化。

液晶显示模块是一个慢显示器件，所以在执行每条指令之前一定要确认模块的"忙"标志为低电平，表示不忙，否则此指令失效。显示字符时要先输入显示字符地址，也就是告诉模块在哪里显示字符。图 10-6 所示是 LCD1602 的内部显示地址。

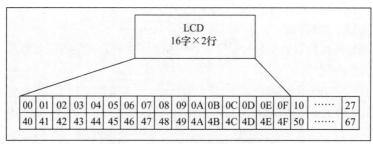

图 10-6　LCD1602 内部显示地址

例如，第二行第一个字符的地址是 40H，那么是否直接写入 40H 就可以将光标定位在第二行第一个字符的位置呢？这样不行，因为写入显示地址时要求最高位 D7 恒定为高电平 1，所以实际写入的数据应该是 01000000B(40H)+10000000B(80H)= 11000000B(C0H)。

图 10-7 所示为 LCD1602 标准字符库中的内容、字符码和字形的对应关系。例如，数字 0 的字符码是 0x30，大写字母 A 的字符码是 0x41。

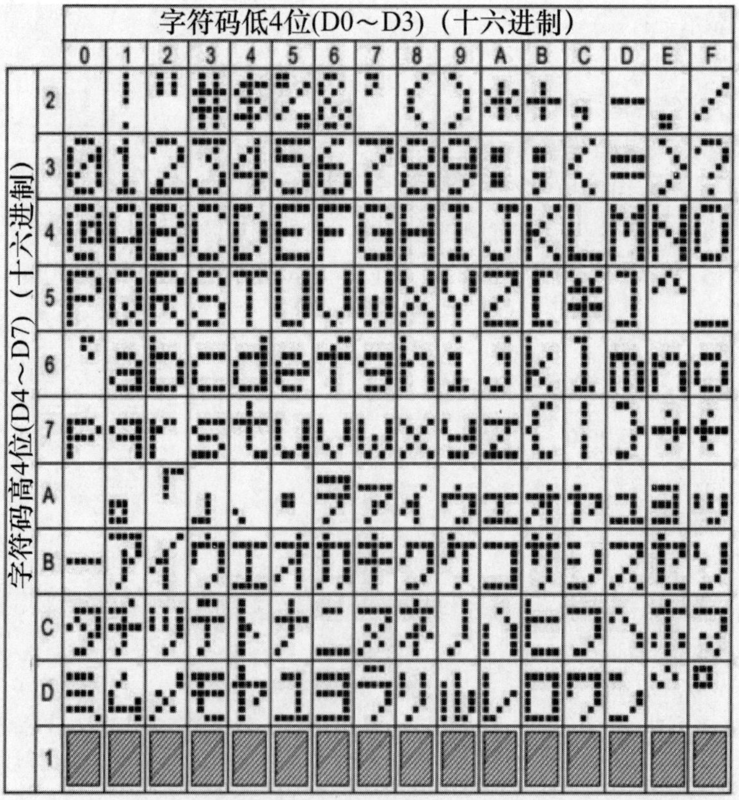

图 10-7　LCD1602 标准字符库

10.2　LCD1602 液晶显示设计实例

【例 10-1】用单片机 AT89C51 控制 LCD1602 液晶显示器显示两行字符，第一行内容 "hello!"，第二行内容"nyist-dzx"。每一行都从最左边开始显示。

解：

1) 硬件电路设计

在 Proteus 中设计的 LCD1602 显示电路如图 10-8 所示，图中省略了晶振和复位电路。单片机 AT89C51 的 P3 口接 LCD1602 的 8 位数据线，输出数据控制 LCD1602 显示不同的字符。P2.0～P2.2 接 LCD1602 控制端，其中 P2.2 接使能端 E，P2.1 接读写控制端 R/W，P2.0 接寄存器选择端 RS。LCD1602 的 VSS 接地，VDD 接+5V 电源电压，VEE 接地，此时的对比度最高。

2) 程序设计

编写程序时，先对 LCD1602 进行初始化，然后设置第一行的显示位置，送第一行的显示内容"hello!"。再接着设置第二行的显示位置，送第二行的显示内容"nyist-dzx"。程序流程图如图 10-9 所示。

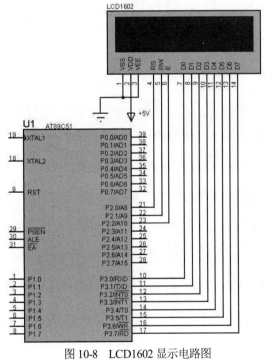

图 10-8　LCD1602 显示电路图

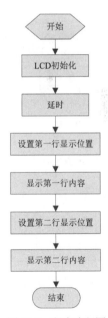

图 10-9　程序流程图

C 语言程序清单如下：

```
#include<reg51.h>
/*———————LCD 数据、控制口定义——————*/
#define LCD_DATA P3                    //LCD 的数据口
```

```
#define LCD_GO_HOME 0x02                    //AC=0，光标、画面回 HOME 位

/*----------------------输入方式设置----------------------*/
#define LCD_AC_AUTO_INCREMENT 0x06          //数据读、写操作后，AC 自动增 1
#define LCD_AC_AUTO_DECREASE 0x04           //数据读、写操作后，AC 自动减 1
#define LCD_MOVE_ENABLE 0x05                //数据读、写操作，画面平移
#define LCD_MOVE_DISENABLE 0x04             //数据读、写操作，画面不动

/*----------------设置显示、光标及闪烁开关----------------*/
#define LCD_DISPLAY_ON 0x0C                 //显示开
#define LCD_DISPLAY_OFF 0x08                //显示关
#define LCD_CURSOR_ON 0x0A                  //光标显示
#define LCD_CUR SOR_OFF 0x08                //光标不显示
#define LCD_CURSOR_BLINK_ON 0x09            //光标闪烁
#define LCD_CURSOR_BLINK_OFF 0x08           //光标不闪烁

/*----------------光标、画面移动，不影响 DDRAM----------------*/
#define LCD_LEFT_MOVE 0x18                  //LCD 显示左移一位
#define LCD_RIGHT_MOVE 0x1C                 //LCD 显示右移一位
#define LCD_CURSOR_LEFT_MOVE 0x10           //光标左移一位
#define LCD_CURSOR_RIGHT_MOVE 0x14          //光标右移一位

/*----------------------工作方式设置----------------------*/
#define LCD_DISPLAY_DOUBLE_LINE 0x38        //两行显示
#define LCD_DISPLAY_SINGLE_LINE 0x30        //单行显示

sbit LCD_BUSY=LCD_DATA^7;                   //LCD 忙信号位
sbit LCD_RS=P2^0;                           //LCD 寄存器选择
sbit LCD_RW=P2^1;                           //LCD 读写控制
sbit LCD_EN=P2^2;                           //LCD 使能信号
void LCD_check_busy(void)                   //LCD "忙" 状态检测
{
    while(1)
    {
        LCD_EN=0;
        LCD_RS=0;
        LCD_RW=1;
        LCD_DATA=0xff;
        LCD_EN=1;
        if(!LCD_BUSY) break;
    }
    LCD_EN=0;
}

void LCD_cls(void)                          //LCD 清屏
{
```

```
        LCD_check_busy();
        LCD_RS=0;
        LCD_RW=0;
        LCD_DATA=1;
        LCD_EN=1;
        LCD_EN=0;
}

void LCD_write_instruction(unsigned char LCD_instruction)      //写指令到 LCD
{
        LCD_check_busy();
        LCD_RS=0;
        LCD_RW=0;
        LCD_DATA=LCD_instruction;
        LCD_EN=1;
        LCD_EN=0;
}

void LCD_write_data(unsigned char LCD_data)      //输出一个字节数据到 LCD
{
        LCD_check_busy();
        LCD_RS=1;
        LCD_RW=0;
        LCD_DATA=LCD_data;
        LCD_EN=1;
        LCD_EN=0;
}

void LCD_set_position(unsigned char x)      //LCD 光标定位到 x 处
{
        LCD_write_instruction(0x80+x);
}

void LCD_printc(unsigned char lcd_data)      //输出一个字符到 LCD
{
        LCD_write_data(lcd_data);
}

void LCD_prints(unsigned char *lcd_string)      //输出一个字符串到 LCD
{
    unsigned char i=0;
    while(lcd_string[i]!=0x00)
    {
        LCD_write_data(lcd_string[i]);
        i++;
    }
```

```
    }

    void LCD_initial(void)                    //初始化 LCD
    {
        LCD_write_instruction(LCD_AC_AUTO_INCREMENT|LCD_MOVE_DISENABLE);
        LCD_write_instruction(LCD_DISPLAY_ON|LCD_CURSOR_OFF);
        LCD_write_instruction(LCD_DISPLAY_DOUBLE_LINE);
        LCD_cls();
    }

    void main(void)
    {
        LCD_initial();
        LCD_set_position(0);
        LCD_prints("hello!");
        LCD_set_position(0x40);
        LCD_prints("nyist-dzx");
        while(1);
    }
```

3) Proteus 仿真

在 Proteus 中加载程序并运行仿真，可以看到 LCD1602 液晶的显示结果，如图 10-10 所示。

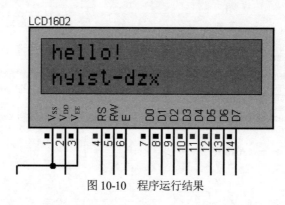

图 10-10　程序运行结果

10.3　项目设计

1. 设计内容及要求

利用矩阵键盘实现 6 位密码的输入；利用 LCD1602 液晶显示工作状态，如待机、输入密码、开锁、键盘锁定、密码是否正确等状态信息；输入密码为数字 0～9，具有输入确定及取消功能；连续三次密码错误将锁定键盘 10s 并报警。

2. 硬件电路设计

在 Proteus 中设计的电路原理图如图 10-11 所示。单片机 AT89C51 的 P3 口外接 4×4 矩阵键盘，提供数字键 0～9，以及"确定"键和"取消"键。按键 A、B、C、D 暂时没用。单片机的 P0 口接 LCD1602 的 8 位数据线，P2.0～P2.2 引脚分别接 LCD1602 的 RS、R/W 和 E 控制端。P2.6 引脚输出控制蜂鸣器，在连续三次密码错误时发出报警声音。P2.3 引脚输出控制 LED 灯，当密码正确时点亮，表明开锁成功。

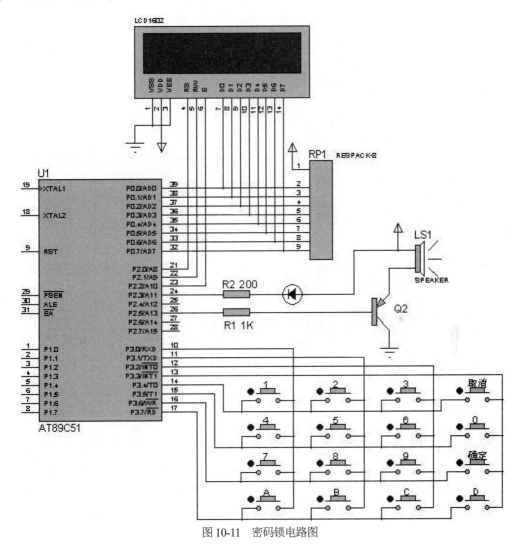

图 10-11 密码锁电路图

3. 程序设计

开机时系统进入待机状态，液晶屏显示一些固定字符，第一行显示"══Coded Lock══"，第二行显示"password："提示输入密码。通过键盘输入 6 位密码后按"确定"键，系统对密码进行判断，根据结果分别显示不同的提示字符：

(1) 如果密码正确，屏幕先显示 pass，然后显示 open，表明解锁成功，绿色 LED 灯点亮。

(2) 如果密码错误，屏幕显示 error，并继续提示输入密码。

(3) 如果连续输错三次，则屏幕显示"KeypadLocked!"，锁定键盘 10s，同时通过蜂鸣器发出报警信号。主程序流程如图 10-12 所示。

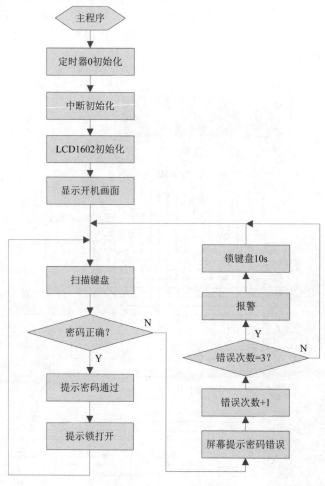

图 10-12　主程序流程

C 语言源程序清单如下：

```
#include <reg51.h>
#include<intrins.h>
unsigned char code a[]={0xFE,0xFD,0xFB,0xF7};          //键盘扫描控制表
sbit ALAM = P2^5;                                      //报警信号
sbit open_led=P2^3;                                    //开锁指示灯信号
unsigned char countt0,second;                          //T0 中断计数器，秒计数器
unsigned char code name[]= {"===Coded Lock==="};       //第一行固定显示内容
unsigned char code start_line[]= {"password:        "};

                                                       //第二行开机显示内容
unsigned char code Error[]= {"    error        "};     //输入错误
unsigned char code codepass[]= {"      pass       "};  //输入通过
```

```c
unsigned char code LockOpen[]= {"        open          "};    //密码锁打开
char InputData[6];                                            //输入密码暂存区
unsigned char CurrentPassword[6]={6,5,4,3,2,1};               //当前密码值
unsigned char N=0;                                            //密码输入位数计数
unsigned char ErrorCont;                                      //错误次数计数

/*===========LCD 接口定义===========*/
sbit LcdRS= P2^0;                                             //lcd 数据/命令选择端：数据 1，命令 0
sbit LcdRW= P2^1;                                             //lcd 读/写选择端：读 1，写 0
sbit LcdEn= P2^2;                                             //lcd 使能控制端：1 有效
sfr LcdIO= 0x80;                                              //lcd 数据接口：P0=0x80

/*===========向 LCD 写入命令或数据部分===========*/
#define LCD_COMMAND 0                                         //输出指令
#define LCD_DATA 1                                            //输出数据
#define LCD_CLEAR_SCREEN 0x01                                 //清屏指令
#define LCD_HOME 0x02                                         //光标返回原点指令

/*=============16μs 短延时=============*/
void Delay_short(unsigned int n)
{
   unsigned int i;
   for(i=0;i<n;i++) ;
}
/*===========长延时===========*/
void Delay_long(unsigned char N)
{
   unsigned char i;
   unsigned int j;
   for(i=0;i<N;i++)
       for(j=0;j<315;j++);                                   //一个循环 16μs，共 5ms
}
/*===========5ms 延时===========*/
void Delay5Ms(void)
{
   unsigned int TempCyc = 5552;
   while(TempCyc--);
}
/*===========400ms 延时===========*/
void Delay400Ms(void)
{
   unsigned char TempCycA = 5;
   unsigned int TempCycB;
   while(TempCycA--)
   {
       TempCycB=7269;
```

```
        while(TempCycB--);
    }
}


/*===========写 LCD 子程序===========*/
/*入口参数：数据 style=1 指令 style=0 input：写入的内容*/
void LCD_Write(bit style, unsigned char input)
{
    LcdRS=style;                      //数据 style=1,指令 style=0
    LcdRW=0;                          //写
    LcdIO=input;                      //P0 口输出
    Delay_short(10);                  //延时
    LcdEn=1;                          //lcd 使能
    Delay_short(10);                  //延时
    LcdEn=0;                          //停止
}


/*===========初始化 LCD 程序===========*/
void LCD_Initial()
{
    Delay_long(6);                                    //延迟 5*6=30ms
    LCD_Write(LCD_COMMAND,0x38);                      //8 位数据端口，2 行显示，5*7 点阵
    LCD_Write(LCD_COMMAND,0x38);
    LCD_Write(LCD_COMMAND,0x38);                      //发送三遍
    Delay_short(2);                                   //延迟大于 39μs
    LCD_Write(LCD_COMMAND,0x0c);                      //开启显示，无光标
    Delay_short(2);                                   //延迟大于 39μs
    LCD_Write(LCD_COMMAND,LCD_CLEAR_SCREEN);          //清屏 0x01
    Delay_short(100);                                 //延迟大于 1.53ms
    LCD_Write(LCD_COMMAND,0x06);                      //输入模式设置：AC 递增，画面不动 0x06
}


/*===========液晶字符输入的位置定位程序===========*/
/*入口参数：x 范围：0～15，y 范围：1, 2*/
void GotoXY(unsigned char x, unsigned char y)
{
    unsigned char address;
    if(y==1)
        address=0x80+x;                               //y=1 显示在第一行
    else
        address=0xc0+x;                               //y=2 显示在第二行
    LCD_Write(LCD_COMMAND, address);
}


/*===========将字符串输出到液晶显示函数===========*/
/*入口参数：字符串指针*/
```

```
void Print(unsigned char *str)
{
    while(*str!='\0')
    {
        LCD_Write(LCD_DATA,*str);
        str++;
    }
}


/*===========将按键值编码为数值===========*/
unsigned char coding(unsigned char m)
{
    unsigned char k;
    switch(m)
    {
        case (0x18): k='*';break;
        case (0x28): k=0;break;
        case (0x48): k='#';break;
        case (0x88): k='D';break;
        case (0x14): k=3;break;
        case (0x24): k=6;break;
        case (0x44): k=9;break;
        case (0x84): k='C';break;
        case (0x12): k=2;break;
        case (0x22): k=5;break;
        case (0x42): k=8;break;
        case (0x82): k='B';break;
        case (0x11): k=1;break;
        case (0x21): k=4;break;
        case (0x41): k=7;break;
        case (0x81): k='A';break;
    }
    return(k);
}
/*===========按键检测并返回按键值===========*/
unsigned char keynum(void)
{
    unsigned char row,col,i;
    P3=0xf0;
    if((P3&0xf0)!=0xf0)
    {
        Delay5Ms();
        Delay5Ms();
        if((P3&0xf0)!=0xf0)
        {
            row=P3^0xf0;                        //确定行线
```

```
        i=0;
        P3=a[i];                        //精确定位
        while(i<4)
        {
            if((P3&0xf0)!=0xf0)
            {
                col=~(P3&0xff);         //确定列线
                break;                  //已定位后提前退出
            }
            else
            {
                i++;
                P3=a[i];
            }
        }
    }
    else
        return 0xff;
    while((P3&0xf0)!=0xf0);
    return (row|col);                   //行线与列线组合后返回
    }
    else return 0xff;                   //无键按下时返回 0
}


/*=========== 一声提示音，表示有效输入===========*/
void OneAlam(void)
{
    ALAM=0;
    Delay5Ms();
    ALAM=1;
}


/*============二声提示音，表示操作成功===============*/
void TwoAlam(void)
{
    ALAM=0;
    Delay5Ms();
    ALAM=1;
    Delay5Ms();
    ALAM=0;
    Delay5Ms();
    ALAM=1;
}


/*=============三声提示音，表示错误==========*/
void ThreeAlam(void)
```

```
{
    ALAM=0;
    Delay5Ms();
    ALAM=1;
    Delay5Ms();
    ALAM=0;
    Delay5Ms();
    ALAM=1;
    Delay5Ms();
    ALAM=0;
    Delay5Ms();
    ALAM=1;
}

/*=============输入密码错误超过三遍，报警=========*/
void Alam_KeyUnable(void)
{
    P3=0x00;
    {
        ALAM=~ALAM;
        Delay5Ms();
    }
}

/*=============取消所有操作=============*/
void Cancel(void)
{
    unsigned char i;
    GotoXY(0,2);
    Print(start_line);
    TwoAlam();                  //提示音
    for(i=0;i<6;i++)
    InputData[i]=0;
    ALAM=1;                     //报警关
    ErrorCont=0;                //密码错误输入次数清零
    open_led=1;                 //指示灯关闭
     N=0;                       //输入位数计数器清零
}

/*=============确认键，并通过相应标志位执行相应功能==========*/
void Ensure(void)
{
    unsigned char i,j;
    for(i=0;i<6;)
    {
        if(CurrentPassword[i]==InputData[i])
```

```
            i++;
        else
        {
            ErrorCont++;
            if(ErrorCont==3)                    //错误输入计数达三次时，报警并锁定键盘
            {
                GotoXY(0,2);
                Print("  KeypadLocked! ");        //屏幕显示 KeypadLocked!
                TR0=1;
                do
                    Alam_KeyUnable();
                while(TR0);
                return;
            }
            break;
        }
    }
    if(i==6)                                    //密码正确输入
    {
        GotoXY(0,2);
        Print(codepass);
        Delay400Ms();
        Delay400Ms();
        GotoXY(0,2);
        Print(LockOpen);
        TwoAlam();                              //操作成功提示音
        open_led=0;                             //开锁指示灯亮
        for(j=0;j<6;j++)                        //将输入清除
            InputData[i]=0;
        while(1);
    }
    else
    {
        GotoXY(0,2);
        Print(Error);
        ThreeAlam();                            //错误提示音
        Delay400Ms();
        GotoXY(0,2);
        Print(start_line);
        for(j=0;j<6;j++)                        //将输入清除
            InputData[i]=0;
    }
    N=0;                                        //将输入数据计数器清零，为下一次输入做准备
}
/*===============主函数===============*/
void main(void)
```

```
{
    unsigned char KEY_SCAN,NUM;
    unsigned char j;
    P3=0xFF;
    TMOD=0x11;
    TL0=0xB0;
    TH0=0x3C;
    EA=1;
    ET0=1;
    TR0=0;
    Delay400Ms();                          //启动等待，等 LCM 进入工作状态
    LCD_Initial();                         //LCD 初始化
    GotoXY(0,1);                           //从第一行第 0 个位置之后开始显示
    Print(name);                           //写入第一行固定显示字符
    GotoXY(0,2);                           //从第二行第 0 个位置之后开始显示
    Print(start_line);                     //写入第二行固定字符
    GotoXY(9,2);                           //设置密码输入的光标位置
    LCD_Write(LCD_COMMAND,0x0f);           //设置光标为闪烁
    Delay5Ms();                            //延时片刻
    N=0;                                   //初始化数据输入位数
    while(1)
        {
            if (!TR0)
                KEY_SCAN=keynum();
            else
                KEY_SCAN = 0xff;
            if(KEY_SCAN!=0xff)
            {
                NUM=coding(KEY_SCAN);
                switch(NUM)
                {
                    case 'A':    ;       break;
                    case 'B': ;        break;
                    case 'C':    ;       break;
                    case 'D':    ;       break;
                    case '*': Cancel();   break;      //取消当前输入
                    case '#': Ensure();   break;      //确认键
                    default:
                    {
                        if(N<6)                        //输入少于 6 位保存，大于 6 位无效
                        {
                            OneAlam();                 //按键提示音
                            for(j=0;j<=N;j++)
                            {
                                GotoXY(9+j,2);
                                LCD_Write(LCD_DATA,'*');
```

```
            }
            InputData[N]=NUM;
            N++;
        }
        else                    //输入数据位数大于 6 后，忽略输入
            N=6;
        break;
        }
      }
    }
  }
}


/*============定时器 0 中断服务函数============*/
void    time0_int(void) interrupt 1
{
    TL0=0xB0;
    TH0=0x3C;
    countt0++;
    if(countt0==20)
    {
        countt0=0;
        second++;
        if(second==10)
        {
            P3=0xf0;
            TL0=0xB0;
            TH0=0x3C;
            second=0;
            ErrorCont=0;                //密码错误输入次数清零
            GotoXY(0,2);
            Print(start_line);
            TR0=0;                      //关定时器
        }
    }
}
```

4. 运行结果

在 Proteus 中加载程序并运行仿真，开机界面如图 10-13(a)所示。通过按键输入 6 位密码，如果密码错误，则提示出错，显示界面如图 10-13(b)所示；连续三次密码错误，键盘被锁定，显示界面如图 10-13(c)所示；密码输入正确，则提示密码锁打开，显示界面如图 10-13(d)所示，同时 P2.3 引脚接的 LED 灯点亮。

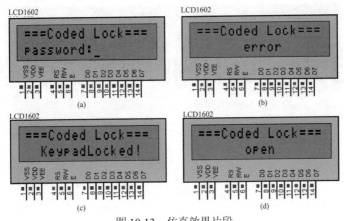

图 10-13　仿真效果片段

10.4 小结

液晶显示模块具有体积小、功耗低、显示内容丰富、超薄轻巧等优点，在嵌入式应用系统中得到越来越广泛的应用。在调试时应注意的是，因为液晶的内部显示操作需要一定的时间，因此，如果单片机在对 LCD 1602 液晶写操作时不进行读忙操作，就应该延时足够的时间(可用延时函数)以让液晶内部能够接收命令或数据，否则会让液晶无法工作或者工作不正常。此外，对于 Vee 管脚，作为液晶显示器对比度调整端，接正电源时对比度最弱，接地电源时对比度最高，对比度过高时会产生"鬼影"，因此可通过一个电位器实现对其电压的调整，调节到 0.3~0.4V 时对比度的效果最好。

本章项目设计制作的密码锁，只完成了一些基本的开锁、显示等功能。在实际应用中，修改密码也是一项很重要的功能，感兴趣的读者可以在本设计的基础上进一步补充完善。但要注意的是，修改密码一定要严格以确保系统安全为前提。在以往的学生设计中就发现，一些人考虑事情不够周全，缺乏安全意识，例如在未能正确输入原始密码的情况下，就允许直接修改密码锁的密码。这样的密码锁就变得形同虚设，毫无安全性可言。所以，要成为合格的工程师，必须充分认识到自己在工程实践中具有的责任和义务，注重科学素养、工匠精神、法规意识的培养。因为一个小小的漏洞，可能造成的就是弥天大祸。

思考与练习

1. LCD1602 的三个输入控制端分别是什么？
2. 要在 LCD1602 上显示字符串 NiHao，写出这几个字母的字符码。
3. 在 Proteus 软件中画出 AT89C51 单片机同 LCD1602 的硬件连接电路图。
4. LCD1602 第一行和第二行的第 1 个字符的地址分别是多少？在实际写入显示地址时应该写入什么数据？
5. 编写程序，在图 10-8 所示的电路中实现 LCD1602 的第一行显示 NYIST；第二行显示 welcome。

第 11 章

项目八：单片机与PC互发数据

MCS-51 单片机内部有一个全双工串行通信接口，它是单片机的重要组成部分之一，是用来组成单片机集散控制系统、实现单片机和 PC 机信息交换的重要功能单元。当单片机的并口资源不够用时，还可以用串口来扩展外部并行输入输出。

11.1 数据通信方式

一般把单片机与外部设备的信息交换称为数据通信，通常有并行通信和串行通信两种方式。

并行通信是指单位信息的多位数据同时传送，如图 11-1 所示。其优点是传送速度快，效率高；缺点是数据有多少位，就需要多少根传送线，当通信距离比较远时硬件成本比较高。

串行通信是指单位信息的各位数据按先后次序一位一位分时传送。其优点是只需一对传输线，如图 11-2 所示，大大降低了传送成本，这种方式特别适用于远距离通信；缺点是传送速度较低。

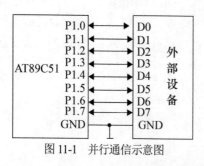

图 11-1 并行通信示意图

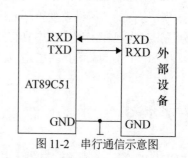

图 11-2 串行通信示意图

串行通信又分为同步串行通信和异步串行通信。

1. 异步串行通信

异步通信中，发送器和接收器以各自独立的时钟作为基准，即双方不是共用同一个时钟信号，如图 11-3 所示。在异步通信中，被传送的数据先要进行打包处理，加上一个起始位、一个奇偶校验位(可以不要)、一个停止位，组成的数据格式如图 11-4 所示，我们把这一组数据信息称为一帧。每一个字节数据都要以帧信息的形式进行传送。

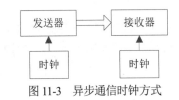

图 11-3　异步通信时钟方式

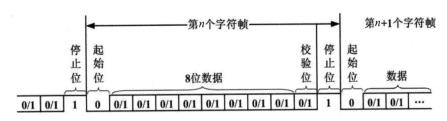

图 11-4　异步通信的数据帧格式

起始位：用低电平表示，占用 1 位，用来通知接收方一个待接收的字符将要到达。

数据位：紧跟在起始位后面，一般是 8 位，但也可以是 5 位、6 位或 7 位。传输时低位在前，高位在后。

奇偶校验位：占用 1 位，用以验证串行通信中接收数据的准确性。也可以约定不加校验位，这一位就可以省去。在进行单片机多机通信时，这一位用作地址/数据帧标志。

停止位：用高电平表示，可以占用 1 位、1.5 位或 2 位，用来表示一个传送字符的结束。同时也为传送下一个字符做好准备。线路上在没有数据传送时始终保持高电平状态。

在异步通信中，通信双方必须先做好以下约定：

(1) 字符帧格式。双方要先约定好字符的编码形式、数据位数、是否加奇偶校验位、停止位位数等。例如，字符采用 ASCII 码，有效数据为 7 位，加奇偶校验位，停止位为 1 位，则一帧信息共包含 10 位数据。

(2) 波特率(baud rate)。波特率是指数据的传送速率，即每秒钟传送的二进制位数，单位为位/秒(b/s)，称为波特，也常表示为 bps。例如，数据传送速率为每秒钟 10 个字符，若每个字符的一帧为 11 位，则传送波特率为

$$11 \text{ b/字符} \times 10 \text{ 字符/s} = 110 \text{ b/s}$$

在异步通信中，因为通信双方所用的时钟不相同，要保证数据收发的步调一致，发送端和接收端必须使用相同的波特率。异步通信的波特率一般在 50～19 200b/s 之间。

2. 同步串行通信

同步通信中，发送器和接收器用同一个时钟来协调收发工作，增加了硬件设备的复杂性，一般用于传送数据块。在数据块发送开始，先发送一个或两个同步字符，使发送方与接收方取得同步。然后开始发送数据，数据块的各个字符之间没有起始位和停止位，这样通信速度就得到了提高。同步通信的时钟方式及数据格式如图 11-5 所示。

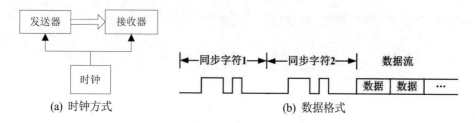

图 11-5　同步通信时钟方式及数据格式

同步通信中的同步字符可以由用户约定,也可以采用统一标准格式。如果是单同步字符,一般使用 ASCII 码中规定的 SYN 代码 16H;如果是双同步字符,一般采用国际通用标准代码 EB90H。

串行通信中的数据传送通常是在两个端点之间进行,按照数据流动的方向可分成单工、半双工、全双工三种传送模式。其中:

- 单工模式:使用一根传输线,只允许单方向传送数据。
- 半双工模式:使用一根传输线,允许向两个方向中的任一方向传送数据,但不能同时进行。
- 全双工模式:使用两根传输线,通信双方的发送和接收能同时进行。

这三种传送模式的示意图如图 11-6 所示。

图 11-6　三种传送模式示意图

11.2　AT89C51 单片机串口结构及工作原理

MCS-51 单片机的串口是一个通用全双工异步通信接口,结构如图 11-7 所示。它有一个发送缓冲器和一个接收缓冲器,在物理上是独立的。这两个缓冲器具有相同的名字(SBUF)和地址(99H),但不会冲突。发送缓冲器只能写入,不能读出,用于存储要发送的数据;接收缓冲器只能读出,不能写入,用于存储接收到的数据。这两个缓冲器都和单片机内部总线相连,CPU 可以随时进行读写操作。

串口对外有两条独立的收、发信号线 RXD 和 TXD,分别对应单片机的 P3.1 和 P3.0 引脚,因此单片机可以工作于全双工模式,同时接收和发送数据。

1. 数据接收过程

如图 11-7 所示,当 RXD 引脚上有一帧串行数据到来时,如果串口设置为允许接收状态,且接收中断标志位 RI=0,那么在串口移位时钟的同步下,数据会进入到串入并出移位寄存器。一帧信息接收完毕,系统硬件自动置位接收中断标志位 RI,向 CPU 发出中断请求,同时把移位寄存器中的数据并行送入到接收 SBUF 中。

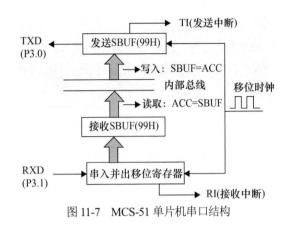

图 11-7　MCS-51 单片机串口结构

要想让单片机串口能够接收到数据，一定要保证两点：

● 串口允许接收；

● RI＝0。

串口收到数据后，CPU 要及时将数据从接收 SBUF 中读走，并将 RI 标志位清零，为下一次数据接收做好准备。读取 SBUF 的语句很简单，如 ACC＝SBUF。

2. 数据发送过程

当要把一个数据通过串口向外发送时，只需要把这个数据写入到发送 SBUF 中就可以了。例如，执行语句：SBUF＝ACC，ACC 累加器中的数据就自动被打包成帧信息，并在移位时钟的同步下开始一位一位发送。一帧信息发送完毕，系统会自动置位发送中断标志位 TI，以通知 CPU 数据发送完毕。

需要注意的是：CPU 往串口发送数据，必须要在发送 SBUF 为空的情况下进行。如果是连续发送多个数据，则必须要在上一个数据发送完毕，才能再开始发送下一个。因此编程时，启动一次数据发送后，要等到 TI 置 1 后再启动下一个发送操作，同时还要在程序中及时使 TI 清零。

11.3　串口工作方式及控制

11.3.1　串口相关的特殊功能寄存器

单片机对串口的控制是通过相关的特殊功能寄存器来实现的，主要有两个：控制状态寄存器 SCON 和电源控制寄存器 PCON。

1. 控制状态寄存器 SCON

SCON 是一个可位寻址的专用寄存器，用于定义串行通信口的工作方式和反映串口状态，其字节地址为 98H，复位值为 0000 0000B，具体格式如图 11-8 所示。

	D7	D6	D5	D4	D3	D2	D1	D0
SCON (98H)	SM0	SM1	SM2	REN	TB8	RB8	TI	RI

图 11-8　SCON 格式

各位含义如下：

SM0 和 SM1：串口工作方式选择位，通过软件置位或清零。MCS-51 单片机的串口一共有四种工作方式，与 SM0、SM1 数值的对应关系如表 11-1 所示。f_{osc} 为单片机的振荡频率。

表 11-1 串口工作方式

SM0 SM1		方　式	功　　能	波 特 率
0	0	0	8 位移位寄存器方式	$f_{osc}/12$
0	1	1	10 位通用异步接收器/发送器	可变
1	0	2	11 位通用异步接收器/发送器	$f_{osc}/32$ 或 $f_{osc}/64$
1	1	3	11 位通用异步接收器/发送器	可变

SM2：多机通信控制位，主要用于工作方式 2 和 3。在方式 0 必须设置为 0。在方式 1，若 SM2=1，只有接收到有效的停止位时才能置位 RI。在方式 2 和 3 中，当 SM2=1 时，只有接收到的第九位数据(RB8)为 1 时，才把前 8 位数据送入 SBUF，并置位 RI 发出中断申请，否则将收到的数据丢弃；当 SM2=0 时，无论第九位数据是 1 还是 0，都将前 8 位数据送入 SBUF，并置位 RI 发出中断申请。

REN：允许串口接收控制位。若 REN=1，则允许串口接收数据；若 REN=0，则禁止串口接收。

TB8：发送数据的第九位。在方式 2 和 3 中，要发送的数据一共是 9 位，前 8 位数据通过指令写入到 SBUF 中，第九位数据要写到 TB8 这一位，通过软件使其置 1 或清零即可。在双机通信中，TB8 主要用作奇偶校验位使用。在多机通信中，TB8 为 1 代表前 8 位写入的是地址，为 0 代表前 8 位是数据。

RB8：接收数据的第九位。在方式 2 和 3 中和 TB8 对应，从发送方的 TB8 发过来的第九位数据被自动接收到 RB8 这一位，接收方可进行奇偶校验或识别帧类型。在方式 1，若 SM2=0，则 RB8 接收到的是停止位。在方式 0 中不使用 RB8。

TI：发送中断标志位。工作方式 0 下，发送完第 8 位数据后由硬件自动置位。在其他工作方式，当开始发送停止位时由硬件自动置位。TI 置位代表一帧信息发送完毕，同时会向 CPU 申请中断。编程时，可采用软件查询 TI 标志位的方法判断数据发送是否结束，也可使用串口中断功能。在下一次发送数据前，必须先由软件使 TI 清零。

RI：接收中断标志位。当串口接收到一帧数据后硬件自动置位 RI，同时向 CPU 发出中断请求。编程时可采用软件查询方法或中断方法，在读出 SBUF 中的数据后必须由软件使 RI 清零。

关于 TI 和 RI 在应用中需注意的是：串口的发送中断和接收中断是同一个中断源，CPU 事先并不知道是发送还是接收产生的中断请求。所以，在全双工通信编程时，必须先判别是 TI 置 1 还是 RI 置 1。

2. 电源控制寄存器 PCON

电源控制寄存器 PCON 主要是对单片机的电压进行控制管理，但其最高位 SMOD 是串口波特率系数的控制位。其格式如图 11-9 所示。

D7	D6	D5	D4	D3	D2	D1	D0

图 11-9　PCON 格式

SMOD 称为波特率倍增位。在串口工作于方式 1、方式 2 和方式 3 时，若 SMOD=1，则串口的波特率加倍。系统复位时默认 SMOD=0。PCON 寄存器不能进行位寻址，要设置 SMOD 位数值时需要采用按字节方式操作，如 PCON=PCON|0x80。

11.3.2　串口工作方式

MCS-51 单片机串口的四种工作方式具体功能分述如下。

1. 方式 0

方式 0 是移位寄存器输入/输出方式，波特率固定为 f_{osc}/12。当单片机的并行 I/O 口不够用时，可以通过在串口外接移位寄存器的方法实现外部并行数据的输入/输出。此方式下，串行数据从 RXD 线输入/输出，TXD 线专用于输出时钟脉冲给外部移位寄存器。收发的数据为 8 位，低位在前，无起始位、奇偶校验位及停止位。

1) 扩展并行输出

扩展并行输出时的外接电路如图 11-10 所示。74HC164 是一个 8 位的串入并出移位寄存器，串行数据高位在前，低位在后。串行数据从 A、B 端子输入，并行数据从 Q0~Q7 引脚输出。CLR 为输出控制端，为 1 时打开并行输出，为 0 时关闭并行输出。

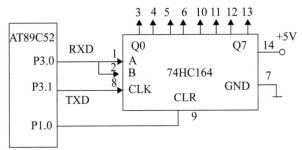

图 11-10　扩展并行输出电路

串口发送过程：

当执行一条写入串口缓冲器指令(如 SBUF=ACC)时，串口把 SBUF 中的 8 位数据按照低位在前、高位在后的顺序(注意：和 74HC164 的数据顺序相反)以 f_{osc}/12 的波特率从 RXD 端输出，发送完毕置中断标志 TI=1。

2) 扩展并行输入

扩展并行输入的外接电路如图 11-11 所示。74HC165 是一个 8 位的并入串出移位寄存器，并行数据从 A~F 引脚输入，串行数据在时钟的同步下从 Q_H 端串行输出，高位在前，低位在后。SHIFT=0 时输入并行数据，SHIFT=1 时打开串行输出。

串口接收过程：

在满足 REN=1、RI=0 条件时，串口就可以自动接收数据。接收的数据按照低位在前、高位在后的顺序(注意：和 **74HC165** 的数据顺序相反)存放，接收到第 8 位数据时硬件自动置位中断标志 RI。再次接收前必须先用软件使 RI 清零。

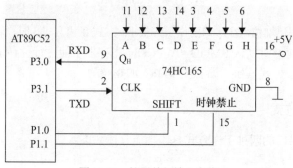

图 11-11　扩展并行输入电路

2. 方式 1

方式 1 为 10 位通用异步接收/发送方式，一帧信息包含 10 位，格式为：1 个起始位 0，8 个数据位，1 个停止位 1。此方式下的波特率可以编程改变。

1) 数据发送

发送时，只要将数据写入 SBUF，在串口由硬件自动加入起始位和停止位，构成一个完整的帧格式。然后在移位脉冲的作用下，由 TXD 端串行输出。一帧数据发送完毕后硬件自动置 TI=1。再次发送数据前，用指令将 TI 清零。

2) 数据接收

在 REN=1 的前提下，当系统采样到 RXD 有从 1 向 0 的跳变时，就认为接收到起始位。随后在移位脉冲的控制下，数据从 RXD 端输入到串入并出移位寄存器中。等九位数据(8 个数据位、1 个停止位)接收完，还要看是否满足以下两个条件：

- RI=0；
- SM2=0 或 SM2=1 时接收到的停止位=1。

若有任一条件不满足，则所接收的数据帧就会丢失。在满足上述接收条件时，接收到的 8 位数据位进入接收缓冲器 SBUF，停止位送入 RB8，并置中断标志位 RI=1。再次接收数据前，需用指令将 RI 清零。

3. 方式 2

方式 2 为 11 位通用异步接收/发送方式，一帧信息包含 11 位，其帧格式为：1 个起始位 0，8 个数据位，1 个附加的第九位，1 个停止位 1。此方式下的波特率固定为 $f_{osc}/32$ 或 $f_{osc}/64$，取决于寄存器 PCON 中 SMOD 这一位的数值。

1) 数据发送

发送时，必须先将附加的第九位数据写入到 TB8 这一位，然后再将 8 位数据写入 SBUF，接下来由串口硬件自动加入起始位和停止位，构成一个完整的 11 位帧格式，并在移位脉冲的作用下，由 TXD 端串行输出。一帧数据发送完毕后硬件自动置 TI=1。再次发送数据前，用指令将 TI 清零。

2) 数据接收

方式 2 接收的过程同方式 1 基本相似，不同之处是方式 1 中的第九位是停止位，而方式 2 的第九位是有效数据。接下来是否能够有效接收的条件为：

- RI=0；
- SM2=0 或 SM2=1 时接收到的第九位数据=1。

若有任一条件不满足，则所接收的数据帧就会丢失。在满足上述接收条件时，接收到的 8 位数据位进入接收缓冲器 SBUF，第九位送入 RB8，并置中断标志位 RI=1。再次接收数据前，需用指令将 RI 清零。

4. 方式 3

方式 3 也是 11 位通用异步接收/发送方式，数据发送和接收过程同方式 2 一样，但其波特率同方式 1 一样可以编程改变。

11.3.3　波特率设计

串行通信时，收发双方必须使用完全相同的波特率才能保证数据被可靠接收。在工程应用中，通信波特率的选择还与通信设备、传输距离、线路状况等因素有关，需要根据实际情况正确选择。

8051 串口的四种工作方式中，方式 0 和方式 2 的波特率都是固定的，方式 1 和方式 3 的波特率可变，因此可按照实际需要来设计确定，具有更强的实用性。方式 1、3 的波特率是由定时器 T1 的溢出率决定的，同时受 SMOD 数值的影响，具体如图 11-12 所示。

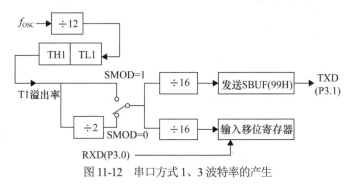

图 11-12　串口方式 1、3 波特率的产生

定时器 T1 作为波特率发生器，从图 11-12 中可以看出，定时器 1、3 的波特率由下面的公式计算得到：

$$\text{方式 1、3 的波特率} = (2^{\text{SMOD}}/32) \times (\text{T1 溢出率}) \tag{11.1}$$

因为

$$\text{T1 溢出率} = (f_{\text{osc}}/12)/(2^n - \text{初值}) \tag{11.2}$$

所以

$$\text{方式 1、3 的波特率} = (2^{\text{SMOD}}/32) \times (f_{\text{osc}}/12)/(2^n - \text{初值}) \tag{11.3}$$

串口通信时要求波特率必须非常准确。因为定时器 T1 计满溢出后需要重装初值，在定时器模式 0、1 下需要在软件中完成，这样就会造成时间上的延迟，从而导致波特率不准确。模式 2 具有硬件自动重装初值的功能，不存在时间延迟，所以用它来设计波特率最合适。

在典型应用中，定时器 T1 选用定时器模式 2，此时 $n=8$，设定时器的初值为 X，于是

$$X=256-[f_{osc}\times(SMOD+1)]/(384\times 波特率) \tag{11.4}$$

【例 11-1】AT89C51 单片机的振荡频率为 11.0592MHz，选用定时器 T1 工作模式 2 作为波特率发生器，波特率为 2400b/s，求初值 X。

解：设置波特率控制为(SMOD)=0，由式(11.4)可得

$X=256-[11.0592\times10^6\times(0+1)]/(384\times 2400)=244$

所以，(TH1)=(TL1)=244。

串行通信的波特率通常按规范取 1200、2400、4800、9600、……，若晶振的频率为 12MHz 和 6MHz，则计算得出的初值 X 就不是一个整数，取整后就会造成波特率误差而影响通信结果。本例中，系统晶体振荡频率使用 11.0592MHz 是为了使初值计算结果为整数，从而保证精确的波特率，这也是串行通信电路设计中常用的振荡频率。

在实际应用中，一旦遇到串行通信的波特率很低的情况，只能将定时器 T1 置于模式 0 或模式 1 时，由于 T1 溢出后需要中断服务程序重装初值，可采用对初值理论值微调的办法消除或减少因中断响应时间和重装指令时间造成的波特率误差。

11.4 串口应用实例

11.4.1 串口编程初始化步骤

串口在使用之前需要先进行初始化编程，才能按要求输入/输出数据。一般的初始化步骤包括：

(1) 设定串口工作方式。设置 SCON 中的 SM0、SM1。

(2) 如果采用中断方式编程，则需要打开串口中断。设置中断控制寄存器 IE 中的 EA=1，ES=1。

(3) 设定 SMOD 的状态，以控制波特率是否加倍。

(4) 工作方式为 1 或 3 时进行波特率设计，设置定时器 T1。T1 一般设置为定时方式模式 2，所以一般有 TMOD=0x20。再利用式(11.4)计算计数初值，并赋值给 TH1、TL1。最后启动定时器 T1，即 TR1=1。

11.4.2 方式 0 应用实例

方式 0 主要用于单片机利用串口扩展外部数据的并行输入和并行输出。

1. 扩展并行输出

【例 11-2】AT89C52 的串口外接 74HC164 扩展 8 位并行输出口，在 Proteus 中的电路如图 11-13 所示。P2 口外接 8 个开关，74HC164 的输出外接 8 个 LED 灯。要求编程实现通过 P2 口 8 个开关的开/合对应控制 8 个 LED 灯的亮灭。

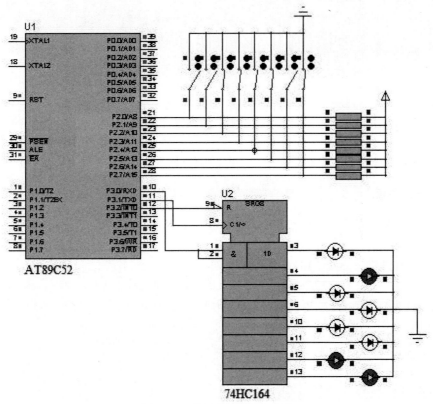

图 11-13　扩展并行输出电路图

解：

采用查询法编写程序，C 语言源程序如下：

```c
#include<reg52.h>
sbit P3_2=P3^2;
unsigned char i;
unsigned int j;
void delay()                              //延时函数
{
    for(i=100;i>0;i--)
    for(j=100;j>0;j--);
}

void main()
{
    P3_2=0;                               //关闭并行输出
    SCON=0x00;                            //串口方式 0
    SBUF=P2;                              //开关信息写入串口
    while(1)
    {
        if(TI)                            //发送完毕
```

```
    {
            TI=0;                    //清发送中断标志
            P3_2=1;                  //打开并行输出
            delay();
            SBUF=P2;                 //再次送入串行数据
        }
    }
}
```

将程序编译后载入到 Proteus 中运行，结果如图 11-13 所示。

2. 扩展并行输入

【例 11-3】AT89C52 的串口外接 74HC165 扩展 8 位并行输入口，在 Proteus 中的电路如图 11-14 所示。P2 口外接 8 个 LED 灯，74HC165 的输入端外接 8 个开关。要求编程实现通过 8 个开关的开/合对应控制 8 个 LED 灯的亮灭。

解：

采用查询法编写程序，C 语言源程序如下：

```
#include<reg52.h>
sbit SHLD=P3^3;
unsigned char i;
unsigned int j;

void delay()                //延时函数
{
    for(i=100;i>0;i--)
    for(j=1000;j>0;j--);
}

void main()
{
    SCON=0x10;              //串口方式 0，允许接收
    while(1)
    {
      SHLD=0;              //载入并行数据
      SHLD=1;              //开始串行输出
      while(!RI);          //等待接收完毕
      RI=0;
      P2=SBUF;             //用开关状态控制 LED 灯
      delay();
    }
}
```

将程序编译后载入到 Proteus 中运行，结果如图 11-14 所示。

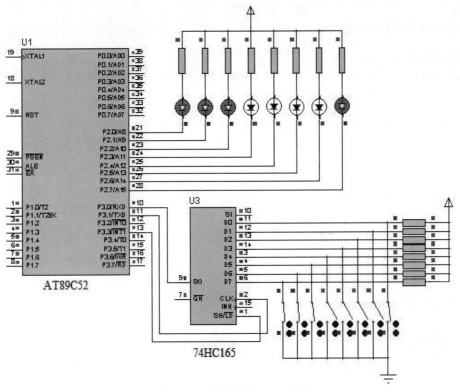

图 11-14 扩展并行输入电路图

11.4.3 方式 1 应用实例

【例 11-4】在图 11-15 所示的电路中，AT89C51 单片机串口外接发送器和接收器，P1 口接两位 BCD 码数码管。串口工作于方式 1，波特率为 4800 b/s。要求编写全双工异步通信程序，当单片机串口收到数据后在 P1 口显示出来，同时将数据加 1 后回发给串口。

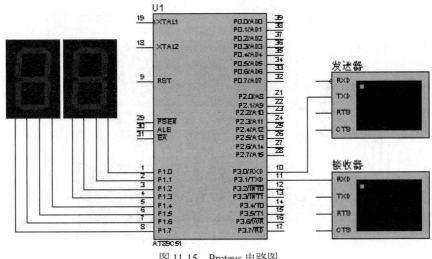

图 11-15 Proteus 电路图

解：

采用中断方式编程，波特率为 4800 b/s 时，计数初值为 0xfa。C 语言源程序如下：

```
#include<reg52.h>
void main()
{
    SCON=0x50;              //串口初始化，允许接收
    TMOD=0x20;              //定时器初始化
    TH1=0xfa;               //赋初值
    TL1=0xfa;
    TR1=1;                  //启动定时器
    ES=1;                   //串口中断初始化
    EA=1;
    P1=0;                   //P1 口数据先清零
    while(1);               //等待中断
}

void intrr() interrupt 4
{
    if(TI) TI=0;            //发送引起，清 TI
    else                    //否则，接收引起
    {
        RI=0;              //清接收中断标志
        ACC=SBUF;          //读取接收的数据
        P1=ACC;            //送显示
        SBUF=ACC+1;        //回发到串口
    }
}
```

程序运行结果如图 11-16 所示。单片机串口收到发送器发出的数据后将其显示在数码管上，同时又把数据加 1 后发到了串口。

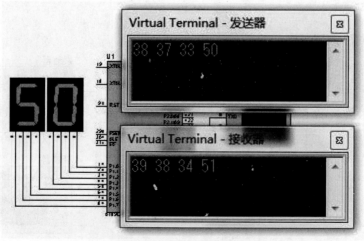

图 11-16　Proteus 电路仿真结果

11.4.4 方式 3 应用实例

【例 11-5】将片内 RAM 50H～5FH 中的数据串行发送，用第 9 个数据位作奇偶校验位，设晶振为 11.0592 MHz，波特率为 2400b/s，编制串口的发送程序。

解：

工作于方式 3，用 TB8 作奇偶校验位，在数据写入发送缓冲器之前，先将数据的奇偶位 P 写入 TB8，发送采用中断方式。波特率为 2400b/s，计算可得 T1 的计数初值为 244。C 语言源程序如下：

```
#include<reg52.h>
unsigned char i=0;
unsigned char array[16] _at_ 0x50;      //将数组变量绝对定位到 50H 单元
void main()
{
    SCON=0xc0;                          //串口初始化
    TMOD=0x20;                          //定时器初始化
    TH1=244;
    TL1=244;
    TR1=1;
    ES=1;
    EA=1;                               //中断初始化
    ACC=array[i];                       //发送第一个数据送
    TB8=P;                              //累加器，目的取 P 位
    SBUF=ACC;                           //发送一个数据
    while(1);                           //等待中断
}

void server() interrupt 4              //串口中断服务程序
{
    TI=0;                              //清发送中断标志
    ACC=array[++i];                    //取下一个数据
    TB8=P;
    SBUF=ACC;
    if(i= =15) ES=0;                   //发送完毕，禁止串口中断
}
```

程序在 Proteus 中的仿真结果如图 11-17 所示。仿真时，在 AT89C51 片内 RAM 的 50H～5FH 单元中分别设置了字符 "0～9，A～F" 的 ASCII 码数值。从图 11-17 中可以看到，单片机从串口依次向外发送了这些数据，当 16 个数据全部发送完毕后自动停止。

通过【例 11-5】的程序，我们可以清晰地看到串口编程时应遵守的操作规则，也就是在前面内容中已经提到的：

(1) 在发送 9 位数据时，一定要把第 9 位数据先写得 TB8，然后再把 8 位数据写入到 SBUF；

(2) 在连续发送多个数据时，必须要保证前一个数据发送完毕，即产生了发送中断后再继续发送下一个数据。

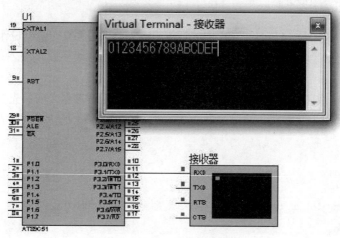

图 11-17　串口发送仿真结果

上面两个编程规则决定了串口通信能否正常进行，初学者一定要牢记执行。在工程实践中，通常会有很多的技术规范，必须要严格遵守才能够顺利完成工程任务，正如在生活中存在诸多的行为规则一样。所以无论在技术开发还是生活中，都必须要建立规则意识，严格遵守规则。

11.5　串口项目设计

1. 设计内容及要求

单片机串口以中断方式同 PC 机进行通信，采用工作方式 1，波特率设定为 9600 b/s。要求完成以下功能：

- 基本功能：PC 机串口发送字符串 TEST，单片机串口收到后，回发字符串 good 给 PC 机。
- 发挥部分：PC 机串口发送一个十六进制数据，单片机收到后将其转换为对应的十进制数，然后按字符方式回发给 PC 机。

2. 硬件电路设计

单片机的串口和 PC 机的异步串行接口(COM1、COM2)进行连接时采用最简单的三线法，即只需连接 TXD、RXD 和 GND 三条线即可。由于单片机采用的是 TTL 电平标准，而 PC 机的异步串口采用 RS-232C 电平标准，所以不能直接相连。二者逻辑电平对应的实际电压分别如表 11-2 所示。

表 11-2　TTL 与 RS-232C 电平标准对比

逻辑电平	TTL 标准	RS-232C 标准
数字 1	2.8～5V	-3～-15V
数字 0	0～0.8V	+3～+15V

　　要完成 PC 机与单片机的串行通信，必须进行电平转换。通常使用 MAX232 芯片。MAX232 芯片是 MAXIM 公司生产的、包含两路接收器和驱动器的 IC 芯片，适用于各种 EIA-232C 和 V.28/V.24 的通信接口。

　　MAX232 芯片内部有一个电源电压变换器，可以把输入的+5V 电源电压变换成为 RS-232C 输出电平所需的±10V 电压。所以，采用此芯片接口的串行通信系统只需单一的+5V 电源就可以了。对于没有±12V 电源的场合，其适应性更强。

　　单片机串口通过 MAX232 芯片同 PC 机串口连接的典型电路如图 11-18 所示。图中 P1 对应 PC 机的串口。

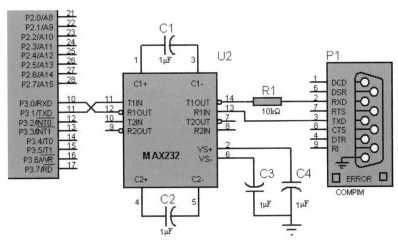

图 11-18　单片机串口与 PC 机连接电路

　　如今，笔记本电脑都没有 RS-232 串口，甚至一些台式电脑也取消了串口配置。因此，单片机系统与计算机之间传统的串口连接方式已不能满足实际需要。采用 USB 转 TTL 的接口电路越来越多，常见的转换芯片有 CH341、PL2303 等。

　　USB 转串口模块全称为 USB to Serial port Module，它可以实现将 USB 接口虚拟成一个串口。USB 转串口桥接芯片有很多，但有的可以用作 ISP 下载，有的不行。PL2303 是台湾生产的一款转换芯片，价格便宜，能够稳定下载，并支持多种操作系统。

　　PL2303HX 采用 28 脚贴片 SOIC 封装，工作频率为 12MHz，符合 USB1.1 通信协议，可以直接将 USB 信号转换成 TTL 电平信号。波特率为 75～1 228 800 b/s，有 22 种波特率可以选择，并支持 5、6、7、8、16 共 5 种数据比特位。用 PL2303 芯片设计的 USB 转 TTL 电路如图 11-19 所示。

　　使用前需要在计算机上下载安装PL2303驱动，然后将单片机系统的 USB 插头插入计算机 USB 接口即可。右击桌面中的"我的电脑"→"属性"→"硬件"→"设备管理器"→"端口"，查看该项是否出现 Prolific USB-to-Serial Comm Port，同时用括号显示端口编号。例如在图 11-20 中，PL2303 虚拟串口的端口号为COM6。此时，单片机就可以和 PC 机进行串行通信了。

3. 程序设计

1) 基本功能

根据任务要求，基本功能的程序流程如图 11-21 所示。

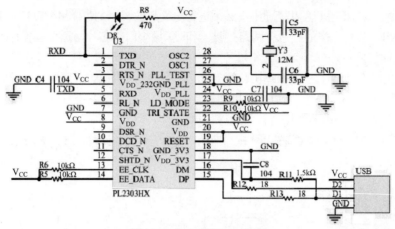

图 11-19　USB 转 TTL 电路

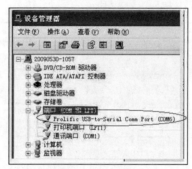

图 11-20　USB 虚拟串口

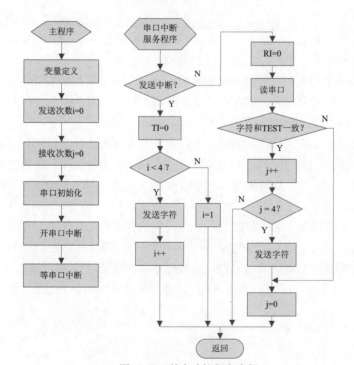

图 11-21　基本功能程序流程

C 语言源程序如下：

```c
#include<reg51.h>
#define uint unsigned int
#define uchar unsigned char
uchar receive[4];
uchar rec[4]={"TEST"};
uchar send[]={"good"};
uchar i=1,j=0;

void main()
{
    SCON=0x50;          //串口方式 1，允许接收
    TMOD=0x20;
    TH1=0xfd;           //波特率 9600
    TL1=0xfd;
    TR1=1;              //启动定时器
    EA=1;               //开串口中断
    ES=1;
    while(1);           //等待接收中断
}

void serve() interrupt 4
{
    if(TI)
    {
        TI=0;
        if(i<4)
        {
            SBUF=send[i];       //发送字符串
            i++;
        }
        else i=1;
    }
    else
    {
        RI=0;
        receive[j]=SBUF;        //接收串口数据
        if(receive[j]==rec[j])  //收到的字符和 TEST 一致，继续接收
        {
        j++;
        if(j==4)                //四位收完，启动发送
        {
            SBUF=send[0];
             j=0;
        }
        }
```

```
        else j=0;                      //收到的字符和 TEST 不一致，从头开始比对
    }
}
```

2) 发挥部分

发挥部分的主程序和基本功能一样，其中断服务程序的软件流程如图 11-22 所示。

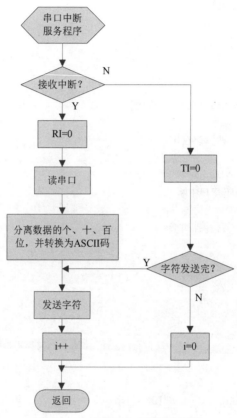

图 11-22　发挥部分中断程序流程

C 语言源程序如下：

```
#include<reg51.h>
#define uint unsigned int
#define uchar unsigned char
uchar i=0,temp;
uchar arry[3];

void main()
{
    SCON=0x50;
    TMOD=0x20;
    TH1=0xfd;          //波特率 9600
    TL1=0xfd;
    TR1=1;
```

```
        EA=1;
        ES=1;
        while(1);                              //等接收中断
    }


    void serve() interrupt 4
    {
        if(RI)
        {
            RI=0;
            temp=SBUF;
            arry[0]=temp/100+0x30;             //取百位数并转换为 ASCII 码
            arry[1]=(temp%100)/10+0x30;        //取十位数并转换为 ASCII 码
            arry[2]=temp%10+0x30;              //取个位数并转换为 ASCII 码
            SBUF=arry[i];                      //发送百位数
        }
        else
        {
            TI=0;
            if(++i<=2) SBUF=arry[i];           //没有发送完，继续发送
            else i=0;
        }
    }
```

4. 运行结果

在 Keil C 软件中编译程序，将生成的 ".HEX" 文件下载到单片机开发板。单片机开发板通过 USB 口和 PC 机连接，在 PC 机中打开串口调试助手，正确设置端口号、波特率等参数后，单击 "打开串口" 按钮。

基本功能运行结果如图 11-23 所示。在发送区输入字符串 TEST 后，单击 "发送" 按钮。单片机收到该字符串，判断无误后向串口回发字符串 good，good 字符串被顺利显示在窗口的接收区。如果发送的字符串不是连续的 TEST(如 TEEST)或其他字符，则单片机不会回发 good 字符串。

图 11-23   基本功能运行结果

发挥部分运行结果如图 11-24 所示。在发送区输入十六进制数据 FE，选中 "按 16 进制显示或发送" 复选框，然后单击 "发送" 按钮。单片机串口收到该数据后，先将其转换为对应的十进制数 254，再以字符串方式将 254 回发到 PC 机。

图 11-24　发挥部分运行结果

11.6　小结

在串口通信中，波特率是决定双方能否正确通信的关键，所以编程时必须要确保波特率非常精确。应用中要注意以下两点：

(1) 注意单片机系统的时钟频率。硬件电路设计时，必须使用固有频率为 11.0592 整数倍的晶振。

(2) 当通信的波特率非常低时，可能会超出定时器 1 模式 2 的溢出率范围，所以就需要使用模式 1。此时，必须要注意重装初值造成的定时误差，要学会通过微调计数初值的方法努力将误差减到最小，绝不能对误差置之不理。

"细节决定成败"！作为单片机的初学者，一开始就要树立严谨细致的学习态度，培养一丝不苟的工作作风，用工匠精神不断锤炼和打造自己，将来才能在工程实践中攻坚克难，得心应手。

思考与练习

1. 什么是串行通信？其优缺点分别是什么？
2. 什么是异步串行通信？其数据格式是什么？
3. AT89C51 单片机串口的 TXD 和 RXD 分别是哪个引脚？
4. 如何实现把一个数据通过单片机的串口向外发送？
5. 简述 MCS-51 单片机串口接收数据的过程。
6. MCS-51 单片机的串口有哪几种工作方式？功能分别是什么？
7. MCS-51 单片机串口在接收和发送数据时，数据位的先后顺序是什么？
8. MCS-51 单片机串口方式 1、3 的波特率如何计算？
9. 写出 MCS-51 单片机串口编程时的初始化步骤。
10. 编写 C51 程序，实现单片机串口向外发送字符串 NiHao，要求串口工作于方式 1，波特率为 9600b/s，晶振频率为 11.0592MHz。
11. 编写程序，AT89C51 单片机的串口在收到数据后将其存入到片内 RAM 40H 开始的单元中，直至收到的数据为字符 D 时停止接收功能。串口波特率为 9600b/s，晶振频率为 11.0592MHz。

第 12 章

项目九：单片机片外三总线扩展
并行SRAM

MCS-51 单片机的内部集成了一定的硬件资源，如 ROM、RAM、定时器、I/O 口、中断源等功能部件，这使得单片机只需加上晶振和复位电路就可以完成一定的控制任务，我们称之为单片机的最小系统。但是，单片机内部的资源是有限的，像 AT89C52 只有 256B 的 RAM 存储器、8KB 的 ROM 存储器，内部没有 A/D 转换器和 D/A 转换器，当需要设计一个较为复杂的系统时，这些资源就不够用了。因此，掌握单片机外部资源的扩展技术是很有必要的。

MCS-51 单片机能够很方便地进行外部资源扩展，扩展方式一般分为串行扩展和并行扩展。串行扩展采用串行通信的方式，数据传输速度慢，执行效率低。并行扩展通常采用总线操作的方式，数据传输速度快，指令执行效率高。下面以并行扩展 RAM 为例进行介绍。

12.1 MCS-51 单片机并行扩展三总线结构

在并行总线扩展中，访问片外设备的信号线采用三总线结构，即地址总线、数据总线和控制总线。MCS-51 单片机片外三总线结构如图 12-1 所示。

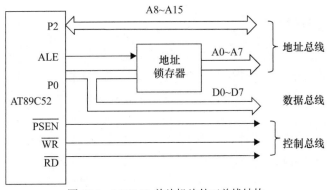

图 12-1　MCS-51 单片机片外三总线结构

1) 数据总线

MCS-51 单片机的数据总线由 P0 口提供，用于单片机对外访问数据的输入输出。因为 P0

口只有 8 位，一次处理的并行数据最大只有 8 位，所以 MCS-51 单片机属于 8 位单片机。

2) 地址总线

MCS-51 单片机的地址线一共有 16 根，因此可寻址的地址范围为 0000H～FFFFH，一共 2^{16} 即 64KB 存储空间。这 16 根地址线分别由 P2 口提供高 8 位地址线，由 P0 口提供低 8 位地址线。

P0 口是数据/地址的复用口，在执行总线操作时，P0 口要先输出低 8 位地址信息，然后再输入/输出数据，所以低 8 位地址信息只是短暂出现的。为了使 P0 口在换为数据信息时，之前的低 8 位地址信息不会丢失，必须要在 P0 口出现地址的时候将其锁存起来，并一直保持到总线操作结束。采用的方法是在 P0 口接一个地址锁存器，如图 12-1 所示。当 P0 口输出地址信息的同时，ALE 引脚会自动输出一个脉冲信号，控制地址锁存器把地址信息 A0～A7 锁存到输出端。

3) 控制总线

单片机在对外部设备进行读写时，除了地址信息和数据信息外，必要的沟通联络也是决定成败的关键。当单片机要写一个数据给外部设备时，在送出地址信息和数据的同时，还要发出一个控制信号用来通知外部设备接收该数据，我们称之为写选通信号。当单片机要从外部设备读取一个数据时，同样也需要发出一个控制信号来通知外部设备把数据送到数据总线上，我们称之为读选通信号。这些控制信号共同组成了单片机的控制总线。

MCS-51 单片机的控制总线主要包括 ALE、$\overline{\text{PSEN}}$、$\overline{\text{WR}}$ 和 $\overline{\text{RD}}$ 四个。其中：

(1) ALE：执行总线操作时提供地址锁存信号。

(2) $\overline{\text{PSEN}}$：访问片外程序存储器时输出读选通控制信号。

(3) $\overline{\text{WR}}$：访问片外数据存储器时输出写选通控制信号，占用单片机的 P3.6 引脚。

(4) $\overline{\text{RD}}$：访问片外数据存储器时输出读选通控制信号，占用单片机的 P3.7 引脚。

12.2 扩展片外并行 RAM 方法

12.2.1 常用静态 RAM 芯片

常用的 RAM 有静态 RAM(SRAM)和动态 RAM(DRAM)。

动态 RAM 采用位结构形式，具有集成度高、功耗低、价格低等特点，多用于构成大容量存储系统，如 PC 机的内存条。动态 RAM 需要专门的刷新电路来刷新存储的数据，因此在这里不过多讨论。

静态 RAM 有不同的规格型号，容量也有多种，如 6264(8K×8)、62256(32K×8)、628128(128K×8)等。静态 RAM 的工作原理类似，下面以 SRAM 6264 为例介绍其基本特性及与单片机的连接。

SRAM 6264 采用 CMOS 工艺制造，由单一+5V 电源供电，额定功耗为 200mV，为 28 脚双列直插式封装，其外部引脚如图 12-2 所示。

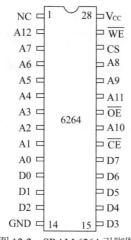

图 12-2　SRAM 6264 引脚图

其引脚功能如下：

- A0～A12：地址输入线。SRAM 6264 共有 13 根地址线，对应其片内存储空间为 $2^{13}=8K$。其地址范围为 0000H～1FFFH。
- D0～D7：双向三态数据线，共 8 根，表示其内部每个存储单元可存放一个 8 位二进制数。
- $\overline{CE}$，CS：片选信号 1 和片选信号 2。当 6264 的 CS 为高电平，且 $\overline{CE}$ 为低电平时，内部的存储单元才能被读写。
- $\overline{OE}$：读允许信号输入线，低电平有效。
- $\overline{WE}$：写允许信号输入线，低电平有效。
- V_{CC}：工作电源，+5V。
- GND：线路地。

12.2.2　单片机与 6264 的接口设计

单片机在扩展外部 SRAM 6264 时的电路设计结构分为两种情况：一是扩展单片 6264，二是扩展多片 6264。

1. 扩展单片 6264

扩展单片 6264 的接口电路设计比较简单，只要按照三总线结构将单片机的地址线、数据线、控制线与 6264 的地址线、数据线、控制线对应连接即可，如图 12-3 所示。

图 12-3 中，74HC573 是有输出三态门的电平允许 8 位锁存器。LE 为锁存控制端，信号为高电平时，锁存器的输出端 Q 与输入端 D 数据相同；当 LE 信号从高电平变为低电平时(下降沿)，输入的数据就被锁存在锁存器中，之后输入端 D 的数据变化不会再影响 Q 端。该 LE 信号由单片机的 ALE 信号来控制。

1）单片机写数据过程

当单片机执行写片外 RAM 存储单元的指令时，总线操作的过程分为以下几个步骤：

（1）P0 口先输出片外存储单元地址的低 8 位，P2 口输出地址的高 8 位。

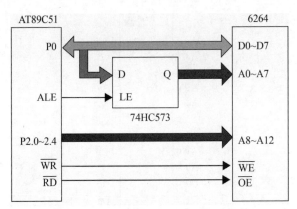

图 12-3　单片机扩展单片 6264 接口电路

(2) ALE 引脚输出脉冲信号，在脉冲的高电平阶段，P0 口的低 8 位地址从 74HC573 的 D 端输入，从 Q 端输出，加到 6264 的地址引脚 A0～A7 上。

(3) 在 ALE 脉冲的下降沿，74HC573 进入锁存状态，低 8 位地址锁存在 Q 端。

(4) P0 口输出数据信息到 6264 的数据端口 D0～D7。

(5) 单片机 $\overline{\text{WR}}$ 引脚向外输出一负脉冲到 6264 的写允许信号输入端 $\overline{\text{WE}}$。

(6) 6264 将数据存储到地址 A0～A12 所对应的存储单元中。

2) 单片机读数据过程

当单片机执行一条读片外 RAM 存储单元的指令时，总线操作的过程分为以下几个步骤。

(1) P0 口先输出片外存储单元地址的低 8 位，P2 口输出地址的高 8 位。

(2) ALE 引脚输出脉冲信号，在脉冲的高电平阶段，P0 口的低 8 位地址从 74HC573 的 D 端输入，从 Q 端输出，加到 6264 的地址引脚 A0～A7 上。

(3) 在 ALE 脉冲的下降沿，74HC573 进入锁存状态，低 8 位地址锁存在 Q 端。

(4) 单片机 $\overline{\text{RD}}$ 引脚向外输出一负脉冲到 6264 的读允许信号输入端 $\overline{\text{OE}}$。

(5) 6264 将地址 A0～A12 对应存储单元中的数据取出送到端口 D0～D7，数据通过 P0 口进入到单片机内部总线。

在 Proteus 中可以看到单片机访问片外 RAM 时的总线操作时序，如图 12-4 所示。

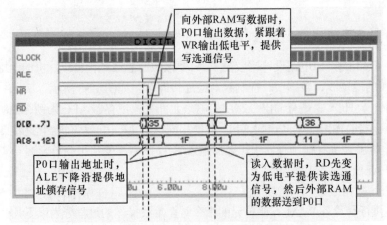

图 12-4　单片机访问片外 RAM 时的总线操作时序

2. 扩展多片 6264

在单片机扩展多片 6264 时，要涉及如何实现存储芯片片选的问题，这又直接关系到每个芯片存储单元的地址编码，一般分为线选法和译码法两种。

1) 线选法

所谓线选法，就是直接以单片机的地址线作为存储器芯片的片选信号，只需把用到的地址线与存储器芯片的片选端直接相连即可。采用线选法扩展三片 6264 的电路如图 12-5 所示。

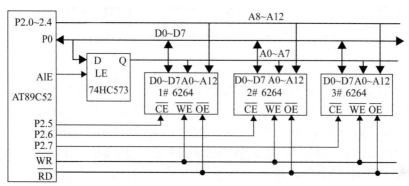

图 12-5 单片机线选法扩展三片 6264 接口电路

这里利用了单片机空余的高三位地址线分别作为三片 6264 的片选信号，要选择某一片 6264 工作，只需对应的地址线输出低电平即可，不工作的 6264 地址线则输出高电平。当对这三片 6264 进行访问时，必须事先确定好每片 6264 的存储空间地址范围，如表 12-1 所示。

表 12-1 每片 6264 的存储空间地址范围

P2.7	P2.6	P2.5	P2.4	P2.3	P2.2	P2.1	P2.0	P0.7	P0.6	P0.5	P0.4	P0.3	P0.2	P0.1	P0.0
1	1	0	0	0	0	0	0	0	0	0	0	0	0	0	0
...															...
1	1	0	1	1	1	1	1	1	1	1	1	1	1	1	1

当第 1 片 6264 工作时，应使 P2.5=0，而其他两片 6264 必须无效，所以同时还要使 P2.6=1，P2.7=1。6264 内部存储单元地址分别对应 A0～A12 的值，所以，最终可以确定其 16 位地址范围是 C000H～DFFFH。同样的方法可以确定第 2 片、第 3 片 6264 存储空间的地址范围分别是 A000H～BFFFH、6000H～7FFFH。

采用线选法扩展多片 6264 的电路设计比较简单，但是我们会发现，如果要扩展三片以上的 6264，单片机已经没有空余的地址线可以用了。此外，三片 6264 之间的地址范围不连贯，使用起来很不方便。

2) 译码法

译码法是使用地址译码器对系统的片外地址进行译码，以其译码输出作为存储器芯片的片选信号。采用译码法扩展三片 6264 的电路如图 12-6 所示。

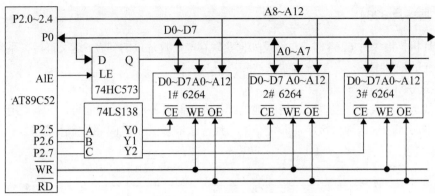

图 12-6　单片机译码法扩展三片 6264 接口电路

图 12-6 中使用了一片 3-8 译码器 74LS138，这在数字电子技术中已经学习过。单片机空余的高三位地址线接到译码器的输入端 C、B、A，译码器的输出信号 Y0、Y1、Y2 分别作为三片 6264 的片选信号。Y0 输出时，对应 CBA=000；Y1 输出时，对应 CBA=001；Y2 输出时，对应 CBA=010，由此可以确定这三片 6264 的地址范围分别为 0000H～1FFFH、2000H～3FFFH、4000H～5FFFH，如表 12-2 所示。

表 12-2　三片 6264 的地址范围

第	P2.7	P2.6	P2.5	P2.4	P2.3	P2.2	P2.1	P2.0	P0.7	P0.6	P0.5	P0.4	P0.3	P0.2	P0.1	P0.0
1	0	0	0	0	0	0	0	0	0	0	0	0	0	0	0	0
片	...															...
	0	0	0	1	1	1	1	1	1	1	1	1	1	1	1	1
第	P2.7	P2.6	P2.5	P2.4	P2.3	P2.2	P2.1	P2.0	P0.7	P0.6	P0.5	P0.4	P0.3	P0.2	P0.1	P0.0
2	0	0	1	0	0	0	0	0	0	0	0	0	0	0	0	0
片	...															...
	0	0	1	1	1	1	1	1	1	1	1	1	1	1	1	1
第	P2.7	P2.6	P2.5	P2.4	P2.3	P2.2	P2.1	P2.0	P0.7	P0.6	P0.5	P0.4	P0.3	P0.2	P0.1	P0.0
3	0	1	0	0	0	0	0	0	0	0	0	0	0	0	0	0
片	...															...
	0	1	0	1	1	1	1	1	1	1	1	1	1	1	1	1

采用译码法扩展存储器，虽然电路上稍微复杂了点，但最多可以扩展 8 片 6264，且几片 6264 之间的地址是连贯的，应用起来比较方便。

12.2.3　访问片外 RAM 的软件编程

单片机采用总线方式访问片外 RAM，在编程时需要使用直接对片外存储单元读写的指令。使用 C 语言编程，直接操作存储单元的方法可以有两个：一是使用指向外部数据存储区的专用指针；二是通过指针定义的宏访问外部存储器。

下面向片外 RAM 的 30H 单元写入数据 60H，然后把 7FFFH 单元的数据读到累加器 A，看看这两种方式编程有何不同。

1. 使用指针变量

在程序文件开始，首先要定义一个指向外部数据存储区的专用指针变量，然后针对指针变量进行读写操作。程序写法为：

```
unsigned char xdata *xpt;        //定义指向片外 RAM 的专用指针
xpt=0x30;                        //存储单元地址送指针变量
*xpt=0x60;                       //将数据 60H 送入片外 RAM 的 30H 单元中
xpt=0x7fff;                      //存储单元地址送指针变量
ACC=*xpt                         //将片外 RAM 的 7FFFH 单元中的数据送到累加器 A
```

2. 使用指针定义的宏

C51 编译器提供了两组用指针定义的绝对存储器访问的宏。这些宏定义原型放在 absacc.h 文件中，使用时需要用预处理命令把该头文件包含到文件中。程序写法为：

```
#include <absacc.h>              //添加头文件
XBYTE[0x30]=0x60;                //将数据 60H 送入片外 RAM 的 30H 单元中
ACC=XBYTE[0x7fff];               //将片外 RAM 的 7FFFH 单元中的数据送到累加器 A
```

对比这两种方法，可以发现使用指针定义的宏的方法更为简便些。

12.3　项目设计

1. 设计内容与要求

AT89C51 单片机采用一片 6264 外扩 8KB SRAM，并向 6264 的 10H 单元开始连续写入 11～20 十个数据。请完成单片机与 6264 的接口电路设计并编写程序。

2. 硬件电路设计

按照前面介绍的接口电路设计方法，在 Proteus 中设计的硬件电路如图 12-7 所示。地址锁存器选用的是 74LS373。

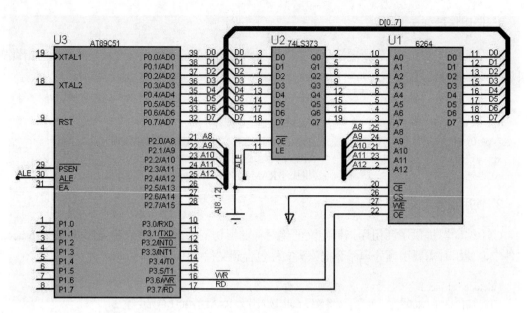

图 12-7　AT89C51 与 6264 接口电路

3. 程序设计

根据任务要求，编写的 C 语言源程序如下：

```c
#include<absacc.h>
unsigned char i,m;
unsigned int j,k;

void delay()
{
        for(j=100;j>0;j--)
        for(k=100;k>0;k--);
}

void main()
{
        while(1)
        {
            m=11;
            for (i=0;i<10;i++)                  //向 6264 的 10H 单元开始写入 10 个数据
            {
                XBYTE[0x10+i]=m;
                m++;
                delay();
            }
        }
}
```

4. 运行结果

在 Proteus ISIS 界面中，将程序编译后生成的.HEX 文件加载到单片机，单击 ▶ 按钮启动仿真。选择 Debug→Memory Contents→U1 命令，打开 6264 存储器窗口。单击 ▌▌ 按钮暂停仿真，可观察程序运行结果，如图 12-8 所示。从 6264 的 10H 单元开始连续写入了 11～20 对应的十六进制数据 0BH～14H。

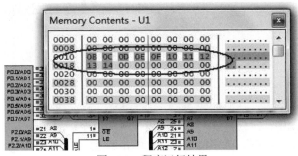

图 12-8　程序运行结果

单片机扩展多片 6264 的接口电路设计前面已经介绍，其软件编程方法和扩展单片 6264 的方法一样，在此就不再赘述。

12.4　小结

单片机并行扩展片外 ROM 或 RAM 时，采用总线操作的方式速度快，编程简单，但初学者往往难以理解掌握。建议初学者要从深入理解总线操作的时序入手，要能够耐下心来读懂图 12-4 所示的总线操作过程中各信号的时间顺序，以对单片机访问片外 RAM 的通信过程了然于胸。

除了并行 ROM 和 RAM，单片机在对其它并行器件，例如 A/D 转换器和 D/A 转换器等进行数据读写时，如果采用总线的方式，也会使操作过程非常简便、高效。

思考与练习

1. MCS-51 单片机扩展外部 RAM 时的最大扩展容量是多少？
2. MCS-51 单片机并行扩展外部 RAM 时要用到哪几根控制线？
3. 简述 MCS-51 单片机执行一条写片外 RAM 存储单元的指令时，总线操作的过程是什么。
4. 简述 MCS-51 单片机执行一条读片外 RAM 存储单元的指令时，总线操作的过程是什么。
5. 画出 AT89C51 单片机以译码法扩展四片 6264 的接口电路图。

第 13 章

项目十：ADC0809多通道电压采集与显示

在单片机应用系统中，常常需要对外界的模拟量如电压、温度、压力、位移等进行处理，然后按照预定的策略进行控制。由于单片机是数字电路，其识别的信号只能是数字信号，所以在把模拟量送入单片机之前，必须先把它们转换成相应的数字量，这个转换过程称为模/数转换(或 A/D 转换)。实现模/数转换的器件叫作模/数转换器。

模/数(A/D)转换的方式有很多种，如计数比较型、逐次逼近型、双积分型等。选择 A/D 转换器件主要是从速度、精度和价格上考虑。

A/D 转换器的输出方式有串行和并行两种方式，转换精度有 8 位、10 位、12 位等。有些增强型的单片机在片内也集成有 A/D 转换器。

13.1 ADC0809 简介

ADC0809 是美国国家半导体公司生产的 CMOS 工艺,逐次逼近式并行 8 位 A/D 转换芯片。它具有 8 路模拟量输入端，最多允许 8 路模拟量分时输入，共用一个 A/D 转换器进行转换。

图 13-1 所示为 ADC0809 的内部逻辑结构图。它由 8 路模拟量开关、8 位 A/D 转换器、8 位数据三态输出锁存器以及地址锁存与译码器等组成。

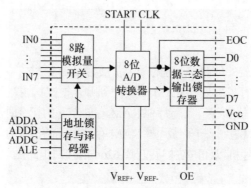

图 13-1 ADC0809 内部逻辑结构图

1. ADC0809 的引脚功能

- IN0～IN7：8 个通道的模拟信号输入端。输入电压范围为 0～+5V。
- ADDC、ADDB、ADDA：通道地址输入端。其中，C 为高位，A 为低位。
- ALE：地址锁存信号输入端。在脉冲上升沿锁存 ADDC、ADDB、ADDA 引脚上的信号，并据此选通 IN0～IN7 中的一路。8 路输入通道的地址选择关系如表 13-1 所示。

表 13-1　ADC0809 输入通道地址选择表

ADDC	ADDB	ADDA	输入通道号
0	0	0	IN0
0	0	1	IN1
0	1	0	IN2
⋮	⋮	⋮	⋮
1	1	1	IN7

- START：启动信号输入端。当 START 端输入一个正脉冲时，立即启动 A/D 转换。
- EOC：转换结束信号输出端。在启动转换后为低电平，转换结束后自动变为高电平，可用于向单片机发出中断请求。
- OE：输出允许控制端。为高电平时，将三态输出锁存器中的数据输出到 D0～D7 数据端。
- D0～D7：8 位数字量输出端。为三态缓冲输出形式，能够和 AT89C51 单片机的并行数据线直接相连。
- CLK：时钟信号输入端。时钟频率范围为 10～1280kHz，典型值为 640kHz。当时钟频率为 640kHz 时，转换时间为 100μs。
- V_{REF+} 和 V_{REF-}：A/D 转换器的正负基准电压输入端。
- V_{CC}：电源电压输入(+5V)。
- GND：电源地。

2. 单片机控制 ADC0809 的工作过程

根据图 13-1 所示的 ADC0809 内部结构，可以归纳单片机控制 ADC0809 进行 A/D 转换的工作过程如下：

(1) 为 ADC0809 添加基准电压和时钟信号。

(2) 外部模拟电压信号从通道 IN0～IN7 中的一路输入到多路模拟开关。

(3) 将通道选择字输入到 ADDC、ADDB、ADDA 引脚。

(4) 在 ALE 引脚输入高电平，选通并锁存相应通道。

(5) 在 START 引脚输入高电平，启动 A/D 转换。

(6) 当 EOC 引脚变为高电平时，在 OE 引脚输入高电平。

(7) 将 D0～D7 上的并行数据读入单片机。

13.2　ADC0809 与 AT89C51 的接口及编程方法

ADC0809 同 AT89C51 的接口设计可采用总线操作方式，也可以采用 I/O 口控制方式。是否正确实现 ADC0809 与 AT89C51 的接口连接，关键在于能否满足以下要求：

(1) 能正确选择输入通道。

(2) 能顺利启动转换。

(3) 能顺利读取转换结果。

ADC0809 芯片的转换时间在典型时钟频率下为 $100\mu s$ 左右。对 A/D 转换是否完成的判别既可采用查询方式，也可采用中断方式，在电路连接和程序编写上会有所不同。

13.2.1　采用 I/O 口控制方式

当单片机的 I/O 口比较富余时可采用 I/O 口控制方式，这对初学者比较容易理解和掌握。

1. 输入通道固定的电路接法

1) 接口电路设计

输入通道固定时的接口电路设计可以采用如图 13-2 所示的方法。

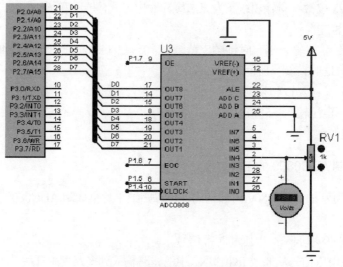

图 13-2　通道固定的电路接法

在图 13-2 中，外部模拟电压信号从通道 IN4 输入。如果只有这一个通道信号需要转换，那么单片机就没有必要再专门控制 ADC0809 的 ADDC、ADDB 和 ADDA 三个引脚，可以直接把这三个引脚接到固定电位上，同时让 ALE 信号固定为高电平。这样就可以简化单片机与 ADC0809 的接口电路，而且也简化了控制程序的编写。ADC0809 的其他控制信号 START、EOC、OE 分别由单片机的 P1.5、P1.6、P1.7 端口控制。单片机利用内部定时器产生 ADC0809 所需的时钟信号并从 P1.4 端口输出，A/D 转换结果从单片机的 P2 口读入。

2) 程序设计

程序完全按照单片机 I/O 口输入/输出的方法来写。对应图 13-2 电路接法，用查询方式编写的 A/D 转换子程序例程如下：

```
#include<reg51.h>
sbit start=P1^5;
sbit eoc=P1^6;
sbit oe=P1^7;
unsigned char adcbuf;          //定义变量存放 A/D 转换结果
void ADC0809( )                //A/D 转换子程序
{
    start=0;
    start=1;                   //启动 A/D 转换
    while(!eoc);               //等待转换结束
    start=0;
    oe=1;                      //打开三态输出锁存器
    P2=0xff;                   //设置 P2 口输入
    adcbuf=P2;                 //读 P2 口数据到存储变量
}
```

2. 选择输入通道的电路接法

1) 接口电路设计

如果模拟电压信号的来源不固定或有多个输入通道，那么在进行接口电路设计时，必须由单片机控制 ADC0809 的 ADDC、ADDB 和 ADDA 以及 ALE 信号来选择并锁存通道，其接口电路如图 13-3 所示。

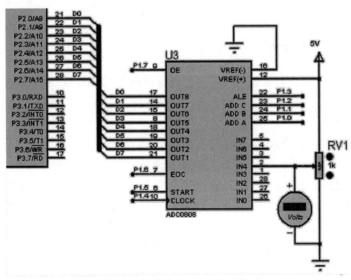

图 13-3　选择输入通道的电路接法

与图 13-2 的区别在于，用单片机的 P1.2、P1.1、P1.0 端口分别控制 ADDC、ADDB 和 ADDA，用 P1.3 口控制 ALE 信号。

2) 程序设计

对应图 13-3 所示电路接法，用查询方式编写的 A/D 转换子程序例程如下：

```
sbit start=P1^5;
sbit eoc=P1^6;
sbit oe=P1^7;
sbit adda=P1^0;
sbit addb=P1^1;
sbit addc=P1^2;
sbit ale=P1^3;
sbit clock=P1^4;
unsigned char adcbuf;
void ADC0809( )
{
    start=0;
    ale=0;
    adda=0;
    addb=0;
    addc=1;
    ale=1;
    start=1;
    ale=0;
    while(!eoc);
    start=0;
    oe=1;
    P2=0xff;
    adcbuf=P2;
}
```

13.2.2 采用总线操作方式

当单片机 I/O 口资源比较紧张时可采用总线操作方式，相比 I/O 控制方式能够节省端口，而且编程简单，程序执行效率高。但初学者在理解掌握上会有一定的难度。

1) 接口电路设计

图 13-4 所示为一典型的 ADC0809 与 AT89C51 以总线操作方式设计的接口电路，采用中断方式进行控制。单片机的数据总线与 ADC0809 的数据总线连接，ADC0809 的 ADDA、ADDB 和 ADDC 数据由 P0 口的低三位送出。单片机的地址总线只使用了 P2.7，其他地址线的数据与 ADC0809 无关。P2.7 和写选通信号 $\overline{WR}$ 通过或非门输出接到 ADC0809 的 ALE 和 START 引脚，和读选通信号 $\overline{RD}$ 通过或非门输出接到 ADC0809 的 OE 引脚。

可以把 ADC0809 看作一片外存储单元。当单片机 AT89C51 执行向 ADC0809 写通道选择字指令时，$\overline{WR}$ 信号会自动输出一负脉冲，此时只要满足地址线 P2.7 为 0，则 ALE 和 START 引脚即为高电平，ADC0809 可启动转换。同理，单片机在执行读 ADC0809 转换结果的指令时，$\overline{RD}$ 会自动输出一负脉冲，只要满足地址线 P2.7 为 0，则 OE 引脚为高电平，转换结果即可送到数据口 D0～D7，进而进入到单片机内部。因此，在对 ADC0809 进行读写编程时的存储单元地址可以是 0000H～7FFFH 中的任意一个。

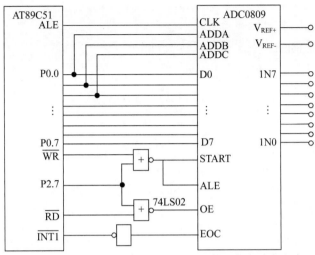

图 13-4 ADC0809 与 AT89C51 总线方式接口电路(中断方式)

2) 程序设计

按照图 13-4 所示的接口电路，可以概括单片机控制 ADC0809 进行转换的过程如下：

(1) 单片机执行一条写数据指令，如 XBYTE[0x7fff]=0x04，把通道地址写到 ADC0809 的 ADDA、ADDB 和 ADDC 端。同时，逻辑电路使 ALE 和 START 引脚为高电平，锁存输入通道并启动 A/D 转换。

(2) A/D 转换完毕，EOC 端变为高电平，经反向器后变为低电平输入到单片机的外部中断 1 输入端，申请外部中断。

(3) 单片机进入中断服务程序，执行一条读数据指令，如 Buffer=XBYTE [0x7fff]，逻辑电路使 OE 端为高电平，同时将 8 位转换结果从 P0 口读入到 CPU 中。

对应图 13-4 所示的电路接法，以中断方式编写的单通道 A/D 转换例程如下：

```c
#include<reg51.h>
#include<absacc.h>
unsigned char adcbuf;
void main()
{
    IT1=1;                      //边沿触发
    EA=1;
    EX1=1;
    XBYTE[0x7fff]=0x04;
    while(1);
}
void int_1 ( ) interrupt 2
{
    adcbuf= BYTE[0x7fff];       //读数存放
    XBYTE[0x7fff]=0x04;
}
```

如果是 8 个通道巡回转换，则例程如下：

```
#include<reg51.h>
#include<absacc.h>
unsigned char i=0,adcbuf[8];
void main()
{
    IT1=1;                          //边沿触发
    EA=1;
    EX1=1;
    XBYTE[0x7fff]=i;                //启动 0 通道转换
    while(1);
}
void int_1 ( ) interrupt 2
{
    adcbuf[i]= BYTE[0x7fff];        //通道 i 读数存放
    if(++i!=8)                      //最后一个通道没结束
    BYTE[0x7fff]=i;                 //启动下一个通道转换
}
```

13.3 项目设计

1. 设计内容及要求

单片机 AT89C52 扩展一片并行 A/D 转换器，ADC0809 同时采集三路外部电压信号，外部电压信号范围为 0～5V。采集的三路电压值使用四位 LED 数码管轮流显示，时间间隔自定，电压单位为 mV。同时用一位数码管显示外部电压对应的通道号。

2. 硬件电路设计

在 Proteus 中设计的硬件电路如图 13-5 所示，图中省略了晶振和复位电路。

这里采用上一节介绍的总线操作方式接口电路设计，因此图 13-5 和图 13-4 原理完全一致，也就不再对其控制过程做详细阐述。ADC0809 的时钟信号由单片机通过内部定时器产生并经 P3.0 端口输出。外部三路输入电压分别从通道 IN1、IN2 和 IN3 输入，电压范围为 0～5V 可调。显示部分使用一个 6 位共阳 LED 数码管，用于显示外部电压通道号和 4 位电压值。单片机的 P1 口作为段选信号控制端，P2.0～P2.5 作为位选信号控制端。ADC0809 的参考电压为+5V。

3. 程序设计

程序设计采用中断方式，同时用到了外部中断和定时器中断。其中，定时器 0 中断用于产生 ADC0809 需要的时钟信号，频率为 500kHz；定时器 1 中断用于产生 1s 定时，控制 3 个通道电压值的轮流显示；外部中断 1 用于 A/D 转换结束信号。

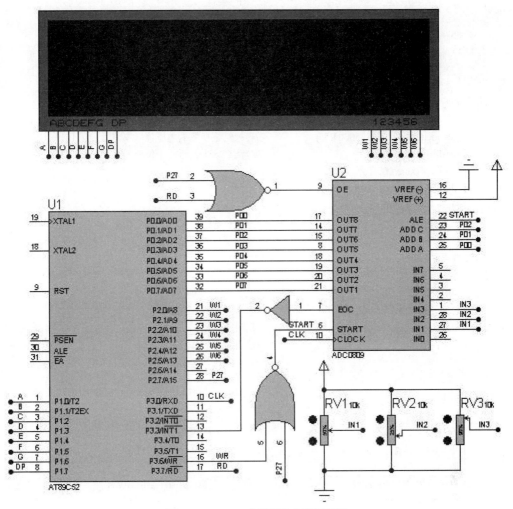

图 13-5　Proteus 中的硬件电路原理图

编程时需要注意的是，如果这三个中断源为同级中断，由于定时器 0 中断频率较高，就会造成其他两个中断不能正常响应的问题。所以在编程时，把定时器 1 中断和外部中断 1 设置成高优先级，而把定时器 0 中断设置成低优先级。

C 语言编写的源程序如下：

```
#include<reg52.h>
#include<absacc.h>
#define ADC0809 XBYTE[0x7fff]
sbit CLK=P3^0;
unsigned char i=0,j=1,k=0;
unsigned int value;
unsigned char adcbuf[3],dispbuf[6];
unsigned char code segcode[]={0xc0,0xf9,0xa4,0xb0,0x99,0x92,0x82,0xf8,0x80,0x90,0xff};
                        //数字"0~9"及"灭"状态的共阳七段码表
void delay(unsigned char x)    //延时程序，约 1ms
```

```
    {
        unsigned char m,n;
        for(m=x;m>0;m--)
                        for(n=120;n<0;n--) ;
    }
    void display()                            //显示程序
    {
        value=adcbuf[j-1]*(float)5000/255;    //转换结果换算为电压值，单位为 mV
        dispbuf[0]=value%10;                  //分离个、十、百、千位
        dispbuf[1]=value/10%10;
        dispbuf[2]=value/100%10;
        dispbuf[3]=value/1000;
        dispbuf[4]=10;                        //第 5 位数码管对应"灭"状态
        dispbuf[5]=j;                         //第 6 位数码管显示通道号
        for(i=0;i<6;i++)
        {
            P2=(0x20>>i);                     //P2 口送位选信号
            P1=segcode[dispbuf[i]];           //P1 口送 7 段码值
            delay(5);                         //延时 5ms
            P1=0xff;                          //消隐
        }
    }
    void main()
    {
        TMOD=0x12;                            //定时器 1 模式 1，定时器 0 模式 2
        TH0=0xFE;                             //定时器 0 初值，产生时钟信号
        TL0=0xFE;
        TL1=(65536 -10000)% 256;              //设置定时器 1 初值，定时 10ms
        TH1=(65536 -10000)/256;
        TR0=1;                                //启动定时器
        TR1=1;
        PT1=1;                                //设置定时器 1 中断为高优先级
        PX1=1;                                //设置外部中断 1 为高优先级
        ET0=1;                                //开定时器中断
        ET1=1;
        IT1=1;                                //外部中断 1 边沿触发
        EX1=1;                                //开外部中断 1
        EA=1;                                 //开总中断
        while(1)
        {
            ADC0809=j;                        //写通道号，启动 A/D 转换
            display();                        //显示通道电压值，单位为 mV
        }
    }
    void int_1() interrupt 2
    {
```

```
        adcbuf[j-1]= ADC0809;                //读通道 j 数据并存放
}
void Timer1_Serve() interrupt 3
{
    TL1=(65536-10000)%256;                   //重装定时初值
    TH1=(65536-10000)/256;
    if(++k==100)                             //定时够 1s
    {
        k=0;
        j++;                                 //通道号加 1
        if(j==4) j=1;                        //通道 3 结束，回到通道 1
        ADC0809=j;                           //启动下一个通道转换
    }
}
void Timer0_Serve() interrupt 1              //定时器 0 中断，输出方波
{
    CLK=~CLK;
}
```

4. 运行结果

在 Proteus 中运行仿真可观察程序运行结果。数码管上间隔 1s 轮流显示三个通道的电压值，如图 13-6 所示。调整各通道的电位器，显示的电压值随着变化。

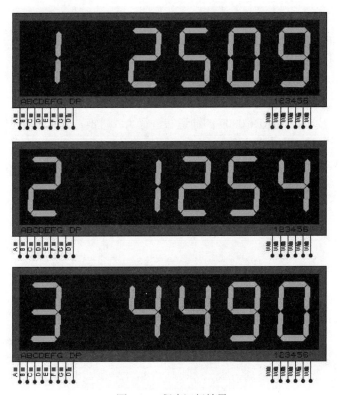

图 13-6　程序运行结果

13.4 小结

本章重点介绍了单片机控制 ADC0809 转换的编程方法，但在实际应用时，还必须要考虑 A/D 转换的稳定性问题。ADC0809 在工作时需要外接基准电压，这个基准电压是进行 A/D 转换时的参考电压，也就是说，当把一个模拟电压转换成相应的数字量时，究竟应该转换成多大的一个数字量，其依据的就是基准电压。同时，基准电压范围也限制了 A/D 转换器可转换的外部输入电压的范围。当外接的基准电压 V_{REF+} 为+5V，V_{REF-} 为 0V 时，可转换的外部输入电压范围就是 0~5V。

电压值 V_{REF+} 对应转换后数字量的最大值 2^n-1，因为 ADC0809 是 8 位的 A/D 转换器，其转换后的数字量最大为 255，所以计算可得到一个单位数字量对应的实际电压值应该是 $V_{REF+}/255$。由此可知，对于转换结果为 D_x 的数字量，其对应的实际电压值 V_x 应该等于 $D_x \cdot V_{REF+}/255$。

由于 A/D 转换的结果直接与基准电压相关，所以基准电压的稳定性和精确度直接影响着 A/D 转换结果的稳定性和精确度。电源电压的稳定性一般比较差，不宜作为 A/D 转换的基准电压使用，所以在设计 A/D 转换电路时，通常都是使用精密稳压器件来提供所需的基准电压。在工程实践中，要想得到好的结果，必须要在细微处下功夫，精益求精的工作品质非常重要。

思考与练习

1. AD 转换器的作用是什么？其数据输出方式有哪两种？ADC0809 属于哪一种？
2. ADC0809 是几位 AD 转换器？其内部由哪几部分构成？
3. 简述 AD 转换器的基准电压的作用。
4. 简述 MCS-51 单片机控制 ADC0809 的工作过程。
5. AT89C51 单片机控制 ADC0809 的通道 2 进行 AD 转换，若采用 I/O 口控制、固定通道的方法，画出其接口电路图。
6. 若 AT89C51 单片机采用总线操作方式控制 ADC0809 的通道 2 进行 AD 转换，转换结束后以中断方式通知 CPU，画出其接口电路图。

第 14 章

项目十一：基于DAC0832的数字波形发生器

单片机系统的控制输出一般有两种，一是输出开关量信号，作用于执行机构；二是输出模拟量信号，作用于模拟量控制系统。由于单片机的输出信号只能是二进制数字量，因此只有进行数模转换才能得到模拟量。

D/A 转换是将数字量转换为模拟量的过程。完成 D/A 转换的器件称为 D/A 转换器(DAC)，它将数字量转换成与之成正比的模拟量。

D/A 转换器的种类很多，由于使用情况不同，D/A 转换器的位数、精度、速度、价格、接口方式等也不相同。常用的 D/A 转换器的位数有 8 位、10 位、12 位和 16 位，与 CPU 的接口方式有并行和串行两种。下面以 DAC0832 为例介绍 D/A 转换器的结构和使用方法。

14.1 DAC0832 简介

DAC0832 是美国国家半导体公司的 8 位单片 D/A 转换器芯片，内部具有两级输入数据寄存器，使 DAC0832 适于各种电路的需要。它能直接与单片机 AT89C52 相连接，采用二次缓冲方式，可以在输出的同时，采集下一个数据，从而提高转换速度。还可以在多个转换器同时工作时，实现多通道 D/A 的同步转换输出。D/A 转换结果采用电流形式输出，可通过一个高输入阻抗的线性运算放大器得到相应的模拟电压信号。

1. 特性参数

DAC0832 主要的特性参数如下：

- 分辨率为 8 位。
- 只需要在满量程下调整其线度。
- 电流输出，转换时间为 $1\mu s$。
- 可双缓冲、单缓冲或者直接数字输入。
- 功耗低，芯片功耗约为 20mW。
- 单电源供电，供电电压为+5～+15V。
- 工作温度范围为-40～+85℃。

2. 引脚与逻辑结构

DAC0832 芯片为 20 引脚，DIP 双列直插式封装，引脚排列如图 14-1 所示。其内部逻辑结构如图 14-2 所示。

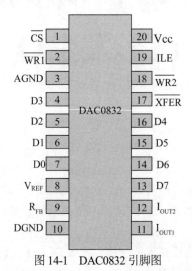

图 14-1　DAC0832 引脚图

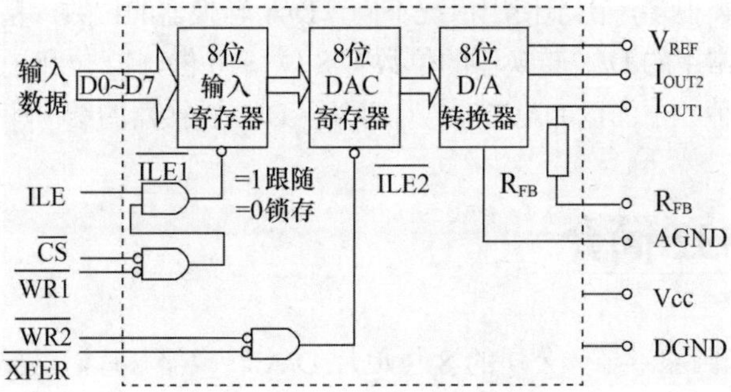

图 14-2　DAC0832 内部逻辑结构

各引脚的功能如下：

- D0~D7：转换数据输入端。
- $\overline{CS}$：片选信号输入端。
- ILE：数据锁存允许信号输入端，高电平有效。
- $\overline{WR1}$：输入寄存器写选通控制端。当 $\overline{CS}$ =0、ILE=1、$\overline{WR1}$ =0 时，数据信号被锁存在输入寄存器中。
- $\overline{XFER}$：数据传送控制信号输入端，低电平有效。
- $\overline{WR2}$：DAC 寄存器写选通控制端。当 $\overline{XFER}$ =0，$\overline{WR2}$ =0 时，输入寄存器状态传入 DAC 寄存器中。
- I_{OUT1}：电流输出 1 端。当数据全为 1 时，电流输出最大；当数据全为 0 时，输出电流最小。
- I_{OUT2}：电流输出 2 端。DAC082 具有 $I_{OUT1}+I_{OUT2}=$ 常数的特性。

- R$_{FB}$：反馈电阻端。
- V$_{REF}$：基准电压输入端，是外加的高精度电压源，它与芯片内的电阻网络相连接，该电压范围为-10~10V。
- VCC 和 AGND、DGND：芯片的电源和接地端。

DAC 内部有两个寄存器，它们的导通和锁存状态分别由 5 个引脚的信号决定。

输入寄存器由 ILE、$\overline{CS}$、$\overline{WR1}$ 三个信号控制，当同时满足 ILE=1、$\overline{CS}$=0、$\overline{WR1}$=0 时寄存器导通，引脚 D0~D7 上的数据通过输入寄存器进入到 DAC 寄存器。当其中任何一个引脚的状态改变时，寄存器锁存，输出不再受引脚 D0~D7 影响。

DAC 寄存器由 $\overline{WR2}$、$\overline{XFER}$ 两个信号控制。当同时满足 $\overline{WR2}$=0、$\overline{XFER}$=0 时寄存器导通，数据通过 DAC 寄存器进入 D/A 转换器，开始启动 D/A 转换。当其中任何一个引脚的状态改变时，DAC 寄存器锁存，可以保证在 D/A 转换期间数据不会发生改变。

3. 工作方式

在应用时，DAC0832 通常有三种工作方式：直通方式、单缓冲方式、双缓冲方式。

(1) 直通方式：将两个寄存器的五个控制端预先置为有效信号，两个寄存器都开通，只要有数字信号输入就立即进行 D/A 转换。

(2) 单缓冲方式：使 DAC0832 的两个输入寄存器中有一个处于直通方式，另一个处于受控方式，或者控制两个寄存器同时导通和锁存。

(3) 双缓冲方式：DAC0832 的输入寄存器和 DAC 寄存器分别受控。

三种工作方式的区别是：直通方式不需要选通，直接进行 D/A 转换；单缓冲方式一次选通；双缓冲方式二次选通。

14.2　DAC0832 与 AT89C51 的接口及编程方法

14.2.1　直通方式

当 ILE 接高电平，$\overline{CS}$、$\overline{WR1}$、$\overline{WR2}$ 和 $\overline{XFER}$ 都接数字地时，DAC 处于直通方式，8 位数字量一旦到达 D0~D7 输入端，就立即送到 8 位 D/A 转换器进行数模转换。这种工作方式仅适用于单片机外部只和一片 DAC0832 进行并行通信的情况。

1. 硬件电路

如图 14-3 所示，DAC0832 的 $\overline{CS}$、$\overline{WR1}$、$\overline{WR2}$ 和 $\overline{XFER}$ 引脚都接到数字地，ILE 接高电平，8 位数字量从 P0 口送出。

DAC0832 输出模拟电压时，是通过一个运算发送器实现单极性输出。I$_{OUT1}$ 引脚外接运算放大器的反相端(-)，I$_{OUT2}$ 外接运算放大器的同相端(+)，并且接模拟地 AGND。R$_{FB}$ 引脚接运放的输出端。

输出电压 $V_{OUT} = -V_{REF} \times D_{IN} / 256$。当 $V_{REF} = -5V$ 时，V_{OUT} 的输出范围为 0~5V。

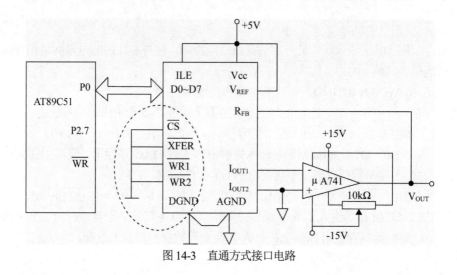

图 14-3 直通方式接口电路

2. 程序设计

D/A 转换子程序的功能是将任意给定的数字量转换成对应的模拟电压，函数的入口参数为要转换的 8 位数字量，无返回值。编程方法如下：

```
#include <reg51.h>
void DAC0832(unsigned char x)    //输出固定电压程序
{
    P0=x;
}
```

14.2.2 单缓冲方式

如果单片机数据线上除了 DAC0832，同时还接有其他并行器件，就需要采用带缓冲的接口方式，以保证 D/A 转换的数据不受其他信号的干扰。

1. 硬件电路

可以将 DAC0832 的 $\overline{WR1}$ 和 $\overline{WR2}$ 引脚并在一起接到单片机的写选通控制信号 $\overline{WR}$ 上，把 $\overline{CS}$ 引脚和 $\overline{XFER}$ 引脚接到地址信号的最高位 P2.7 上，把 ILE 引脚接高电平，这样可以使输入寄存器和 DAC 寄存器同时导通和锁存，从而构成了单缓冲工作方式。接口电路如图 14-4 所示。

2. 程序设计

可以把 DAC0832 看作单片机扩展的一个外部存储单元，向 DAC0832 送数据的过程就相当于写一个数据到外部存储单元。在软件中，执行一条写外部存储单元的指令，此时 $\overline{WR}$ 引脚会自动输出低电平。只要保证地址信息的最高位 P2.7 为 0，就可以把数据从 P0 口直接送到 DAC0832 的 D/A 转换器开始进行转换，所以 DAC0832 的地址可以选择 0x0000~0x7FFF 中的任意一个。

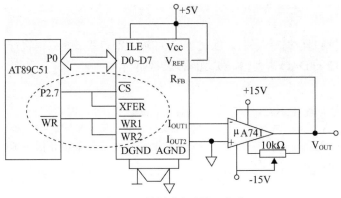

图 14-4　单缓冲方式接口电路

这里使用访问存储器的宏进行程序设计，编程如下：

```
#include<absacc.h>              //添加访问存储器宏定义的头文件
void DAC0832(x)                 //参量 x 为转换的数字量
{
    XBYTE[0x7FFF]=x;            //DAC0832 的地址使用 0x7FFF
}
```

14.2.3　双缓冲方式

主要在以下两种情况下需要用双缓冲方式的 D/A 转换：①需要先把待转换的数据送到输入缓存器，然后在某个时刻再启动 D/A 转换；②在需要同步进行 D/A 转换的多路 DAC 系统中，采用双缓冲方式，可以在不同的时刻把要转换的数据分别送入每个 DAC0832 的输入寄存器，然后由一个转换指令同时启动多个 DAC0832 同步进行 D/A 转换。

1. 硬件电路

双缓冲方式下，输入寄存器和 DAC 寄存器要单独受控。假设有两片 DAC0832 要实现同步转换，接口电路如图 14-5 所示。分别用 P2.5 和 P2.6 引脚连接两片 DAC0832 的片选信号 $\overline{CS}$，控制选通两路输入寄存器；P2.7 连到两路 D/A 转换器的 $\overline{XFER}$ 端控制同步转换输出；$\overline{WR}$ 同时与两片 DAC0832 的 $\overline{WR1}$ 和 $\overline{WR2}$ 端相连。

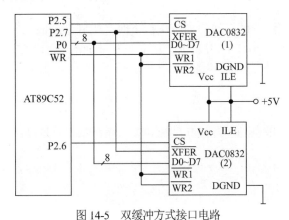

图 14-5　双缓冲方式接口电路

2. 程序设计

先分别将待转换的数据写入每片 DAC0832 的输入寄存器，然后再执行一次写操作，同时选通两个 DAC0832 的 DAC 寄存器，实现同步转换。

```
#include <absacc.h>
#define DAC0832 XBYTE[0x7fff]          //设置两个 DAC 寄存器的同步控制地址
#define DAC1 XBYTE[0xcfff]             //设置 1# DAC0832 输入寄存器的访问地址
#define DAC2 XBYTE[0xafff]             //设置 2# DAC0832 输入寄存器的访问地址
unsigned char i,data1=100,data2=50;
void main()
{
    while(1)
    {
        DAC1=data1;
        DAC2=data2;
        DAC0832=data1;                 //此处的 data1 无意义，只为使两片的 XFER 同时有效
    }
}
```

14.3 项目设计

1. 设计内容及要求

AT89C51 单片机的 P0 口接 DAC0832 的 8 个输入端。请用单缓冲的方式，设计硬件电路并编写程序，实现用中断方式控制示波器分别显示方波、三角波、锯齿波和正弦波，频率任意。

2. 硬件电路设计

根据题目要求，单片机的 P0 口接 DAC0832 的数据口，用 P2.0 控制 $\overline{CS}$ 和 $\overline{XFER}$ ，$\overline{WR}$ 同 DAC0832 的 $\overline{WR1}$ 和 $\overline{WR2}$ 端相连，ILE 固定接高电平。运放输出接示波器的通道 A。外部中断 0 的输入引脚通过按键接地，当按键按下时产生外部中断信号。在 Proteus 中，元件 DAC0823 的数据口是用 DI0~DI7 表示的，这一点和前面的表示方法不一致。设计的电路如图 14-6 所示。

3. 程序设计

先采用模块化方法编写不同波形的产生函数，然后利用外部中断控制不同波形的输出。C 语言程序清单如下：

```
#include <reg51.h>
#include <absacc.h>
```

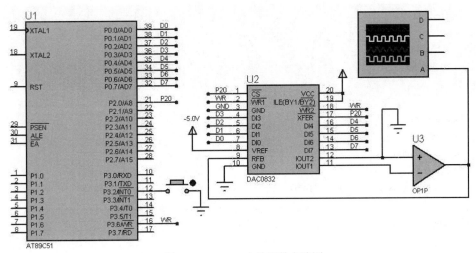

图 14-6　Proteus 中的硬件电路图

```c
#include <math.h>
#define DAC0832 XBYTE[0xfeff]
unsigned char flag=1;
void delay(unsigned int t)              /* 延时函数 */
{
    while(t--);
}
void saw(void)                          /* 锯齿波发生函数 */
{
    unsigned char i;
    for (i=0;i<250;i++)
    {
        DAC0832=i;                      //进行 D/A 转换
        delay(200);                     //延时一段时间
    }
}
void square(void)                       /* 方波发生函数 */
{
    DAC0832=0x00;                       //输出低电平
    delay(40000);                       //延时一段时间
    DAC0832=0xfe;                       //输出高电平
    delay(40000);                       //延时一段时间
}
void sanjiao(void)                      /* 三角波发生函数 */
{
    unsigned char i;
    for (i=0;i<250;i++)
    {
        DAC0832=i;                      //进行 D/A 转换
        delay(100);                     //延时一段时间
    }
```

```
        for (i=250;i>0;i--)
        {
            DAC0832=i;
            delay(100);
        }
    }
    void zhengxian(void)                          /*  正弦波发生函数  */
    {
        unsigned char i;
        for (i=0;i<200;i++)
                DAC0832=125*sin(0.0314*i)+125;    //计算函数值并进行转换
    }
    void main()
    {
        EX0=1;                                    //开外部中断 0
        IT0=1;                                    //边沿触发
        EA=1;
        while(1)                                  //根据按键次数控制波形输出
        {
            if(flag==1)
                square();
            if(flag==2)
                saw();
            if(flag==3)
                sanjiao();
            if(flag==4)
                zhengxian();
        }
    }
    void int0() interrupt 0                        //外部中断 0 中断函数
    {
        flag++;
        if(flag==5)
            flag=1;
    }
```

4. 运行结果

在 Proteus 中加载程序目标代码并运行仿真，单击按钮，可以看到示波器的输出发生变化，结果分别如图 14-7~图 14-10 所示。

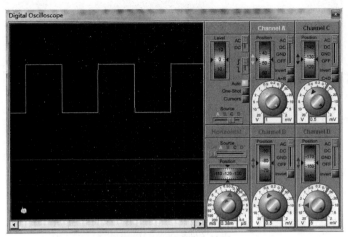

图 14-7　方波输出结果

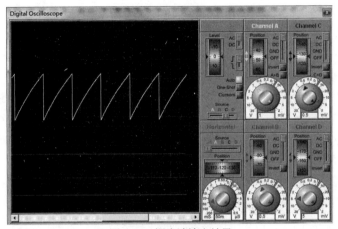

图 14-8　锯齿波输出结果

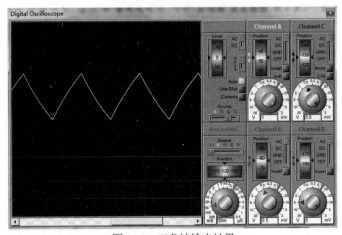

图 14-9　三角波输出结果

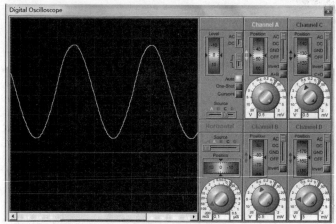

图 14-10 正弦波输出结果

14.4 小结

DAC0832 可工作于三种方式下，应用时就可以根据客观情况灵活选择。直通方式下，只要数据口 D0~D7 上有数据就可以进行转换，操作简单速度快，但是只适用于数据线上只有一个数据源的情况；当数据线上除了单片机还有其它并行器件时，就需要工作于单缓冲方式，以确保只接受单片机的控制，这也是最常见的工作方式；双缓冲方式主要在单片机控制多个 DAC 同步进行转换时采用。

DAC0832 器件的设计思路有很好的借鉴意义。在设计产品时，要善于站在用户的角度思考问题，尽量设计出符合用户多种应用需求的产品，提高产品的适用性，而非以个人的喜好或感受闭门造车，这样的产品才有市场价值和生命力。

思考与练习

1. DA 转换器的作用是什么？其数据输入方式有哪两种？DAC0832 属于哪一种？
2. DAC0832 的转换精度是多少？
3. DAC0832 应用时有哪三种工作方式？
4. 画出 DAC0832 工作于单缓冲方式时同 AT89C51 单片机的接口电路图。
5. 要求由 AT89C51 单片机控制 DAC0832 输出连续的三角波，DAC0832 工作于单缓冲方式，试编写程序，并在 Proteus 软件中画出电路图，仿真实现该功能。

第 15 章

项目十二：AT89C51扩展串行 E²PROM AT24C02

串行总线标准有很多种，常用的有 USB、MODEM、SPI、Microware、单总线、CAN 等。串行扩展连线简单，占用单片机资源少，并且具有工作电压宽、抗干扰能力强、功耗低等特点。随着各种串行接口芯片的发展，串行扩展技术在单片机控制系统中得到了广泛的应用。

15.1 I²C 总线简介

I²C 总线是 Philips 公司开发的二线式串行总线，由 SDA、SCL 两根线构成，其中 SDA 是数据线，SCL 是时钟线。它的主要特点是接口线少、通信速率高等。总线长度最高可达 6.35m，最大传输速率为 100Kb/s。

I²C 总线用于连接各种微控制器、集成电路芯片和其他外围设备，它们可以是单片机、A/D、D/A 转换器，静态 RAM 或 ROM，LCD 显示器，以及专用集成电路等。I²C 总线连接结构如图 15-1 所示。SDA、SCL 这两根线都是开漏输出结构，因此在连接硬件时需要接上拉电阻。

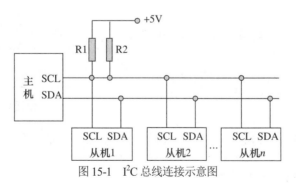

图 15-1 I²C 总线连接示意图

I²C 总线上的器件分为主器件和从器件，二者都既可以作发送器，也可以作接收器。总线状态必须由主器件(通常为单片机)来控制，由主器件产生串行时钟、控制总线方向、产生起始位和停止位信号。

15.1.1 I²C 总线信号逻辑

I²C 总线在通信过程中共有五种类型信号，分别是起始信号、停止信号、应答信号、非应答信号和数据信号。

(1) 起始信号 S：SCL 为高电平时，SDA 由高电平向低电平跳变，开始传送数据。

(2) 停止信号 P：SCL 为高电平时，SDA 由低电平向高电平跳变，结束传送数据。

(3) 应答信号：接收器接收到 8bit 数据后，向发送器发出特定的低电平脉冲，表示已收到数据。

(4) 非应答信号：当全部数据接收完毕后，接收器向发送器发出特定的高电平脉冲，随后发停止位，结束接收数据过程。

上述信号的逻辑分别如图 15-2 和图 15-3 所示。

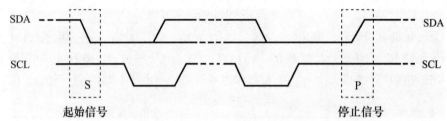

图 15-2　I²C 总线开始和停止信号逻辑

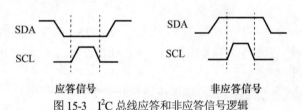

图 15-3　I²C 总线应答和非应答信号逻辑

(5) 数据信号：当 SCL 为高电平时，SDA 上信号有效。因此，当 SCL 为高电平时，数据线必须保持稳定，若有变化，就会被当作起始或停止信号。要更新每一位数据，必须在 SCL 为低电平时进行。

例如，发送 4 位二进制数据 1011 时的总线逻辑如图 15-4 所示。

每传输一位数据，都有一个时钟脉冲相对应。时钟脉冲由主机提供，不必是周期性的，其时钟间隔可以不同。

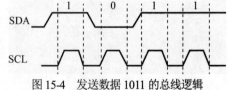

图 15-4　发送数据 1011 的总线逻辑

I²C 总线上传输的数据和地址字节均为 8 位，且高位在前，低位在后。

15.1.2 I²C 总线数据传输过程

当总线上有很多器件时，主机是如何和要通信的从机建立联系并进行数据传输的呢？接在 I²C 总线上的每一个器件都有一个器件地址，就像是在电话网络上，每一个话机都有一个电话号码。主机通过发送器件的地址信息和要通信的从机建立联系。

(1) 数据传输时，主机先发送启动信号和时钟信号，接着发送器件地址来寻找通信对象，并规定数据的传送方向。

(2) 从机对地址的响应。当主机发送寻址字节时，所有的从机都将其中的高 7 位地址与自己的地址做比较。如果相同，再根据数据方向位确定自己是作为发送器还是作为接收器。后续过程如下：

- 作为接收器：主机在寻址字节之后，接着会通过 SDA 线向从机发送数据；从机在每收到一个数据后就回一个应答信号；当主机数据发送完毕后发送停止信号，结束传送过程。
- 作为发送器：从机通过 SDA 线发送数据，主机每收到一个数据后回应答信号，从机继续发送下一个。当主机不愿再接收数据时就回一个非应答信号，从机停止发送。主机再发停止信号，结束传送过程。

I²C 总线上的器件地址为一个字节，其组成格式如表 15-1 所示。

表 15-1　I²C 总线上的器件地址组成格式

D7	D6	D5	D4	D3	D2	D1	D0
器件类型				片选地址			R/$\overline{\text{W}}$

各部分含义如下：

- 器件类型 D7~D4：是 I²C 总线委员会分配好的固定值，E²PROM 的器件类型为 1010。
- 片选地址 D3~D1：由器件的外部引脚 A2、A1、A0 的接线来确定(对总线上同一类型的器件进行选择，最多只能接 8 片)。
- 最后一位 D0：数据方向位，1 表示读；0 表示写。这里所说的读和写都是站在主机立场上的，读表示主机从从机读取数据；写表示主机向从机发送数据。

因此通常把一个 I²C 器件的地址分为两个：一个是写地址，一个是读地址。

当 I²C 器件内部有连续的子地址空间时，对这些空间进行连续读写，子地址会自动加 1。常用的 E²PROM 存储器 24C01 就是这样的器件。

15.2　AT89C51 扩展 I²C 总线方法

对于 AT89C51 来说，芯片本身无 I²C 总线接口，如果需要和 I²C 器件通信，则可以利用 I/O 口，通过编程，软件模拟 I²C 通信数据传输过程，如图 15-5 所示。

由于总线状态是由单片机控制的，因此 I²C 上的信号逻辑都需要通过单片机编程实现。方法如下：

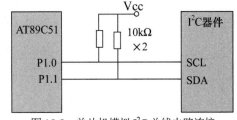

图 15-5　单片机模拟 I²C 总线电路连接

- 发起始信号 S：SCL=0→SDA=1→SCL=1→SDA=0→SCL=0。
- 发停止位 P：SCL=0→SDA=0→SCL=1→SDA=1→SCL=0。
- 发送 1 位数据：SCL=0→SDA 置 1 或 0→SCL=1→SCL=0。
- 接收 1 位数据：SDA 置 1(为读线上数据做准备)→SCL=1 并读取 SDA 线上数据→SCL=0。

要想正确使用 AT24C02 来存取数据，必须要对单片机同串行 E²PROM 进行 I²C 通信的流程十分清楚。只有严格按照流程编写程序，才能够顺利实现数据通信。为了便于掌握，这里我们把单片机的程序编写流程概括如下。

(1) 单片机从 AT24C02 读数据流程。发起始位→发器件写地址→检查应答位→发存储单元地址→检查应答位→重发起始位→发器件读地址→检查应答位→接收数据→发应答位→……→接收完毕，发非应答位→发停止位。程序流程如图 15-6 所示。

(2) 单片机向 AT24C02 写数据流程。发起始位→发器件写地址→检查应答位→发存储单元地址→检查应答位→发数据→检查应答位→……→数据发送完毕，发停止位。程序流程如图 15-7 所示。

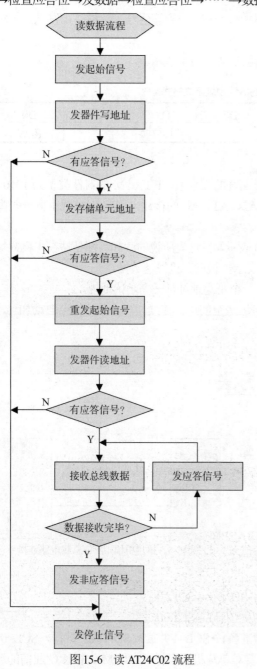

图 15-6　读 AT24C02 流程

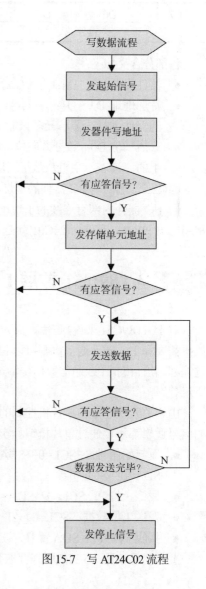

图 15-7　写 AT24C02 流程

15.3　AT89C51 扩展 I²C 总线编程

单片机用 I/O 口模拟 I²C 总线通信时，需要通过编程先产生 I²C 总线所需的各种逻辑信号和时钟信号，然后按照 I²C 总线上数据的读写流程组织程序。下面给出几个逻辑信号的编程产生方法。

1) 起始信号

```
void Start()
{
    SDA=1;
    SCL=1;
    SDA=0;
    SCL=0;
}
```

2) 停止信号

```
void Stop()
{
    SCL=0;
    SDA=0;
    SCL=1;
    SDA=1;
}
```

3) 应答信号

```
void YEAck()
{
    SDA=0;
    SCL=1;
    SCL=0;
}
```

4) 非应答信号

```
void NoAck()
{
    SDA=1;
    SCL=1;
    SCL=0;
}
```

5) 测试应答信号

```
bit TestAck()
```

```
{
    bit ErrorBit;
    SDA=1;
    SCL=1;
    ErrorBit=SDA;
    SCL=0;
    return(ErrorBit);
}
```

6) 写一个字节数据

```
Write8Bit(unsigned char input)
{
    unsigned char temp;
    for(temp=8;temp!=0;temp--)
    {
        SDA=(bit)(input&0x80);
        SCL=1;
        SCL=0;
        input=input<<1;
    }
}
```

7) 接收一个字节数据

```
uchar Read8Bit()
{
    unsigned char temp,rbyte=0;
    for(temp=8;temp!=0;temp--)
    {
        SDA=1;
        SCL=1;
        rbyte=rbyte<<1;
        rbyte=rbyte|((unsigned char)(SDA));
        SCL=0;
    }
    return(rbyte);
}
```

15.4 项目设计

1. 设计内容与要求

设计单片机 AT89C51 同 E^{2}PROM AT24C02 的接口电路，并编写程序，要求单片机先写入 8 个字节数据到 AT24C02 从 0x30 开始的单元中，然后再从 0x32 单元开始逐个读出 5 个数据并送数码管显示。

2. 硬件电路设计

在 Proteus 中进行硬件电路设计，如图 15-8 所示。单片机的 P3.2、P3.3 口分别模拟 I²C 总线的 SDA 和 SCK 信号；AT24C02 的三个地址引脚 A0、A1、A2 全部接地，因此其 8 位二进制器件地址为 1010000X。在进行写操作时地址为 0xA0，进行读操作时地址为 0xA1。P0 口低四位接一 BCD 码输入的 LED 数码管，用于显示单片机每次从 AT24C02 中读出的数据。为了便于观察 I²C 总线上信号的变化过程，在线路上添加了 Proteus 仿真软件中自带的 I²C 总线调试器模块。

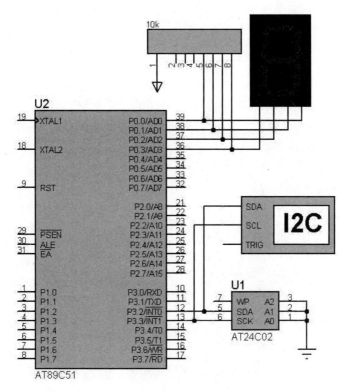

图 15-8　电路原理图

3. 程序设计

程序采用模块化设计，先建立每一个基本逻辑信号的子程序，然后根据项目任务在主程序中按流程调用即可。

```
#include <reg51.h>
#define uchar unsigned char
#define uint unsigned int
#define ulong unsigned long
#define WriteDeviceAddress 0xa0                    //定义器件写地址
#define ReadDviceAddress 0xa1                      //定义器件读地址
sbit SCL=P3^3;                                     //P3.3 口模拟 SCL 信号
```

```c
sbit SDA=P3^2;                          //P3.2 口模拟 SDA 信号
bit ACK;                                //定义应答位
unsigned char i,rebuf[16] _at_ 0x40;    //16 字节的数据接收缓冲区

void DelayMs(unsigned int number)       //延时函数
{
    unsigned char temp;
    for(;number!=0;number--)
        for(temp=100;temp!=0;temp--) ;
}

void Start()                            /*发起始位*/
{
    SDA=1;
    SCL=1;
    SDA=0;
    SCL=0;
}

void Stop()                             /*发停止位*/
{
    SCL=0;
    SDA=0;
    SCL=1;
    SDA=1;
}

void YEAck()                            /*发应答信号*/
{
    SDA=0;
    SCL=1;
    SCL=0;
}

void NoAck()                            /*发非应答信号*/
{
    SDA=1;
    SCL=1;
    SCL=0;
}

bit TestAck()                           /*测试应答信号*/
{
    bit ErrorBit;
    SDA=1;
    SCL=1;
    ErrorBit=SDA;
```

```
            SCL=0;
            return(ErrorBit);
}

Write8Bit(unsigned char input)              /*写入 8 个 bit 到 SDA 线上 */
{
        unsigned char temp;
        for(temp=8;temp!=0;temp--)
        {
                SDA=(bit)(input&0x80);
                SCL=1;
                SCL=0;
                input=input<<1;
        }
}

uchar Read8Bit()                            /*从 SDA 线上接收 8 个 bit*/
{
        unsigned char temp,rbyte=0;
        for(temp=8;temp!=0;temp--)
        {
                SDA=1;
                SCL=1;
                rbyte=rbyte<<1;
                rbyte=rbyte|((unsigned char)(SDA));
                SCL=0;
        }
        return(rbyte);
}

/*向 AT24C02 的 address 地址中写入 8 个字节数据 ch*/
void Write24c02(uchar ch,uchar address)
{
        Start();                            //发起始信号
        Write8Bit(WriteDeviceAddress);      //发器件写地址
        ACK=TestAck();                      //检测应答信号
        if(ACK==1)                          //没有应答信号，则发停止信号
                Stop();
        Write8Bit(address);                 //有应答信号，再发存储单元地址
        ACK=TestAck();
        if(ACK==1)
                Stop();
        for(i=0;i<8;i++)                    //连续写入 8 个字节数据到 AT24C02
        {
                Write8Bit(ch);              //写一个字节数据
                TestAck();
                if(ACK==1)
```

```
                Stop();
            ch++;
    }
    Stop();                                    //发停止信号
    DelayMs(10);                               //延时
}
```

/*从 AT24C02 的地址 address 中读取 mm 个字节数据，并送 P0 口显示*/
```
Read24c02_mm (uchar mm, uchar address)
{
    uchar ch;
    Start();                                   //发起始信号
    Write8Bit(WriteDeviceAddress);             //发器件写地址
    ACK=TestAck();                             //检测应答信号
    if (ACK==1)                                //没有应答信号，则发停止信号
            Stop();
    Write8Bit(address);                        //有应答信号，再发存储单元地址
    ACK=TestAck();
    if (ACK==1)
            Stop();
    Start();                                   //重发起始信号
    Write8Bit(ReadDviceAddress);               //发器件读地址
    CK=TestAck();
    if (ACK==1)
            Stop();
    for(i=0;i<mm-1;i++)                        //从 AT24C02 连续读 mm-1 个数据
    {
            ch=Read8Bit();                     //读一个字节数据
            P0=ch;                             //数据送 P0 口显示
            DelayMs(5000);                     //延时
            YEAck();                           //发应答信号
    }
    ch=Read8Bit();                             //对第 mm 个数据
    P0=ch;                                     //送 P0 口显示
    DelayMs(5000);
    NoAck();                                   //mm 个数据接收完，发非应答信号
    Stop();                                    //发停止信号
}
```

/*先写入 8 个字节数据到 AT24C02 ，再逐个读出送数码管显示*/
```
void main(void)                               //主程序
{
    uchar c1;
    while(1)
    {
            unsigned char m,n;
            m=0x01;
```

```
                n=0x30;
                Write24c02(m,n);
                Read24c02_mm(5,0x32);                    //从 AT24C02 的 0x32 单元读 5 个数据
                while(1);
        }
}
```

4. 运行结果

在 Proteus 中运行仿真，选择 Debug→I²C memory 项，可以调出 AT24C02 的存储区观察数据的变化。程序运行时，单片机先向 AT24C02 的 0x30 单元开始连续写入 8 个数据 1～8，然后再从 0x32 单元开始依次读出，并将数据送到数码管上显示。如图 15-9 所示，AT24C02 从 0x30 单元开始的 8 个存储单元内已经写入了数据 1～8，单片机正在读出数据 5 并送到 LED 数码管上显示。通过 Proteus 中的 I²C 调试器，可以清晰地观察通信过程中 SDA 线上信号的变化过程。

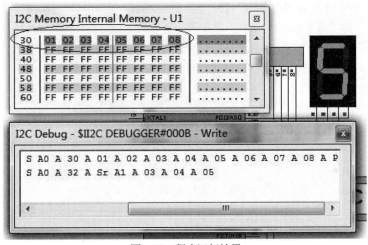

图 15-9　程序运行结果

15.5　小结

51 系列单片机只有一个异步串行通信接口，但在实际工程应用中，串行总线的标准有很多。因为串行总线连接简单，占用的端口资源少，所以在单片机测控系统中的应用非常广泛。为了提高 51 系列单片机的应用性和扩展能力，本章介绍了如何对单片机的 I/O 口编程，通过软件模拟 I²C 总线协议的方法，来实现其同 I²C 器件间的数据通信。

该案例对我们在工程设计以及生活中解决问题的思路具有良好的启发和借鉴意义。在不具备客观条件的情况下，要善于开拓思路，创造条件，变通地思考和解决问题，要能够将知识和方法灵活运用，从而实现不断地创新和发展。这既需要有扎实的专业技能，又要有勇于探索的创新精神。

思考与练习

1. 什么是 I^2C 总线？它有什么特点？

2. I^2C 总线由几根线组成？在总线连接时有什么要求？

3. I^2C 总线在通信时的信号类型有哪几种？

4. 画出 I^2C 总线在接收 4 位二进制数 1101 时的总线逻辑。

5. I^2C 总线通信时数据位的先后顺序是什么？

6. MCS-51 单片机是如何扩展 I^2C 总线的？

7. 写出 I^2C 总线上的器件地址组成格式及各部分的含义。

8. 简述单片机从 AT24C02 读数据的编程流程。

9. 简述单片机向 AT24C02 写数据的编程流程。

10. 设计 AT89C51 单片机同 AT24C02 的接口电路，并编写程序，从 AT24C02 的 40H 单元开始连续写入 16 个数据 1～16。

第 16 章

项目十三：单片机扩展SPI总线接口

SPI 总线也是应用比较广泛的一种串行总线，很多功能芯片(如 A/D 转换器、D/A 转换器、射频通信、数据存储器等)都带有 SPI 总线接口。使用 SPI 接口的芯片和 MCS-51 单片机连接时，必须掌握用单片机 I/O 口扩展 SPI 总线的编程方法。

16.1 SPI 总线简介

SPI(serial peripheral interface，串行外围设备接口)是 Motorola 公司推出的一种三线同步总线。它以主从方式工作，通常有一个主设备和一个或多个从设备。SPI 通信的三根线是：
● 串行数据输出线 SDO(serial data out)：主设备数据输出，从设备数据输入。
● 串行数据输入线 SDI(serial data in)：主设备数据输入，从设备数据输出。
● 串行时钟线 SCK(serial clock)：时钟信号由主设备产生。
此外，每个挂接在 SPI 总线上的从设备都有一根片选线 $\overline{\text{CS}}$。

SPI 总线系统结构如图 16-1 所示。该系统有一台主机，通常是单片机，从机是具有 SPI 接口的外围器件，如 E^2PROM、A/D、D/A、日历时钟、显示、键盘和传感器等。主机的 SPI 数据传输速率最高可达 3Mb/s。主机可向一个或多个外围器件传送数据，也可控制外围器件向主机传送数据。

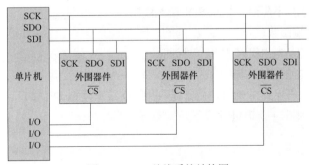

图 16-1　SPI 总线系统结构图

单片机与外围器件信号线的连接都是同名端相连。当扩展多个器件时，主机要有选择地与分机进行通信，因此每个分机都有一个片选信号线$\overline{CS}$，低电平有效。单片机可通过 I/O 口来分时选通外围器件。当扩展单个 SPI 器件时，外设的$\overline{CS}$端可以直接接地。

16.2　AT89C51 扩展 SPI 总线接口方法

MCS-51 单片机在与 SPI 器件进行连接通信时，由于其内部没有集成的 SPI 总线接口，所以通常利用其 I/O 口，按照 SPI 总线的通信协议来控制完成数据的输入/输出。如图 16-2 所示是单片机利用 I/O 口扩展 SPI 接口的一种电路设计方法。

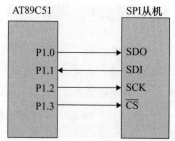

图 16-2　AT89C51 扩展 SPI 接口示意图

在图 16-2 中，利用单片机的 P1.0 口作为 SPI 接口的数据输出端 SDO，用 P1.1 口作为 SPI 接口的数据输入端 SDI，用 P1.2 口输出 SPI 总线所需的时钟信号 SCK，用 P1.3 口控制 SPI 从机的片选信号。

16.3　AT89C51 扩展 SPI 总线程序编写方法

在 SPI 总线通信时，主机负责产生时钟信号，在时钟上升沿和下降沿的同步下，控制数据的输入和输出。数据的传送格式是高位在前，低位在后。1 位数据的输入/输出过程如图 16-3 所示。

在一个时钟脉冲中，下降沿主机从 SDI 输入数据，上升沿主机从 SDO 输出数据。但对于不同的外围器件，也有的刚好反过来。当主机产生 8 个时钟脉冲后，就完成了一个字节数据的输入和输出。

图 16-3　SPI 总线数据输入/输出过程

当 AT89C51 单片机作为主机时，由于是利用 I/O 线来模拟 SPI 接口通信，所以在编程时，只要按照上述通信规则对 I/O 口进行读写操作即可。

16.3.1　数据输出

AT89C51 单片机通过 I/O 口模拟 SPI 总线输出数据的过程如图 16-4 所示。该图是以单片机发送四位二进制数据 1101B 为例，发送时高位在前。

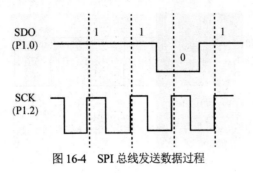

图 16-4　SPI 总线发送数据过程

发送第一个数据 1 的过程如下：

首先，单片机从 SCK 线上输出第一个时钟脉冲的低电平；接下来，单片机 SDO 线上输出高电平 1；最后，单片机 SCK 线上输出高电平，形成一个时钟脉冲上升沿。这样，SDO 线上的数据 1 就会自动被 SPI 设备读走。

后面几位数据的发送过程和第一个相同，这里就不再一一赘述。

不管几位的数据，其发送过程都和上面是一样的。编程时，只要按照这样一个逻辑状态编写 I/O 输出指令就可以了。

【例 16-1】如图 16-5 所示，编写 AT89C51 的串行输出子程序 SPIOUT，将 AT89C51 中的 unsigned char 型变量 databuf 中的数据发送到 E^2PROM MCM2814 的 SPISI 线上。

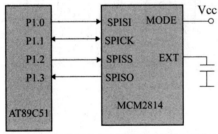

图 16-5　单片机与 MCM2814 接口电路

解：

C 语言程序清单如下：

```
#inclued <reg51.h>
#include <intrins.h>
sbit SCK=P1^1;                          //P1.1 模拟 SCK
sbit SS=P1^2;                           //P1.2 控制片选信号 SS
sbit SDO=P1^0;                          //P1.0 模拟 SDO
void SPIOUT(unsigned char databuf)      //发送子程序
{
    unsigned char i;
    SCK=1;
    SS=0;                               //片选有效
    for(i=0;i<8;i++)
    {
```

```
            SCK=0;                          //时钟输出低电平
            _nop_();                        //等待一段时间
            _nop_();
            if(databuf&0x80)                //判断 databuf 最高位
                    SDO=1;                  //为 1，SDO 发送 1
            else
                    SDO=0;                  //为 0，SDO 发送 0
            SCK=1;                          //时钟输出高电平，产生脉冲上升沿
            databuf=databuf<<1;             // databuf 左移 1 位，准备发送次高位
        }
    }
```

16.3.2 数据输入

AT89C51 单片机 I/O 口模拟 SPI 总线输入数据的过程如图 16-6 所示，接收时高位在前。

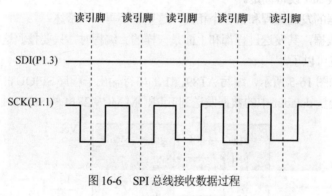

图 16-6 SPI 总线接收数据过程

接收第一个数据的过程如下：

首先，单片机从 SCK 线上输出第一个时钟脉冲的高电平，单片机 SDI 线上输出高电平 1；接下来，单片机 SCK 线上输出低电平，形成一个时钟脉冲下降沿；此时，SPI 设备会将数据发送到 SDI 线上；最后，单片机读取 SDI 引脚数据并保存。

如此循环 8 次就可以接收一个字节的数据。

【例 16-2】参见图 16-5，编写单片机串行输入子程序 SPIIN，从 MCM2814 的 SPISO 线上接收 1 个字节数据并放入 unsigned char 型变量 databuf 中。

解：

C 语言程序清单如下：

```
#include <reg51.h>
#include <intrins.h>
sbit SCK=P1^1;                              //P1.1 模拟 SCK
sbit SS=P1^2;                               //P1.2 控制片选信号 SS
sbit SDI=P1^3;                              //P1.3 模拟 SDI
unsigned char databuf=0;                    //接收到数据存于 databuf

void SPIIN()                                //接收子程序
```

```
{
        unsigned char i;
        SCK=1;                                          //先输出时钟高电平
        SS=0;                                           //置片选信号
        SDI=1;
        for(i=0;i<8;i++)                                //循环 8 次，接收一个字节数据
        {
                databuf=databuf<<1;                     //databuf 左移 1 位
                SCK=0;                                  //输出时钟低电平，产生下降沿
                _nop_();                                //等待一段时间
                _nop_();
                if(SDI&1)                               //判断 SDI 线上的数据
                        databuf+=1;                     //为 1，databuf 的最低位加 1
                else
                        databuf+=0;                     //为 0，databuf 的最低位加 0
                SCK=1;                                  //时钟回到高电平状态
        }
}
```

16.3.3　数据同时输入/输出

同一个脉冲中，单片机在下降沿读取 SDI 线上的数据，上升沿输出数据到 SDO 线上，就可以同时完成一位数据的输入和输出。

【例 16-3】参见图 16-5，编写 AT89C51 的串行输入/输出子程序 SPIIO，将 AT89C51 中 unsigned char 型变量 sendbuf 中的内容传送到 MCM2814 的 SPISI 线上，同时从其 SPISO 线上接收 1 个字节数据存入 unsigned char 型变量 receivebuf 中。

解：

C 语言程序清单如下：

```
#inclued <reg51.h>
#include <intrins.h>
sbit SDO=P1^0;                                          //P1.0 模拟 SDO
sbit SCK=P1^1;                                          //P1.1 模拟 SCK
sbit SS=P1^2;                                           //P1.2 控制片选信号 SS
sbit SDI=P1^3;                                          //P1.3 模拟 SDI
unsigned char sendbuf, receivebuf=0;

void SPIIO()
{
        unsigned char i;
        SCK=1;
        SS=0;
        SDI=1;
        for(i=0;i<8;i++)                                //循环发送和接收 8 位数据
        {
```

```
        receivebuf=receivebuf <<1;
        SCK=0;
        _nop_();
        _nop_();
        if(sendbuf &0x80)
                SDO=1;
        else
                SDO=0;
        if(SDI&1)
                receivebuf +=1;
        else
                receivebuf +=0;
        SCK=1;
        sendbuf=sendbuf <<1;
    }
}
```

16.4 项目设计 1：AT89C52 扩展串行 A/D 转换器 TLC2543

串行输出的 A/D 转换器芯片在扩展时能够节省单片机的 I/O 口线，近年来已越来越多地被采用，如 SPI 接口芯片 TLC1543、TLC2543、TLC1549、MAX187 等，I²C 接口芯片 MAX127、PCF8591 等，以及美国国家半导体公司生产的 ADC0832。这些转换器有 8 位、10 位、12 位和 16 位等不同分辨率。下面通过设计实例来练习掌握 TLC2543 的编程使用方法。

16.4.1　TLC2543 简介

TLC2543 是 TI 公司生产的串行 A/D 转换器，它具有输入通道多、精度高、速度高、使用灵活和体积小的优点。

TLC2543 为 CMOS 型 12 位开关电容逐次逼近 A/D 转换器。片内含有一个 14 通道多路器，可从 11 个模拟输入或从 3 个内部自测电压中选择一个。

TLC2543 与微处理器的接线用 SPI 接口只有 4 根连线，其外围电路也大大减少。TLC2543 的特性如下：

- 12 位 A/D 转换器(可 8 位、12 位和 16 位输出)。
- 在工作温度范围内转换时间为 $10\mu s$。
- 11 通道输入。
- 3 种内建的自检模式。
- 片内采样/保持电路。
- 最大±1/4096 的线性误差。
- 内置系统时钟。
- 转换结束标志位。
- 单/双极性输出。

- 输入/输出的顺序可编程(高位或低位在前)。
- 可支持软件关机。
- 输出数据长度可编程。

1. TLC2543 的片内结构及引脚功能

TLC2543 的片内结构图如图 16-7 所示。其引脚功能如下：

- AIN0～AIN10：模拟输入通道。
- $\overline{CS}$：片选端。当由高变到低时使系统寄存器复位，同时使能系统的输入/输出和 I/O 时钟输入。当由低变到高时则禁止输入/输出和 I/O 时钟输入。
- DIN：串行数据输入。在每一个 I/O 时钟的上升沿送入一位数据，用于选择模拟电压输入通道和设置工作方式。
- DOUT：转换结束数据输出。在每一个 I/O 时钟的下降沿送出一位数据，数据长度和数据输出的顺序在工作方式中选择。
- EOC：转换结束信号。在转换过程中为低电平，转换结束后变为高电平。
- SCLK(I/O CLOCK)：输入/输出同步时钟。
- REF+：转换参考电压正极。
- REF-：转换参考电压负极。
- VCC：电源正极。
- GND：电源地。

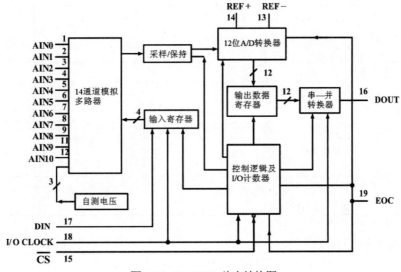

图 16-7　TLC2543 片内结构图

2. TLC2543 的命令字

TLC2543 的每次转换都必须给其写入命令字，以便确定下一次转换用哪个通道，下次转换结果用多少位输出，转换结果输出是低位在前还是高位在前。命令字的输入采用高位在前。命令字如表 16-1 所示。

表 16-1　命令字

通道选择	输出数据长度	输出数据顺序	数据极性
D7D6D5D4	D3D2	D1	D0

输入到输入寄存器中的 8 位编程数据选择器件输入通道和输出数据的长度及格式，如表 16-2 所示。

表 16-2　输入寄存器命令字格式

功能选择		输入数据字节						
		地址位				LIL0	LSBF	BIP
		D7	D6	D5	D4	D3D2	D1	D0
输入通道	AIN0	0	0	0	0			
	AIN1	0	0	0	1			
	AIN2	0	0	1	0			
	AIN3	0	0	1	1			
	AIN4	0	1	0	0			
	AIN5	0	1	0	1			
	AIN6	0	1	1	0			
	AIN7	0	1	1	1			
	AIN8	1	0	0	0			
	AIN9	1	0	0	1			
	AIN10	1	0	1	0			
选择测试电压	(Vref++Vref-)/2	1	0	1	1			
	Vref-	1	1	0	0			
	Vref+	1	1	0	1			
软件断电		1	1	1	0			
输出数据位数	8 位					0 1		
	12 位					X 0		
	16 位					1 1		
输出数据格式	MSB 前导						0	
	LSB 前导						1	
输入/输出关系	单极性—二进制							0
	双极性—2 的补码							1

3. TLC2543 的工作时序

采用以 MSB 为前导的方式，用 $\overline{CS}$ 进行 12 个时钟传送的工作时序如图 16-8 所示。

工作过程如下：

(1) 上电时，EOC= "1"，$\overline{CS}$ = "1"。

(2) 使 $\overline{CS}$ 下降，前次转换结果的 MSB 即 A11 位数据输出到 DOUT 供读数。

(3) 将输入控制字的 MSB 位即 C7 送到 DIN，在 $\overline{CS}$ 之后 $t_{su} \geqslant 1.425\,\mu s$ 后，使 CLK 上升，将 DIN 上的数据移入输入寄存器。

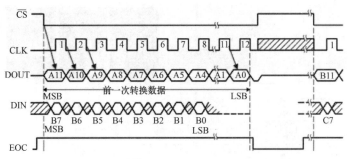

图 16-8　使用 $\overline{CS}$ 进行 12 个时钟传送的工作时序

(4) CLK 下降，转换结果的 A10 位输出到 DOUT 供读数。

(5) 在第 4 个 CLK 下降时，由前 4 个 CLK 上升沿移入寄存器的四位通道地址被译码，相应模入通道接通，其模入电压开始时对内部开关电容充电。

(6) 第 8 个 CLK 上升时，将 DIN 脚的输入控制字 C0 位移入输入寄存器后，DIN 脚即无效。

(7) 第 11 个 CLK 下降，上次 A/D 结果的最低位 A0 输出到 DOUT 供读数。至此，I/O 数据已全部完成，但为实现 12 位同步，仍用第 12 个 CLK 脉冲，且在其第 12 个 CLK 下降时，输入通道断开，EOC 下降，本周期设置的 A/D 转换开始，此时使 $\overline{CS}$ 上升。

(8) 经过时间 $t_{conv} \leqslant 10\,\mu s$，转换完毕，EOC 变为高电平。

(9) 使 $\overline{CS}$ 下降，转换结果的 MSB 位 B11 输出到 DOUT 供读数。

刚上电时，第一个周期读取的 DOUT 数据无效，应舍去。

16.4.2　项目设计

1. 设计内容与要求

利用单片机 AT89C52 扩展串行 A/D 转换器 TLC2543，设计一数字电压表。12 位分辨率，输入电压 0~5V 可调，单片机通过四位 LED 数码管显示电压值，单位为 mV。要求完成硬件电路设计和程序编写任务。

2. 硬件电路设计

按照前面介绍的 AT89C51 单片机扩展 SPI 接口方法，在 Proteus 中设计的硬件电路如图 16-9 所示，其中省略了晶振电路和复位电路。利用单片机的 P3.3、P3.4、P3.6 端口分别模拟 SPI 总线的 SDO、SDI 和 SCK 信号线，P3.5 引脚控制片选信号 $\overline{CS}$。在图 16-9 中，TLC2543 元件的 SDO、SDI、CLK 引脚实际对应前面引脚介绍中的 DOUT、DIN 和 SCLK 引脚。显示器件使用了 4 个 BCD 码输入的 7 段 LED 数码管，显示数据分别从单片机的 P0 口和 P2 口输出。

为了便于对比转换结果的准确性，在模拟电压的输入端添加了模拟电压表显示实际输入的电压值。TLC2543 的参考电压取电源电压 VCC，模拟电压输入通道为 AIN3。

3. 程序设计

根据任务要求，TLC2543 转换结果按照 12 位数据输出，高位在前。编写的 C 语言源程序如下：

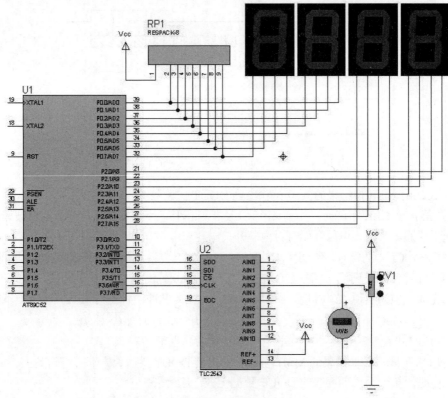

图 16-9　Proteus 中设计的硬件电路图

```
#include<reg52.h>
#include<intrins.h>
sbit CS=P3^5;
sbit CLK=P3^6;
sbit DIN=P3^4;
sbit DOUT=P3^3;
unsigned int tmp;
unsigned int vot;
//定义函数，输入参数为命令字，输出为转换结果
unsigned int TLC2543(unsigned char command)
{
    unsigned char i;
    unsigned int result=0;
    CS=1;
    CLK=0;
    CS=0;                               //片选有效
    for(i=0;i<12;i++)
    {
        DOUT=1;                         //P3.3 为输入口
        result<<=1;                     //result 数据左移一位
        result|=DOUT;                   //DOUT 线上的数据写到 result 的最低位上
        DIN=command&(0x80>>i);          //将命令字按位送出
```

```
        CLK=1;
        _nop_();                         //高电平保持一定宽度
        _nop_();
        CLK=0;
    }
    return    result;                    //返回转换结果
}

void main()
{
    while(1)
    {
        tmp=TLC2543(0x30);               //启动 TLC2543 转换，通道 3，12 位数据输出
        vot=(int)tmp*(float)5000/4096;   //结果换算为对应的电压值
        P0=((vot/1000)<<4)|((vot/100)%10);   //取千位和百位的 BCD 码送 P0 口
        P2=(((vot%100)/10)<<4)|((vot/10)%10); //取十位和个位的 BCD 码送 P2 口
    }
}
```

4. 运行结果

在 Proteus 中运行单片机程序，调整电位器位置，观察数码管显示的电压值变化，并与模拟电压表显示的数值作对比，结果如图 16-10 所示。

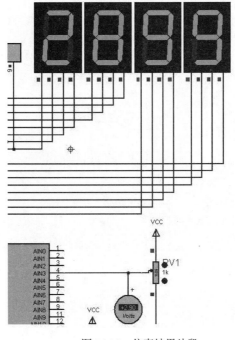

图 16-10　仿真结果片段

16.5 项目设计2：AT89C52扩展串行D/A转换器TLC5615

串行D/A转换器同样具有引脚少、与单片机接口简单、体积小、价格低等优点，非常适用于一些对转换速度要求不高的场合。串行D/A转换器芯片的种类也很多，下面练习掌握具有SPI总线接口的串行D/A转换器TLC5615的用法。

16.5.1 TLC5615 简介

TLC5615是具有3线串行接口的数/模转换器。其输出为电压型，最大输出电压是基准电压值的两倍，带有上电复位功能。

TLC5615与微处理器的接线用SPI接口，只有4根连线，其外围电路也大大减少。TLC5615的特性如下：

- 10位CMOS电压输出。
- 5V单电源工作。
- 与微处理器3线串行接口(SPI)。
- 最大输出电压是基准电压的2倍。
- 建立时间为12.5μs。
- 内部上电复位。
- 低功耗，最高为1.75 mW。
- 引脚与MAX515兼容。

1. TLC5615 的片内结构

TLC5615的片内结构如图16-11所示。

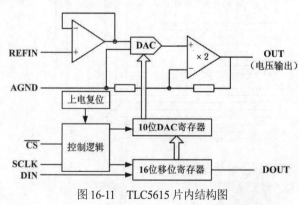

图16-11　TLC5615 片内结构图

2. TLC5615 的引脚功能

TLC5615的引脚意义如下：

- DIN：串行数据输入。

- SCLK：串行时钟输入。
- $\overline{\text{CS}}$：芯片选择，低电平有效。
- DOUT：用于菊花链(daisy chaining)的串行数据输出。
- AGND：模拟地。
- REFIN：基准电压输入。
- OUT：DAC 模拟电压输出。
- VDD：正电源(4.5～5.5V)。

3. 推荐工作条件

电源电压：4.5～5.5V。

参考电压范围：$2\sim V_{\text{DD}}-2\text{V}$，通常取 2.048V。

负载电阻：2kΩ。

4. 工作时序

当$\overline{\text{CS}}$为低电平时，输入引脚 DIN 和输出引脚 DOUT 在时钟 SCLK 的控制下同步输入或输出，数据顺序为高位在前、低位在后。在 SCLK 的上升沿，串行数据经 DIN 移入内部的 16 位移位寄存器，在 SCLK 的下降沿，输出串行数据到 DOUT 引脚。当$\overline{\text{CS}}$变为高电平时，数据被传送至 DAC 数据寄存器。

5. TLC5615 的输入/输出关系

TLC5615 的 D/A 输入/输出关系如表 16-3 所示。

表 16-3　TLC5615 D/A 转换关系表

数字量输入	模拟量输出
1111 1111 11(00)	$2V_{\text{REFIN}}\times 1023/1024$
…	…
1000 0000 01(00)	$2V_{\text{REFIN}}\times 513/1024$
1000 0000 00(00)	$2V_{\text{REFIN}}\times 512/1024$
0111 1111 11(00)	$2V_{\text{REFIN}}\times 511/1024$
…	…
0000 0000 01(00)	$2V_{\text{REFIN}}\times 1/1024$
0000 0000 00(00)	0 V

因为 TLC5615 芯片内的输入锁存器为 12 位宽，所以要在 10 位数字的低位后面再填以数字 XX，如下所示。XX 为不关心状态。串行传送的方向是先送出高位 MSB，后送出低位 LSB。

10 位	X	X
MSB		LSB

如果有级联电路，则应使用 16 位的传送格式，即在最高位 MSB 的前面再加上 4 个虚位，

被转换的 10 位数字在中间。

4 个虚位	10 位	X	X

16.5.2 项目设计

1. 设计内容与要求

利用单片机 AT89C52 扩展串行 D/A 转换器 TLC5615 输出一正弦波,周期自定。要求完成硬件电路设计和程序编写任务。

2. 硬件电路设计

在 Proteus 中设计的 AT89C52 单片机和 TLC5615 的接口电路如图 16-12 所示。AT89C52 单片机的 P3.0、P3.1、P3.2 引脚分别连接 TLC5615 的 SCLK、$\overline{CS}$ 和 DIN 信号线。模拟电压输出端 OUT 外接示波器以观察波形,参考电压取 2.048V。

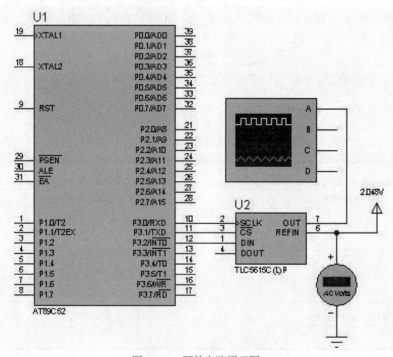

图 16-12 硬件电路原理图

3. 程序设计

利用单片机和 D/A 转换器生成正弦波的方法通常有两种:

(1) 采用查表的方法,在 0~2π 之间取一些数值,算出它们对应的正弦值并做成表格,然后在程序中查表进行 D/A 转换。

(2) 利用 C51 编译器中自带的库函数。C51 编译器的运行库中有丰富的库函数,使用它们可以大大简化用户的程序设计工作,提高编程效率。在使用时,必须在源程序的开始用预处理命令"#include"将相关的头文件包含进程序中。数学函数对应的头文件是 math.h。

编写的 C 语言源程序如下：

```
#include<reg52.h>
#include<math.h>
sbit CS=P3^1;
sbit SCLK=P3^0;
sbit DIN=P3^2;
float num=0;
unsigned int j,t;
void DAC(unsigned int adata)
{
    char i;
    adata<<=2;                    //10 位数据升为 12 位，低 2 位无效
    CS=0;                         //片选有效
    for(i=11;i>=0;i--)
    {
        SCLK=0;                   //时钟低电平
        DIN=adata&(0x001<<i);     //按位将数据送入
        SCLK=1;                   //时钟高电平
    }
    SCLK=0;                       //时钟低电平
    CS=1;                         //片选高电平，数据送 DAC 寄存器
}
void main()
{
    CS=1;
    while(1)
    {
        j=300;                    //设置 y 轴零点对应的数字量
        num=num+0.01;             //x 轴步长取 0.01
        if(num>=6.28)             //x 轴角度为 0~2π
        num=0;
        t=sin(num)*200;           //计算函数值并扩大 200 倍
        j=j+t;                    //合成函数值与零点数值
        DAC(j);                   //调 D/A 转换程序
    }
}
```

4. 运行结果

在 Proteus 中运行程序，利用示波器观察波形，结果如图 16-13 所示。

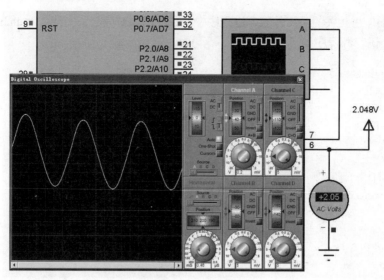

图 16-13　程序运行结果

16.6　小结

正弦波发生器在实际应用时，会要求满足一定的频率、相位等参数。所以在程序设计中，应当进一步考虑实现频率的任意设置，增加设计的实用性和便捷性。在进行电子产品开发时，产品性能和应用价值是开发人员追求的重要方面。作为一名技术开发人员，需要有积极探索的创新精神和精益求精的工匠精神，才能使自己开发的产品富有强大的生命力和应用价值。

思考与练习

1. SPI 总线一共有几根线？功能分别是什么？
2. SPI 总线上的数据位先后顺序是什么？
3. 画出 MCS-51 单片机通过 I/O 口模拟 SPI 总线输出 8 位二进制数 10100110 时的信号逻辑图。
4. 写出 TLC2543 命令字的格式。
5. 画出 AT89C51 单片机同 TLC2543 的接口电路图。
6. 如果要控制 TLC2543 转换通道为 AIN5，转换结果按照 12 位数据输出，低位在前，则其写入的命令字应该是什么？
7. TLC5615 是什么器件？其数据位是多少？
8. 设 TLC5615 的基准电压为 2.048V，当输入的数字量为 756H 时，其输出的模拟电压是多少？
9. 画出 AT89C51 单片机同 TLC5615 的接口电路，并编程控制其输出连续的锯齿波。

第 17 章

项目十四：AT89C51控制的直流电机调速系统

电动机的作用是将电能转换为机械能，它因输入的电流不同，又分为直流电机和交流电机。用直流电流来驱动的电动机就叫直流电机。直流电机因为控制简单，性能优越而被广泛应用于需控制位置和速度的场合中，例如电动汽车、电动门窗、电动玩具、数控机床等。

17.1　直流电机工作原理

直流电机结构分为两部分：定子和转子。其中定子包括：主磁极、机座、换向级、电刷装置等；转子包括：电枢铁芯、电枢绕组、换向器、转轴等。

直流电机的内部电路模型如图17-1所示。在定子上装有一对直流励磁的静止主磁极N和S，在定子上装有电枢铁芯。在电枢铁芯上放置了两根导体连成的电枢线圈，线圈的首段和末端分别连到两个圆弧形的铜片上，此铜片称为换向片。在换向片上放置着一对固定不动的电刷A和B，当电枢旋转时，电枢线圈通过换向片和电刷与外电路连通。

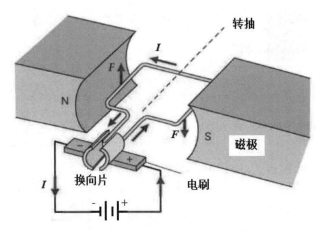

图 17-1　直流电机内部电路模型

给直流电机电刷加上直流，则有电流流过线圈。根据电磁力定律，载流导体将会受到电磁力的作用,方向可由左手定则判定。两段导体受到的力形成转矩,于是转子就会顺时针转动。虽然直流电机外加的电源是直流的,但由于电刷和换向片的作用,线圈中流过的电流却是交流的,因此产生的转矩方向保持不变,确保了电机朝固定的方向连续转动。这就是直流电机的工作原理。

17.2 单片机控制直流电机的驱动电路设计

直流电机转动分为单向和双向两种状态。单向转动的控制比较简单,可以通过开关的通断来接通和断开直流电源,即可实现电机的启动与停止。如果使用单片机控制直流电机,关键是要考虑其电流驱动问题,因为单片机的端口电流驱动能力不足,所以必须添加外部驱动电路。

单片机可以通过三极管、场效应管、继电器等对直流电机的通断进行控制,采用三极管控制直流电机的电路如图17-2所示。因为电动机是感性器件,在导通和断开时会产生很大的反电动势,导致三极管损坏,所以在电路中并联了一个二极管进行续流,起到保护三极管的作用。此外,为了消除电机电路对单片机端口造成干扰,在实际应用电路中要采用光电耦合器进行端口隔离,从而提高单片机系统的抗干扰能力。

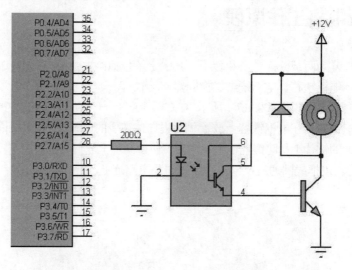

图17-2 三极管单向驱动直流电机电路

直流电机的双向控制是为了实现电机的正、反转,通常采用H桥电路进行控制。H桥控制的示意图如图17-3所示,由四个开关的不同状态实现电机的停止、正转和反转控制。

- 当四个开关均断开时,直流电机不通电,处于停止状态;
- 当开关1与4接通、开关2与3断开时,电流由左向右流过直流电机,如图17-3(b)所示,电机处于正转状态;
- 当开关2与3接通,开关1与4断开时,电流由右向左流过直流电机,如图17-3(c)所示,电机处于反转状态。

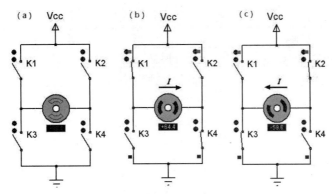

图 17-3 直流电机 H 桥控制的示意图

单片机采用 H 桥进行直流电机双向控制时，图 17-3 中的开关由三极管替代即可，还可以使用集成的 H 型驱动电路 L293、L298 等电动机专用驱动芯片。其中 L298 是意大利 SGS 公司的产品，内含两个 H 桥的高电压大电流全桥式驱动器，有 4 路输入、4 路输出、2 个使能端，可同时控制 2 个直流电机。其输入端为标准 TTL 逻辑电平信号，可驱动 46V、2A 以下的电动机。其逻辑功能如表 17-1 所示，在使能端 ENA 为高电平的状态下，当 IN1 输入高电平 IN2 输入低电平时，电机正转；当 IN1 输入低电平 IN2 输入高电平时，电机反转；当 IN1 和 IN2 输入电平相等时，电机快速制动。如果使能端为低电平，则电机不受控制，处于停止状态。

表 17-1 L298 的逻辑功能

IN1	IN2	ENA	电机状态
×	×	0	停止
1	0	1	正转
0	1	1	反转
IN2	IN1	1	制动

L298 的引脚如图 17-4 所示，引脚功能如表 17-2 所示。L298 有两路电源，分别为逻辑电路电源和驱动电路电源，其典型值分别为 5V 和 12V。使能端 ENA 对应 IN1 和 IN2，ENB 对应 IN3 和 IN4；输出端 OUT1、OUDT2 驱动第一个直流电机，OUT3、OUDT4 驱动第二个直流电机。

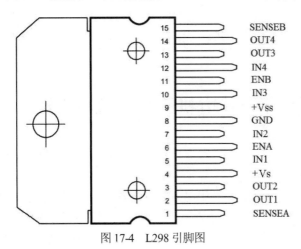

图 17-4 L298 引脚图

表 17-2　L298 引脚功能

引脚	引脚名称	功　　能
1、15	SENSEA、SENSEB	两个 H 桥的电流反馈脚，不用时可以接地
2、3	OUT1、OUT2	直流电机 1 输出端
4	+Vs	驱动电路电源
5、7	IN1、IN2	直流电机 1 输入端，TTL 电平
6、11	ENA、ENB	使能端，低电平禁止输出；TTL 电平
8	GND	地
9	+Vss	逻辑电路电源
10、12	IN3、IN4	直流电机 2 输入端，TTL 电平
13、14	OUT3、OUT4	直流电机 2 输出端

　　AT89C51 和 L298N 构成的直流电机基本驱动电路如图 17-5 所示，在电机两边分别加了两个续流二极管以起到保护作用。在实际应用时，为了消除电机电路对单片机系统的干扰，还应该在单片机的引脚与 L298 引脚之间加入光电耦合器进行隔离。

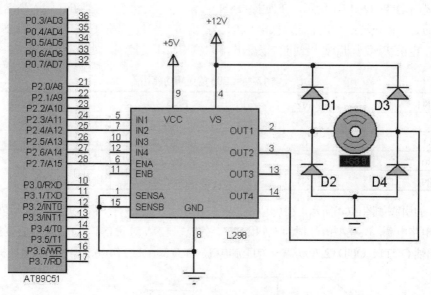

图 17-5　L298 直流电机驱动电路

17.3　单片机控制直流电机的程序编写方法

　　对直流电机转速的控制方法有两种：一是调节励磁磁通；二是调节电枢电压。通常采用的是第二种方法。

　　脉冲宽度调制(PWM)技术，是利用电力电子开关器件的导通与关断，将直流电压变成连续的直流脉冲序列，并通过控制脉冲的宽度或周期，将恒定的直流电压调制成可变大小的直流电压。采用 PWM 技术来控制直流电机的电枢电压，即可实现系统的平滑调速，称为直流电机 PWM

调速。采用 PWM 技术，加在直流电机电枢上的电压波形如图 17-6 所示。

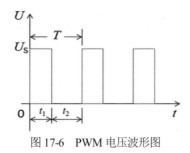

图 17-6　PWM 电压波形图

电动机电枢绕组两端的电压平均值 U 为：

$$U = (t_1 \times U_S) / T = D \times U_S$$

其中，D 为 PWM 信号的占空比，$D = t_1 / T$。

占空比 D 表示在一个周期 T 中开关管导通的时间与周期的比值，其变化范围为 0~1。由公式可知，当电源电压 U_S 不变时，电枢电压的平均值取决于占空比 D 的大小，改变 D 值就可以改变电枢电压的大小，从而达到调速的目的。这就是直流电机的 PWM 调速原理。

改变 PWM 波占空比的方法有如下三种：

(1) 定宽调频法。即保持 t_1 不变，只改变 t_2，则周期 T(或频率)也随之改变。

(2) 调频调宽法。即保持 t_2 不变，只改变 t_1，周期 T(或频率)也随之改变。

(3) 定频调宽法。即保持 T 不变，同时改变 t_1 和 t_2 来改变 D。

目前在直流电机的 PWM 调速控制中，主要采用的是定频调宽法。

在图 17-5 的电路中，单片机要实现直流电机的 PWM 调速，可以编程让 P2.7 引脚输出周期固定、占空比可变的矩形波控制 L298 的 ENA 引脚。在这里，我们使用定时器 0 中断来对高电平时间和周期进行定时控制。定时器 0 工作于模式 2，定时 250μs。使用变量 k 对中断次数进行计数，变量 t_1 和 T 分别为高电平时间系数和周期时间系数。当 k 小于 t_1 时，P2.7 引脚输出高电平，$t_1 \leq k \leq T$ 时，P2.7 输出低电平，反复循环。编写的例程如下：

```
#include<reg51.h>
sbit IN1=P2^3;
sbit IN2=P2^4;
sbit ENA=P2^7;              //P2.7 引脚输出 PWM 波控制 L298 的 ENA 使能端
unsigned char k=0;
unsigned char t1=80,T=200;  //占空比参数，t1 为高电平时间系数，T 为周期时间系数
void main()
{
    IN1=1;
    IN2=0;                 //电机正转
    ENA=0;
    TMOD=0x02;             //定时器 0 模式 2 定时 250μs
    TH0=6;
    TL0=6;
    ET0=1;
```

```
    EA=1;
    TR0=1;
    ENA=1;
    while(1);
}
void timer0_INT()interrupt 1
{
    k++;
    if(k>=t1) ENA=0;              //设置高电平时间为250μs*t1
    if(k==200)                    //设置周期为250μs*200=50ms
    {
        k=0;
        ENA=1;
    }
}
```

改变变量 t_1 的值，就可以改变占空比大小，电机速度也随之改变。在 t_1=20、t_1=80 和 t_1=120 时程序运行输出的 PWM 波形分别如图 17-7 的(a)、(b)、(c)所示。此外，可修改 P2.3、P2.4 引脚的输出电平来控制直流电机正转、反转和制动。

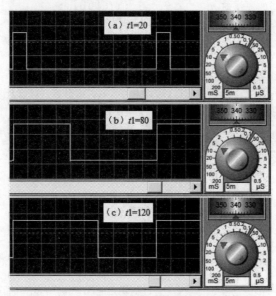

图 17-7　不同 $t1$ 值时 P2.7 输出的 PWM 波形

17.4　项目设计

1. 设计内容与要求

设计一 AT89C51 单片机控制的直流电机 PWM 调速系统，要求能够根据单片机外部输入电压(0~5V)的大小调整电动机的转速，输入电压越大电动机转速越高，并能够通过按键控制电动机的正转、反转和制动。先完成系统硬件电路的设计，再编写程序实现所要求的功能。

2. 硬件电路设计

按照设计要求，单片机要能够采集外部输入电压的大小，所以需要设计模数转换电路，在这里我们使用前面学习过的 ADC0809 来完成；直流电机的驱动电路设计采用 L298 驱动芯片；在单片机的 P3 口外接 3 个按键，分别实现对电动机的正转、反转和制动操作。设计完成的系统硬件电路如图 17-8 所示。

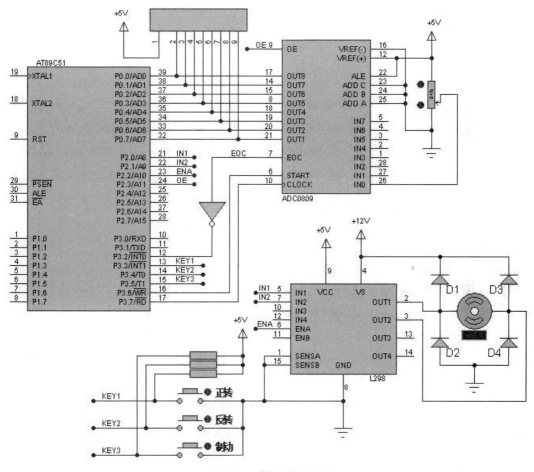

图 17-8 系统硬件电路图

图 17-8 中，外部电压信号经过一电位器调整后输入到 ADC0809 的通道 0，通道选择引脚 ADDC、ADDB、ADDA 采用了固定通道的接法，都直接接到了低电平上；转换完成后 EOC 引脚产生的高电平信号经反相后输入到单片机的外部中断 0 引脚；转换完成的数据通过单片机的 P0 口输入内部总线；由 P2.2 引脚向 L298 的 ENA 引脚输出 PWM 信号，P2.0 和 P2.1 引脚连接 L298 的 IN1 和 IN2 引脚，控制直流电机的正转、反转和制动操作。

3. 程序设计

本项目的软件设计主要包括系统初始化、AD 采样、PWM 波控制和按键扫描等四个程序模块。其中，AD 采样程序采用 I/O 口控制方式，ADC0809 的工作时钟由定时器 1 模式 2 定时产生频率为 500kHz 的方波信号来提供，AD 转换结束后通过外部中断的方式读取转换结果；PWM 波控制程序采用前面介绍的定频调宽编程方法，通过定时器 0 的模式 2 产生 250μs 定时中断，固定周期时间系数 T 为 255，把 AD 转换结果作为高电平时间系数 $t1$。

编写的 C 语言源程序代码如下：

```c
#include<reg51.h>
sbit IN1=P2^0;
sbit IN2=P2^1;
sbit ENA=P2^2;
sbit CLK=P3^7;              //P3.7 引脚输出 ADC0809 工作的时钟信号
sbit OE=P3^1;              //P3.1 引脚输出 ADC0809 的 OE 信号
sbit START=P3^6;           //P3.6 引脚产生 ADC0809 的 START 信号
sbit KEY1=P3^3;
sbit KEY2=P3^4;
sbit KEY3=P3^5;
unsigned char k=0;          //定义中断计数变量
unsigned char t1;           //定义高电平时间系数
void ADC0809()              //ADC0809 启动转换
{
    START=0;
    START=1;
    START=0;
}
void KEYSCAN()              //按键扫描
{
    if(KEY1==0)             //电机正转
    {
      IN1=1;
      IN2=0;
    }
    if(KEY2==0)             //电机反转
    {
      IN1=0;
      IN2=1;
    }
    if(KEY3==0)             //电机制动
    {
      IN1=1;
      IN2=1;
    }
}
void main()
```

```
{
    IN1=1;
    IN2=1;
    ENA=0;
    TMOD=0x22;                    //定时器 0 模式 2，定时器 1 模式 2
    TH0=6;                        //定时器 0 定时 250μs
    TL0=6;
    TH1=0xFE;                     //定时器 1 初值，为 ADC0809 提供时钟信号
    TL1=0xFE;
    PX0=1;                        //设置外部中断 0 为高优先级
    PT0=1;
    ET0=1;                        //开定时器中断
    ET1=1;
    IT0=1;                        //外部中断 0 边沿触发
    EX0=1;                        //开外部中断 0
    EA=1;
    TR0=1;                        //启动定时器
    TR1=1;
    ENA=1;                        //电机的 ENA 先输入高电平
    ADC0809();                    //启动 ADC0809 进行转换
    while(1)
    {
        KEYSCAN();
    }
}
void Int_0() interrupt 0          //外部中断 0 读取 A/D 转换结果
{
    OE=1;
    P0=0xff;                      //先向端口写 1
    t1=P0;                        //读 P0 口的转换结果给 t1
    OE=0;
    ADC0809();                    //启动下一次 A/D 转换
}
void Timer0_INT()interrupt 1      //定时器 0 中断完成 PWM 占空比控制
{
    k++;
    if(k>=t1) ENA=0;              //设置高电平时间为 250μs*t1
    if(k==255)                    //设置周期为 250μs*255=63.75ms
    {
        k=0;
        ENA=1;
    }
}
void Timer1_INT() interrupt 3     //定时器 1 定时产生 ADC0809 工作时钟信号
{
    CLK=~CLK;
}
```

4. 运行结果

在 Proteus 中运行程序，在 ENA 引脚上添加示波器，可以观察单片机输出的 PWM 信号。仿真结果如图 17-9、图 17-10 所示。其中，图 17-9 为单片机随电位器位置调整而输出的 PWM 波变化情况，可以看出，外部输入电压越高，PWM 波的高电平时间越长，占空比越大。图 17-10 为先后按下【正转】、【反转】和【制动】按键后直流电机的运行状态，通过电动机模型角度值的正负可以判断电机是在正转还是反转。

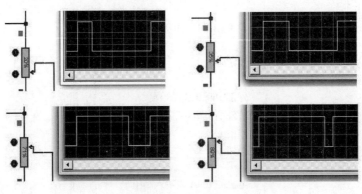

图 17-9　仿真结果 1

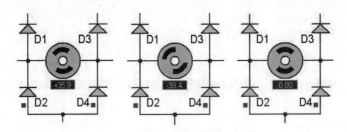

图 17-10　仿真结果 2

17.5　小结

直流电机分为有刷和无刷两种。有刷直流电机是最早、最简单的电动机之一，无刷电机没有电刷，采取的是电子换向，控制电路比较复杂。两种电机的控制都是调压，但由于无刷直流电机采用了电子换向，所以要有数字控制才可以实现，而有刷直流电机是通过碳刷换向的，利用可控硅等传统模拟电路都可以控制，比较简单。

思考与练习

1. 简述直流电机的工作原理。
2. 画出 AT89C51 单片机使用三极管单向驱动直流电机的电路图。

3. 要求用 4 个 NPN 三极管构成 H 桥驱动电路实现直流电机的双向驱动，画出其电路示意图。

4. 什么是脉宽调制（PWM）技术？改变 PWM 波占空比的方法有哪几种？

5. 画出 AT89C51 单片机通过 L298 芯片驱动直流电机的电路原理图。

6. 在图 17-5 的电路中，编程实现直流电机的 PWM 调速，并在 Proteus 软件中仿真，分别给出占空比为 1/3、1/2、2/3 时的 PWM 波形图。

第 18 章

项目十五：AT89C51控制的步进电机调速系统

18.1 步进电机工作原理

18.1.1 步进电机简介

一般电动机都是连续旋转，而步进电机是一步一步转动的，每输入一个脉冲信号，该电动机就转过一定的角度(有的步进电机可以直接输出线位移，称为直线电机)。因此步进电机是一种把脉冲变为角度位移(或直线位移)的执行元件。

步进电机作为执行元件，是机电一体化的关键产品之一，广泛应用在各种自动化控制系统中。步进电机是一种将电脉冲转化为角位移的执行机构。通俗一点讲：当步进驱动器接收到一个脉冲信号，它就驱动步进电机按设定的方向转动一个固定的角度(即步进角)。可以通过控制脉冲个数来控制角位移量，从而达到准确定位的目的；同时可以通过控制脉冲频率来控制电机转动的速度和加速度，从而达到调速的目的。

步进电机分为反应式、永磁式和混合式三种。

反应式步进电机：结构简单成本低，但是动态性能差、效率低、发热大、可靠性难以保证，所以现在基本已经被淘汰。

永磁式步进电机：动态性能好、输出力矩较大，但误差相对来说大一些，因其价格低广泛应用于消费性产品。

混合式步进电机：综合了反应式和永磁式的优点，力矩大、动态性能好、步距角小，精度高，但是结构相对复杂，价格也相对高，主要应用于工业。

18.1.2 步进电机转动机理

图 18-1 所示为一"4 相永磁式"步进电机的内部结构图。它的里圈叫做转子，有 6 个齿，分别标注为 0～5。转子的每个齿上都带有永久的磁性，是一块永磁体；它的外圈跟电机的外壳固定在一起保持不动，称为定子，它上面有 8 个齿，而每个齿上都缠上了一个线圈绕组，正对着的两个齿上的绕组是串联在一起的，所以这两个绕组总是会同时导通或关断，称之为 4 相，

在图中分别标注为 A、B、C、D。

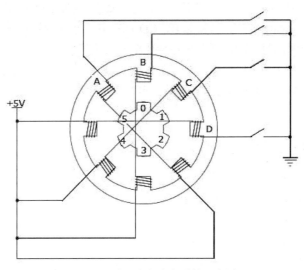

图 18-1 步进电机内部结构示意图

　　假定电机的起始状态如图 18-1 所示，起始时先让 B 相绕组的开关闭合，B 相绕组导通，那么导通电流就会在正上和正下两个定子齿上产生磁性，这两个定子齿上的磁性就会对转子上的 0 和 3 号齿产生最强的吸引力，所以转子的 0 号齿在正上、3 号齿在正下而处于平衡状态。此时我们会发现，转子的 1 号齿与右上的 C 相绕组定子齿呈现一个很小的夹角。计算可知，因为定子一共有 6 个齿，每两个齿之间的角度就是 $360°÷6＝60°$；定子齿一共有 8 个，每两个齿之间的角度就是 $360°÷8＝45°$。所以，1 号齿与右上的定子齿夹角为 $60°-45°＝15°$。2 号齿与右边的 D 相绕组呈现一个稍微大一点的夹角，计算可知该夹角为 30°。左侧的情况也是一样的。

　　接下来，我们把 B 相绕组断开，使 C 相绕组导通。那么，右上的定子齿将对转子 1 号齿产生最大的吸引力，而左下的定子齿将对转子 4 号齿产生最大的吸引力。在这个吸引力的作用下，转子 1、4 号齿将对齐到右上和左下的 C 相绕组定子齿上而保持平衡。如此，转子就逆时针转过了 15°，转子 2、5 号齿与 D 相绕组定子齿夹角也变为 15°。

　　再接下来，断开 C 相绕组，导通 D 相绕组，过程与上述的情况完全相同，将使转子 2、5 号齿与 D 相绕组定子齿对齐，转子又转过了 15°。

　　以此类推，当 B 相绕组再次导通时，就完成了一个 C-D-A-B 的四节拍操作，转子的 0、3 号齿转动到了起始状态下 2、5 齿所对的位置，定子一共逆时针转动了 60°。如果按照 A-D-C-B 的顺序通电，则转子将按照顺时针方向转动。我们把单个节拍使转子转过的角度称为步进角度，这里就是 15°。转子转动一圈共需要 $360°÷15°/拍＝24$ 拍。

　　上述这种工作模式称为步进电机的单四拍模式(单相绕组通电四节拍)。如果在单四拍的每两个节拍之间再插入一个双绕组导通的中间节拍，就可以组成单、双八拍模式。比如，在从 B 相导通到 C 项导通的过程中，加入一个 B 相和 C 相同时导通的节拍。此时，由于 B、C 两个绕组的定子齿分别对转子 0、1 齿同时产生相同的吸引力而保持平衡，这样转子就转过了上述单四拍模式中步进角度的一半，即 7.5 度。

　　继续按照 BC-C-CD-D-DA-A-AB-B 的顺序通电，八拍过后转子逆时针转动 60°，相比单四拍模式，转动精度增加了一倍，转子转动一圈也由 24 拍变为了 48 拍。

除了上述的单四拍和单、双八拍的工作模式外，还有一种双四拍工作模式，也就是采用八拍模式中两个绕组同时通电的方式，按照 BC-CD-DA-AB 的顺序通电，其步进角度同单四拍一样，但由于是两个绕组同时导通，所以扭矩会比单四拍模式要大。

单、双八拍模式是 4 相步进电机的最佳工作模式，能最大限度地发挥电机的各项性能，也是绝大多数工程应用中所选择的模式。下面我们以 28BYJ-48 这款 4 相步进电机为例介绍单片机编程控制方法。

18.1.3　28BYJ-48 型步进电机控制原理

28BYJ-48 步进电机的参数含义如下：

28 ——步进电机的有效最大外径是 28 毫米；

B ——表示是步进电机；

Y ——表示是永磁式；

J ——表示是减速型；

48 ——表示四相八拍。

28BYJ-48 是 4 相永磁式减速步进电机，其外观及内部齿轮结构如图 18-2 所示，电机转子和输出轴之间通过 3 个传动齿轮构成减速机构。

图 18-2　28BYJ-48 步进电机外观及内部齿轮结构

28BYJ-48 型步进电机的参数表如表 18-1 所示，四相八拍模式下电机的步进角是 5.625°，所以每 64 拍电机转一圈。但因为该电机为减速电机，减速比是 1/64，所以实际在输出轴上的步进角是 $5.625°/64 = 0.08789°$，因此输出轴每转 1 圈共需要 4096 拍。

从电机外观图上可以看出，其引出一共有 5 根连接线，其中红色是公共端，接 5V 电源；橙、黄、粉、蓝 4 根线分别对应 A、B、C、D 四相绕组。那么如果要导通 A 相绕组，就只需将橙色线接地即可，依次类推。按照前面所述的八拍工作模式，可以得出表 18-2 所示的绕组控制顺序。

表 18-1　28BYJ-48 步进电机参数表

供电电压	相数	相电阻 Ω	步进角度	减速比	启动频率 P.P.S	转矩 g.cm	噪声 dB	绝缘介电强度
5V	4	50±10%	5.625/64	1:64	≥550	≥300	≤35	600VAC

表 18-2　八拍模式绕组控制顺序表

	1	2	3	4	5	6	7	8
P1-红	V_{CC}	V_{CC}	V_{CC}	V_{CC}	V_{CC}	V_{CC}	V_{CC}	V_{CC}
P2-橙	GND	GND						GND
P3-黄		GND	GND	GND				
P4-粉				GND	GND	GND		
P5-蓝						GND	GND	GND

18.2　AT89C51 控制步进电机的驱动电路设计

单片机的 IO 口可以直接输出 0V 和 5V 电压，但是因为端口的电流驱动能力不足，要想使步进电机转动，必须要在每相绕组的控制线上增加一个三极管来提高其驱动能力。如果用单片机的 $P_{1.0}$~$P_{1.3}$ 引脚分别控制步进电机的 A、B、C、D 四相，使用 4 个 PNP 型三极管 9012 进行电流放大，则设计的电机驱动电路就如图 18-3 所示。在图 18-3 中，P1.0 引脚输出低电平，则 A 相绕组线圈通电；P1.1 引脚输出低电平，则 B 相绕组线圈通电，以此类推。

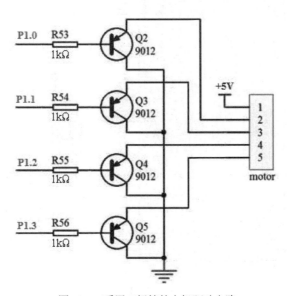

图 18-3　采用三极管的电机驱动电路

也可以使用集成的电机驱动芯片如 L298N、ULN2003A 等。ULN2003A 的引脚功能及内部电路结构如图 18-4 所示。从图上可以看出，ULN2003A 内部是一个 7 路的反向器电路，即当输入端 B 为高电平时输出端 C 为低电平，当输入端 B 为低电平时输出端 C 为高电平。

ULN2003A 内部由 7 组达林顿晶体管阵列、相应的电阻网络以及钳位二极管网络等单元构成，具有同时驱动 7 组负载的能力。其输入端 B 为 5V TTL 电平信号，输出端 C 的驱动电流最大可达 500mA，最大耐压 50V，可直接驱动步进电机、继电器等负载。

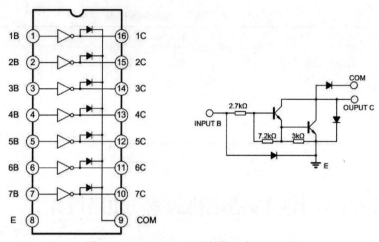

图 18-4　ULN2003A 引脚结构及内部原理图

AT89C51 单片机使用 ULN2003A 芯片驱动四相步进电机的硬件电路如图 18-5 所示。

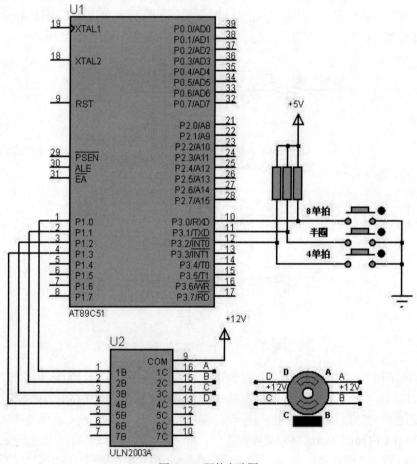

图 18-5　硬件电路图

18.3　AT89C51 控制步进电机的程序编写方法

在图 18-5 的电路中，单片机的 P1.0~P1.3 引脚分别控制步进电机的 A、B、C、D 四相，因为 ULN2003A 的输入和输出是反相的，所以若要使电机的某一相绕组通电，对应的 IO 引脚要输出高电平。由此，可以得到一组八拍控制模式下的 P1 口控制代码：0x01、0x03、0x02、0x06、0x04、0x0C、0x08、0x09。依次把这些代码送到 P1 口，就可以控制电机按照 A-AB-B-BC-C-CD-D-DA 的节拍顺序顺时针转动。

如果要让步进电机逆时针转动，就更改节拍顺序为 A-AD-D-DC-C-CB-B-BA，在 P1 口的控制代码就改为 0x01、0x09、0x08、0x0C、0x04、0x06、0x02、0x03。

接下来还要思考一个问题：两个节拍之间多长时间变换一次？也就是说，一个节拍持续多长时间合适？我们很容易想明白：两个节拍之间变换得越快，电机转动就会越快。所以一个节拍的持续时间长短决定着电机转速的大小，节拍的持续时间越短，电机转速就越大，这就是步进电机的调速原理。

但是，这个持续时间并不是越短越好。我们再看一下表 18-1 中的参数"启动频率"，是指步进电机在空载情况下能够正常启动的最高脉冲频率。如果脉冲频率高于该值，电机就不能正常启动。表中给出的 28BYJ48 型步进电机的启动频率为 ≥550，单位是 P.P.S(每秒脉冲数)，意思就是说：在每秒给出的步进脉冲数不大于 550 个的条件下电机可以正常启动。换算成单节拍持续时间就是 1s÷550=1.8ms。所以为了让电机能够启动，我们控制节拍变换的时间应该大于 1.8ms。

下面，我们按照图 18-5 所示的电路编写步进电机控制程序，当分别按下 P3 口的 3 个按键时，可控制步进电机分别按单双 8 拍控制模式转动一个步进角、按双 4 拍控制模式转动一个步进角、连续转动半圈等三种运行效果。在 Proteus 中，我们设置步进电机模型的步进角为 11.25°，这个参数默认是 4 拍控制模式下的步进角，当采用 8 拍控制模式时，其实际步进角会变为它的一半即 5.625°。控制电机连续转动半圈的程序中，节拍持续时间我们采用延时函数来实现，延时 30ms。

编写的程序代码如下：

```
#include<reg51.h>
sbit K1= P3^0;                //1/8 单拍按键
sbit K2= P3^1;                //半圈按键
sbit K3= P3^2;                //1/4 单拍按键
unsigned char n=0;
static unsigned char step=0;  //使用静态变量保存每一次的节拍
unsigned char code Turning_Code[8]= {0x01,0x03,0x02,0x06,0x04,0x0C,0x08,0x09};
                              //步进电机节拍对应到 IO 口的代码
void delay(unsigned int T)    //ms 延时函数
{
    unsigned int i,j;
    for(j=0;j<T;j++)
        for(i=0;i<110;i++);
}
```

```c
void eight_Step_Motor()          //单双8拍控制模式下转动一个步进角
{
    P1=Turning_Code[step];       //节拍值送到P1口
    step++;                      //步进节拍递增
    step &=0x07;                 //用"与"的方式实现到8归零
}
void four_Step_Motor()           //双4拍控制模式下转动一个步进角
{
    P1=Turning_Code[2*step+1];   //双4拍的节拍值送到P1口
    step++;                      //步进节拍递增
    step &=0x03;                 //用"与"的方式实现到4归零
}
void half_Motor()                //电机转动半圈
{
    for(n=32;n>0;n--)
                                 //单双8拍控制模式下步进角为5.625°，转动180°需要32个节拍
    {
        P1=Turning_Code[step];   //节拍值送到P1口
        step++;                  //步进节拍递增
        step &=0x07;             //用"与"方式实现到8归零
        delay(30);
    }
}
void main()
{
    P1=0x00;                     //先关闭电机所有的相
    while(1)
    {
        P3=0xff;
        if((P3&0x07)!=0x07)
        {
            delay(20);           //延时去抖
            if((P3&0x07)!=0x07)
            {
                if(K1==0)    eight_Step_Motor();
                if(K3==0)    four_Step_Motor();
                if(K2==0)
                {
                    step=0;
                    half_Motor();
                }
                delay(200);      //延时去抖
            }
        }
    }
}
```

在 Proteus 中运行程序代码，效果如图 18-6 所示。分别单次按下【8 单拍】键，电机顺时

针转动了 5.625°（≈5.63°）；按下【4 单拍】键，电机顺时针转动了 11.25°（≈11.3°）；按下【半圈】键，电机顺时针转动了 180°。

图 18-6　按键执行结果

18.4　项目设计

1. 设计内容与要求

在图 18-7 所示的电路中，编程控制步进电机工作。当【正转】键按下时电机顺时针转动，【反转】键按下时电机逆时针转动，【停止】键按下时电机停转；电机的转速由低到高共设置为 1~8 挡，当【加速】键每按下一次，电机转速增加 1 挡，【减速】键每按下一次，转速减小 1 挡；在数码管上同步显示电机的转速挡位。系统上电时电机为停止状态，数码管显示值为 0。

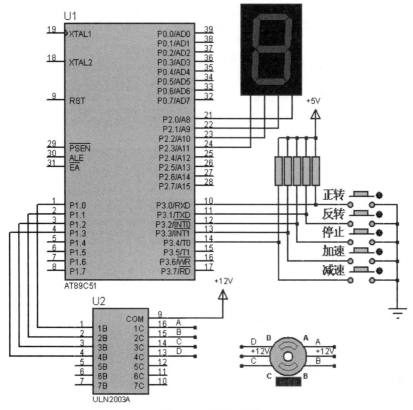

图 18-7　硬件电路图

2. 程序设计

在本项目的程序设计中,对步进电机节拍间隔的时间控制不再采用延时函数的方法,因为程序中如果有长时间的延时,则单片机在此期间就什么也不能干,程序效率太低,这在实际工程应用中是不允许的。既然是每特定时间修改一次节拍,我们完全可以采用定时器来进行控制。在本程序中,我们使用定时器0的模式2实现250μs定时,然后在此基础上再针对不同的速度挡位,设置不同的中断计数值实现对不同挡位节拍时间的控制,最终实现了8挡转速。需要说明的是,因为本程序是对Proteus中的步进电机模型进行控制编程,在8个挡位的中断计数值设置上,仅仅是为了实现最佳的仿真效果而实验得出的,所以没有严格的理论依据。

C语言源程序如下:

```c
#include<reg51.h>
sbit K1= P3^0;                //正转按键
sbit K2= P3^1;                //反转按键
sbit K3= P3^2;                //停止按键
sbit K4= P3^3;                //加速按键
sbit K5= P3^4;                //减速按键
unsigned char Motor_flag=0;   //电机状态标志,0为停止,1为正转,2为反转
unsigned char Speed_gear=0;   //挡位值
unsigned char buf,n=0;
static unsigned char step=0;  //使用静态变量保存每一次的节拍
unsigned char code Turning_Code[8]= {0x01,0x03,0x02,0x06,0x04,0x0C,0x08,0x09};
                              //步进电机正转节拍代码
unsigned char code    reverse_Code[8]={0x01,0x09,0x08,0x0C,0x04,0x06,0x02,0x03};
                              //步进电机反转节拍代码
void Turning_Motor()         //电机正转函数
{
    Motor_flag=1;
    n=0;
    step=0;
}
void reverse_Motor()         //电机反转函数
{
    Motor_flag=2;
    n=0;
    step=0;
}
void Stop_Motor()            //电机停转函数
{
    Speed_gear=0;
    Motor_flag=0;
    P1=0x00;                 //关闭电机所有的相
}
void Speed_Up()              //电机加速函数
{
    if(Speed_gear<8)
    {
        Speed_gear++;
```

```
        n=0;
    }
}
void Speed_Down()                          //电机减速函数
{
    if(Speed_gear>1)
    {
        Speed_gear--;
        n=0;
    }
}
void delay(unsigned int T)                 //ms 延时函数
{
    unsigned int i,j;
    for(i=0;i<110;i++)
        for(j=0;j<T;j++);
}
void main()
{
    TMOD=0x02;                             //配置 T0 工作在模式 2，定时 250μs
    TH0=6;
    TL0=6;
    ET0=1;
    EA=1;
    TR0=1;
    P2=0x00;
    while(1)
    {
        P3=0xff;
        if((P3&0x1f)!=0x1f)
        {
            delay(20);                     //延时 20ms 去抖
            if((P3&0x1f)!=0x1f)
            {
                if(K1==0) Turning_Motor();
                if(K2==0) reverse_Motor();
                if(K3==0) Stop_Motor();
                if(K4==0) Speed_Up();
                if(K5==0) Speed_Down();
                P2=Speed_gear;
                delay(200);                //延时 200ms 去抖
            }
        }
    }
}
void InterruptTimer0() interrupt 1         //用定时器中断控制步进电机转速，定时 250μs
{
    n++;
    if(Motor_flag==1)
```

```
        if(n==(200-(20*Speed_gear)))
                                            //通过中断次数控制节拍时间间隔，从而控制电机转速
        {
            P1=Turning_Code[step];          //节拍值送到 P1 口
            step++;                         //步进节拍递增
            step &=0x07;                    //用"与"方式实现到 8 归零
            n=0;
        }
    else if(Motor_flag==2)
        if(n==(200-(20*Speed_gear)))
                                            //通过中断次数控制节拍时间间隔，从而控制电机转速
        {
            P1=reverse_Code[step];          //节拍值送到 P1 口
            step++;                         //步进节拍递增
            step &=0x07;                    //用"与"方式实现到 8 归零
            n=0;
        }
    else if(Motor_flag==0)   P1=0x00;       //关闭电机所有的相
}
```

3. 运行结果

在 Proteus 中运行程序，上电时数码管显示数字 0；当按下【正转】或【反转】按键时电机开始按顺时针或逆时针转动；按下【加速】或【减速】按键，速度档位置会随之改变并在数码管上同步显示，步进电机转速也会有明显变化，图 18-8 为挡位调整到 3 时的仿真片段；按下【停止】键则步进电机停止转动。

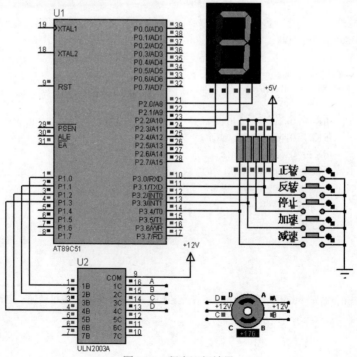

图 18-8　程序运行结果

18.5　小结

随着微电子和计算机技术的发展，步进电机的需求量与日俱增，在各个国民经济领域都有应用。步进电机有下面几个主要特点：

(1) 精度。

一般步进电机的精度误差为步距角的 3%～5%，且不累积。

(2) 步进电机外表允许的最高温度。

步进电机温度过高首先会使电机的磁性材料退磁，从而导致力矩下降乃至于失步，因此电机外表允许的最高温度取决于不同电机磁性材料的退磁点；一般来讲，磁性材料的退磁点都在摄氏 130 度以上，有的甚至高达摄氏 200 度以上，所以步进电机外表温度在摄氏 80～90 度完全正常。

(3) 步进电机的力矩会随转速的升高而下降。

当步进电机转动时，电机各相绕组的电感将形成一个反向电动势；频率越高，反向电动势越大。在它的作用下，电机随频率(或速度)的增大而相电流减小，从而导致力矩下降。

(4) 步进电机低速时可以正常运转，但若高于一定速度就无法启动，并伴有啸叫声。

步进电机有一个技术参数：空载启动频率，即步进电机在空载情况下能够正常启动的脉冲频率。如果脉冲频率高于该值，电机不能正常启动，可能发生丢步或堵转。在有负载的情况下，启动频率应更低。如果要使电机达到高速转动，脉冲频率应该有加速过程，即启动频率较低，然后按一定加速度升到所希望的高频(电机转速从低速升到高速)。

步进电机以其显著的特点，在数字化制造时代发挥着重大的用途。伴随着不同的数字化技术的发展以及步进电机本身技术的不断提高，步进电机也将会在更多的领域得到应用。

思考与练习

1. 什么是步进电机的步进角？
2. 步进电机的角位移量和转动速度是由什么决定的？
3. 什么是步进电机的启动频率？若启动频率为 500 P.P.S，则电机在启动时的节拍变换时间应不小于多少？
4. 画出 AT89C51 单片机连接 28BYJ-48 步进电机的驱动电路。
5. 在 Proteus 软件中画出图 18-5 所示的电路图，编写程序并仿真，当分别按下图中 3 个按键时，步进电机实现正转、反转和制动功能。

第 19 章

项目十六：AT89C51单片机多级通信

随着自动化技术的不断发展，单片机构成的单机控制系统已不能满足控制需求，由计算机和单片机构成的多机分布式控制网络已成为单片机技术发展的重要方向，在分布式安防、分布式火灾报警系统、远程集中抄表系统、智能家居等领域有着广泛的应用。多机分布式控制主要通过单片机串行口的多机通信技术来实现。

19.1 单片机多机通信原理

多机通信系统由一个主机和多个从机构成。通信过程由主机控制，每个从机都可以跟主机通信。主机可以向从机发送数据，或者从从机接收数据，从机之间不能相互通信。多机通信连接示意图如图 19-1 所示。

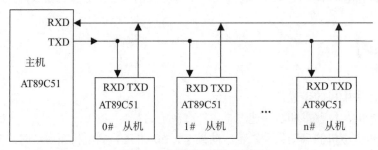

图 19-1   多机通信连接示意图

每个从机都分配一个地址，可以存在非掉电易失的存储器中，但从外部难以识别。通常采用从单片机外部引脚设置地址数据的方法，如图 19-2 所示，三个从机的地址通过 P1 口外接电平来确定，分别为 0x01、0x02、0x03。单片机通过发送从机地址来选择与其通信的从机。

由前面学习的 51 单片机串口工作原理我们知道，控制寄存器 SCON 的 SM2 为多机通信控制位。在方式 2 或 3 中，通信数据为 11 位帧格式，RB8 作为接收方收到的第 9 位数据。在多机通信时，设置所有从机的 SM2＝1。此时，在方式 2 或 3 接收时会分为两种情况：

(1) 如果收到的第九位数据 RB8 ＝ 0，将接收到的前 8 位数据丢弃，不置位接收中断标志位 RI；

(2) 如果收到的第九位数据 RB8 = 1，将接收到的前 8 位数据送入 SBUF，并置位接收中断标志位 RI 产生中断请求。

当从机的 SM2=0 时，可接收主机发送过来的所有信息。

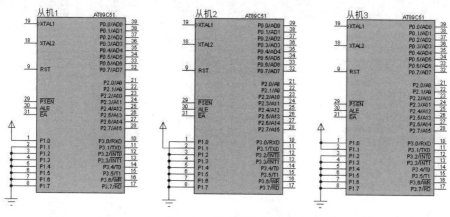

图 19-2　从机地址设置电路

利用上述方式 2、3 的特性，即可实现 51 系列单片机的多机通信。通信过程约定：主机发送的信息分为地址帧和数据帧两种，若 TB8 = 1，代表发送的是地址帧；若 TB8 = 0，代表发送的是数据帧。多机通信的过程如下：

(1) 所有从机 SM2 均置 1，处于只接地址帧状态。

(2) 主机先发送一个地址帧，其中前 8 位数据表示地址，第 9 位为 1，表示该帧为地址帧。

(3) 所有从机接收到地址帧后，把接收到的地址与自身地址相比较。如果地址相符，就将 SM2 清零，脱离多机状态；如果地址不相符，则不作任何处理，保持 SM2＝1。

(4) 主机接下来发送数据帧。此时，地址相符的从机 SM2=0，可以接收到所有信息；地址不符的从机 SM2=1，因收到的 RB8=0，所以不予理睬。这样就实现了主机与地址相符的从机之间的双机通信。

(5) 被寻址的从机每次收到主机发来的信息帧后都要判断 RB8 是否为 1，若 RB8=1，表明本次通信结束，收到的为地址帧。如果与自身地址不相符，就置 SM2=1，恢复多机通信模式。

19.2　AT89C51 单片机多机通信程序设计

下面，我们以一个简单的 1 主 3 从全双工多机通信任务为例，介绍 51 系列单片机的多机通信编程方法。在图 19-3 所示的仿真电路中有一个主机单元和三个从机单元，通过串行口组成多机通信网络，三个从机的地址由 P1 口电平数据确定，分别为 0x01、0x02、0x03。主机的 P0 口外接两位数码管，P2 口外接四个按键，分别为【读从机 1】、【读从机 2】、【读从机 3】和【清零】；三个从机的电路一样，外接数码管和按键，可以通过按键设置数码管上显示的数据大小。这里注意，从机串口的 TXD 引脚是同主机的 RXD 引脚接在一起，从机的 RXD 引脚同主机的 TXD 引脚接在一起。

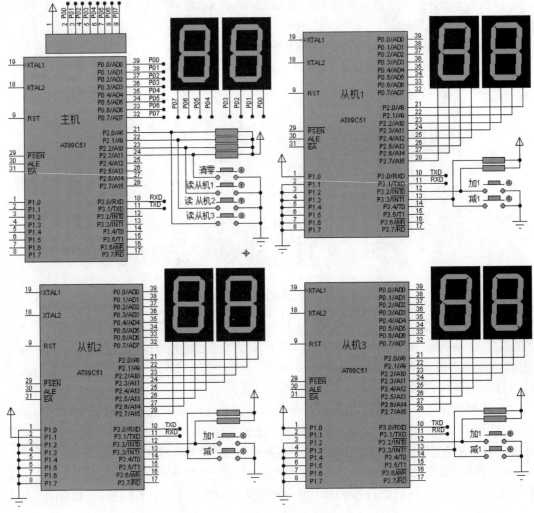

图19-3　多机通信仿真电路图

对照图19-3中的电路，编程实现以下功能：

(1) 从机上电时数码管显示00，可通过按键设置本机数码管上的数据，数据格式为十进制，最大到99；

(2) 主机上电时数码管显示99，分别按下【读从机1】、【读从机2】和【读从机3】按键时，对应从机数码管上的数据发送并显示在主机数码管上；当按下【清零】键时，三个从机的数码管数据全部清零。

在理解了51系列单片机多机通信工作原理后，我们可以画出主机和从机在编程时的基本流程。如图19-4所示，左边为主机控制多机通信的工作流程，右边为从机完成多机通信的工作流程。主机发送完从机地址后，接下来会发送命令字告诉从机要干什么，然后再根据命令进行数据的发送或接收；从机在被寻址到后先将SM2清零，然后接收命令字，再根据命令字执行发送或者接收数据的操作；当主机发送新的地址帧时，之前通信的从机就会自动把SM2置1回到初始通信状态。

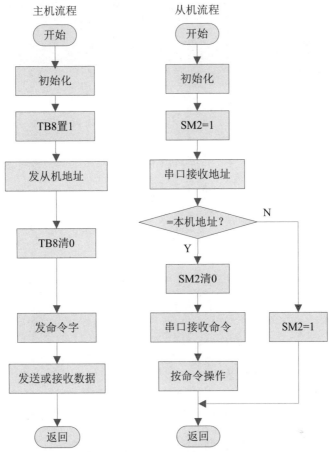

图 19-4 单片机多机通信基本流程

编写的主机和从机的 C 语言源程序分别如下：

(1) 主机程序

```c
#include<reg51.h>
#define adress1 0x01              //定义从机地址
#define adress2 0x02
#define adress3 0x03
#define READDATA 0x11             //定义"读从机数据"命令字
#define CLEARDATA 0x12            //定义"从机数据清零"命令字
sbit K1=P2^3;                     //清零键
sbit K2=P2^2;                     //读从机1键
sbit K3=P2^1;                     //读从机2键
sbit K4=P2^0;                     //读从机3键
unsigned char ADR,dis_data=99;
void CLEAR_SEVER()
{
    TB8=1;
    SBUF=ADR;
    while(!TI);
```

```
        TI=0;
        TB8=0;
        SBUF=CLEARDATA;
        while(!TI);
        TI=0;
    }
    void CLEAR_ALL_SEVERS()
    {
        ADR=adress1;
        CLEAR_SEVER();                  //从机1数据清零
        ADR=adress2;
        CLEAR_SEVER();                  //从机2数据清零
        ADR=adress3;
        CLEAR_SEVER();                  //从机3数据清零
    }
    void READ_SEVER()
    {
        TB8=1;
        SBUF=ADR;
        while(!TI);
        TI=0;
        TB8=0;
        SBUF=READDATA;
        while(!TI);
        TI=0;
        while(!RI);                     //等待接收数据
        RI=0;
        ACC=SBUF;
        dis_data=ACC;
    }
    void main()
    {
        SCON=0xd0;                      //串口为工作方式3，允许接收
        TMOD=0x20;
        TH1=0xfd;                       //波特率为9600
        TL1=0xfd;
        TR1=1;
        P0=dis_data;
        while(1)
        {
            if(K1==0)
            {
                while(!K1);
                CLEAR_ALL_SEVERS();
            }
            if(K2==0)
```

```
    {
        while(!K2);
        ADR=adress1;
        READ_SEVER();
    }
    if(K3==0)
    {
        while(!K3);
        ADR=adress2;
        READ_SEVER();
    }
    if(K4==0)
    {
        while(!K4);
        ADR=adress3;
        READ_SEVER();
    }
    P0=((dis_data/10)<<4)|(dis_data%10);        //将数值变为十进制后送 P0 口显示
    }
}
```

(2) 从机程序

```
#include<reg51.h>
#define READDATA 0x11                    //"读从机数据"命令字
#define CLEARDATA 0x12                   //"从机数据清零"命令字
sbit K1=P3^2;                            //加 1 键
sbit K2=P3^3;                            //减 1 键
unsigned char adress,buf;
unsigned char dis_data=0;
void main()
{
    SCON=0xf0;                           //串口为工作方式 3，允许接收，SM2=1
    TMOD=0x20;
    TH1=0xfd;                            //波特率为 9600
    TL1=0xfd;
    TR1=1;
    ES=1;
    EA=1;
    P1=0xff;
    adress=P1;
    while(1)
    {
        P2=((dis_data/10)<<4)|(dis_data%10);
                                         //将数值变为十进制后送 P2 口显示
        if(K1==0)
        {
```

```
            while(!K1);                                    //等待按键抬起
            if(dis_data<99) dis_data++;
        }
        if(K2==0)
        {
            while(!K2);
            if(dis_data>0) dis_data--;
        }
    }
}
void SERIAL_INT()interrupt 4
{
    if(TI) TI=0;
    else
    {
        RI=0;
        buf=SBUF;
        if(RB8==1)                                        //RB8=1 为地址帧
        {
            if(adress==buf)   SM2=0;                       //地址相符，SM2 清零
            else SM2=1;                                    //地址不相符，SM2 置 1
        }
        else                                              //RB8=0 为数据帧
        {
            switch(buf)                                    //判断接收的命令字，按命令完成操作
            {
                case READDATA: SBUF=dis_data;  break;
                                                          //将数码管上的数据发送给主机
                case CLEARDATA: dis_data=0;    break;      //数码管数据清零
                default: break;
            }
        }
    }
}
```

　　将编译后的程序下载到 Proteus 仿真软件中运行，按照按键功能进行操作，得到的仿真结果分别如图 19-5、图 19-6 和图 19-7 所示。图 19-5 为三个从机通过按键设置数码管数值后的片段，可以看到主机在上电后数码管初始数据为 99，与任务要求一致；图 19-6 为主机的【读从机 1】按键按下后的结果，可以看到主机数码管上的数据变成了从机 1 上的数据 17，再分别读取其它从机的数据，执行效果一样；图 19-7 为主机的【清零】键按下后的结果，三个从机数码管上的数据全部变成了 0，完成了清零操作。

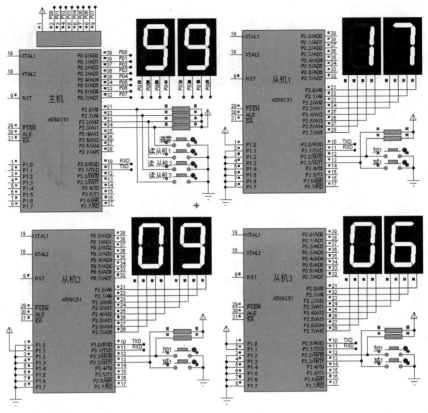

图 19-5 多机通信仿真片段 1

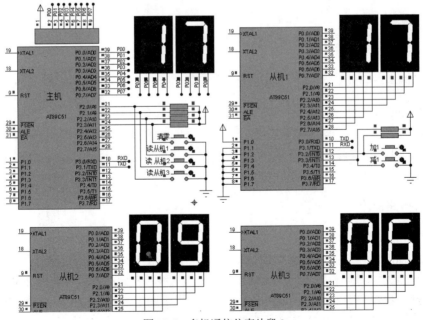

图 19-6 多机通信仿真片段 2

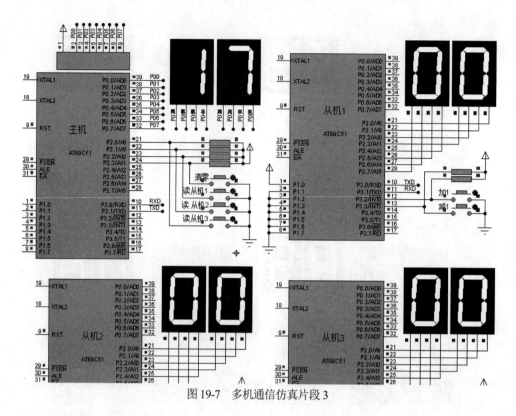

图 19-7　多机通信仿真片段 3

要想更清晰地了解整个通信过程，还可以在串口的 TXD、RXD 线上分别放置串口调试器，逐步观察主机和从机发送的每一个数据。

19.3　项目设计

1. 设计内容与要求

利用 AT89C51 单片机设计一个"1 主 4 从"的分布式多点温度采集系统，各采集点的从机通过 DS18B20 温度传感器实时测量温度，在收到主机发来的读数据命令后，将采取的温度值发送给主机；主机利用数码管间隔 2 秒钟轮流显示各节点的编号及其温度值。先完成系统硬件电路的设计，再编写程序实现所要求的功能。

2. 硬件电路设计

硬件电路的设计包括主机电路和从机电路，4 个从机除了地址设置不一样外，其它电路完全一样，设计完成的主机和从机硬件电路如图 19-8 所示。主机采用 6 位共阳数码管进行节点编号和温度值的显示，数码管的段选线接 P2 口，6 根位选线从左到右分别接在 P1.2~P1.7 引脚；4 个从机的地址分别为 1、2、3、4，通过 P1 口的外接电平确定，每个从机的 P3.7 引脚都接了一个 DS18B20 温度传感器。DS18B20 为单线数字温度传感器，同单片机的连接只需一根数据线和地线，且其工作电源可由数据线提供，不需外接电源。

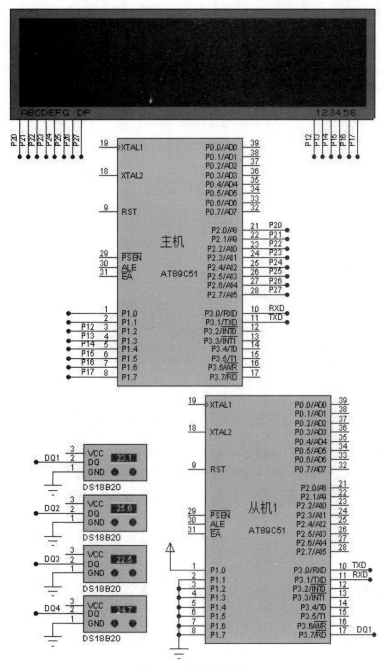

图 19-8 系统硬件电路

3. 程序设计

(1) 主机程序

主机采用 6 位数码管显示节点编号和温度值，在编程时，设置编号为 1 位显示在最左边，温度值为 3 位显示在最右边，数据格式及范围为 00.0~99.9，单位为℃。主机间隔 2 秒钟轮流读取 次从机数据，时间控制通过定时器 0 中断来实现，读数据命令字设定为 0x11，串口波特率采用 9600b/s。

编写的主机 C 语言源程序代码如下：

```c
#include<reg51.h>
#define READDATA 0x11                    //"读从机数据"命令字
unsigned char i,n=0,k=0,ADR;
unsigned char dis_data[6]={0x00,0x00,0x00,0x0A,0x0A,0x00};
unsigned char rec_data[3];
unsigned int t;
unsigned char dis_code[]=
    {0xc0,0xf9,0xa4,0xb0,0x99,0x92,0x82,0xf8,0x80,0x90,0xff};
                                         //0~9 共阳极七段码
unsigned char adress[4]={0x01,0x02,0x03,0x04};    //从机地址列表
void READ_SEVER()                        //读从机数据函数
{
    TB8=1;                               //发送地址帧
    SBUF=ADR;
    while(!TI);
    TI=0;
    TB8=0;                               //发送数据帧
    SBUF=READDATA;
    while(!TI);
    TI=0;
    for(i=0;i<3;i++)                     //接收 3 个字节温度数据
    {
        while(!RI);                      //等待接收数据
        RI=0;
        rec_data[i]=SBUF;                //读取串口数据
    }
}
void main()
{
    SCON=0xd0;                           //串口为工作方式 3，允许接收
    TMOD=0x21;
    TH0=(65536-110592/12/10)/256;        //定时 1ms
    TL0=(65536-110592/12/10)%256;
    TH1=0xfd;                            //波特率为 9600
    TL1=0xfd;
    TR1=1;
    TR0=1;
    ET0=1;
    EA=1;
    while(1);
}
void Timer0_int() interrupt 1
{
```

```
        P2=0xff;                              //消隐
        TH0=(65536-110592/12/10)/256;         //定时 1ms
        TL0=(65536-110592/12/10)%256;
        P1=0x80>>k;                           //送位选信号
        if(k==1) P2=(dis_code[dis_data[k]])&0x7f;   //送段选信号，温度个位加小数点
        else P2=dis_code[dis_data[k]];        //其它位不加小数点
        k++;
        t++;
        if(k==6) k=0;
        if(t==2000)                           //定时够 2 秒
        {
            ET0=0;                            //关定时器 0 中断
            ADR=adress[n];                    //从地址列表中读取从机地址
            READ_SEVER();                     //读从机数据
            dis_data[0]=rec_data[0];          //接收的温度值送显存
            dis_data[1]=rec_data[1];
            dis_data[2]=rec_data[2];
            dis_data[5]=ADR;
            n++;
            if(n>3) n=0;
            t=0;
            ET0=1;                            //开定时器 0 中断
        }
}
```

(2) 从机程序

从机在运行时连续启动并读取 DS18B20 的温度数据，并将温度值按照十进制数格式处理成 2 位整数 1 位小数，分别存放在 3 个字节中。当收到主机发送过来的命令后，将 3 个字节的温度值按照先低位后高位的顺序依次发送给主机。关于 DS18B20 的数据通信协议及编程方法不是本章介绍的重点，在此不做详细阐述。

编写的从机 C 语言源程序代码如下：

```
#include<reg51.h>
#include <intrins.h>
#include<stdio.h>
#define READDATA 0x11                         //"读从机数据"命令字
#define uchar unsigned char
#define uint unsigned int
#define ulong unsigned long
unsigned char adress,buf,n=0;
unsigned char TEMP_discode[3];
sbit DQ=P3^7;                                 //18B20 数据引脚
float TEMP_18B20;
unsigned int TEMP_data;
void delay(uint x)
{
```

```
    while(--x);
}


/************18B20 初始化************/
void Init_Ds18b20()
{
    DQ=1;
    delay(8);
    DQ=0;
    delay(90);
    DQ=1;
    delay(8);
    delay(100);
}
/**********写一个字节数据************/
void Write_One_Byte(unsigned char dat)
{
    unsigned char j=0;
    for(j=8;j>0;j--)
    {
        DQ=0;
        _nop_();
        DQ=dat&0x01;
        delay(5);
        DQ=1;
        dat>>=1;
    }
}
/**********读一个字节数据************/
uchar Read_One_Byte()
{
    unsigned char j=0;
    unsigned char dat=0;
    DQ=1;
    _nop_();
    for(j=8;j>0;j--)
    {
        DQ=0;
        _nop_();
        dat>>=1;
        DQ = 1;
        _nop_();
        _nop_();
        if(DQ) dat|=0x80;
        delay(30);
        DQ=1;
```

```
        }
        return (dat);
}
/**********获取 DS18B20 温度***********/
void Get_18B20()
{
        unsigned int wendu;
        unsigned char tempL,tempH;
        Init_Ds18b20();
        Write_One_Byte(0xcc);            //跳过读序列号的操作
        Write_One_Byte(0x44);            //启动温度转换
        Init_Ds18b20();
        Write_One_Byte(0xcc);            //跳过读序列号的操作
        Write_One_Byte(0xbe);            //读 9 位温度值
        tempL=Read_One_Byte();
        tempH=Read_One_Byte();
        wendu=tempH*256+tempL;
        TEMP_18B20=(0.0625*wendu);
}
void main()
{
    SCON=0xf0;                       //串口为工作方式 3，允许接收，SM2=1
    TMOD=0x20;
    TH1=0xfd;                        //波特率为 9600
    TL1=0xfd;
    TR1=1;
    ES=1;
    EA=1;
    P1=0xff;
    adress=P1;
    while(1)
    {
        Get_18B20();
        TEMP_data=TEMP_18B20*10;
        TEMP_discode[0]=TEMP_data%10;
        TEMP_discode[1]=TEMP_data%100/10;
        TEMP_discode[2]=TEMP_data/100%10;
    }
}
void SERIAL_INT()interrupt 4
{
    if(TI)
    {
        TI=0;
        n++;
        if(n<3)
```

```
            SBUF=TEMP_discode[n];            //3 个字节未发完，接着发下一个字节
        else n=0;
    }
    else
    {
        RI=0;
        buf=SBUF;
        if(RB8==1)                           //RB8=1 为地址帧
        {
            if(adress==buf)    SM2=0;        //地址相符，SM2 清零
            else SM2=1;                      //地址不相符，SM2 置 1
        }
        else
        {
            if(buf==READDATA)
                SBUF=TEMP_discode[0];        //发送第一个字节
        }
    }
}
```

4. 运行结果

在 Proteus 中运行程序，可以看到主机的数码管上轮流显示着每一个节点的编号和温度数据，间隔 2 秒钟自动切换一次。仿真片段分别如图 19-9、图 19-10 和图 19-11 所示。从图中可以看出，每个节点的 DS18B20 温度值与主机数码管上的显示值完全一致。当调整各节点 DS18B20 的仿真温度时，主机数码管的显示结果也会随之更新，做到了实时测量和采集。

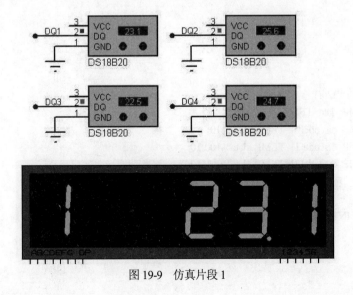

图 19-9　仿真片段 1

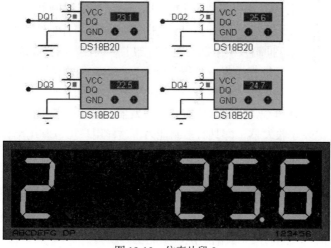

图 19-10　仿真片段 2

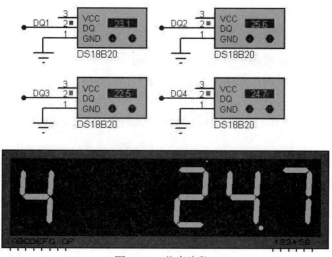

图 19-11　仿真片段 3

19.4　小结

单片机的多机通信在实际工程应用中，从机的地址设置可以采用拨码开关来实现，这样可以提高从机单元使用的灵活性。此外，应用时还需要考虑下面 2 个问题：

1. 通信距离

单片机的分布式控制系统往往距离都比较远，所以在进行串行通信时不能直接使用串口的 TTL 电平，通常要使用电平转换芯片将单片机的串口变为 RS-232C 或 RS-485 通信接口。

RS-232C 通信接口的传输距离有限，最大直接传输距离标准值为 15 米，在实际应用中，当使用 9600bps 传输速率的普通屏蔽双绞线时，距离可达 35 米。RS-485 通信接口的数据传输速率最高为 10Mbps，最大传输距离标准值为 1200 米，实际上可达 3000 米。

　　在要求通信距离为几十米到上千米时，广泛采用 RS-485 串行总线标准。RS-485 采用平衡发送和差分接收，因此具有抑制共模干扰的能力。加上总线收发器具有高灵敏度，能检测低至 200mV 的电压，故传输信号能在千米以外得到恢复。RS-485 采用半双工工作方式，任何时候只能有一点处于发送状态，因此，发送电路须由使能信号加以控制。

　　另外 RS-232C 接口在总线上只允许连接 1 个收发器，即单站能力。而 RS-485 接口在总线上是允许连接多达 128 个收发器。即具有多站能力，这样用户可以利用单一的 RS-485 接口方便地联网构成分布式系统。

2. 通信协议

　　多机通信的通信协议除了波特率外，还有像命令格式、数据格式、通信流程、数据校验方法等，这些都可以根据实际需要来灵活约定，不能生搬硬套。

思考与练习

1. 什么是单片机的多机通信？在生活中有哪些应用实例？
2. 简述 MCS-51 单片机多机通信的基本工作过程。
3. 在通信距离较远时是否可以直接使用 TTL 电平标准通信？通常要怎么做？
4. 若有 3 个 AT89C51 单片机实现 1 主 2 从多机通信，试画出其电路连接图。设从机的地址分别为 11 和 12。
5. 利用图 19-8 的电路编写程序，实现在主机的数码管上实时显示 4 个测温点的平均温度。

ASCII码表

	高位	0H	1H	2H	3H	4H	5H	6H	7H
低位		000	001	010	011	100	101	110	111
0H	0000	NUL	DLE	(space)	0	@	P	`	p
1H	0001	SOH	DC1	!	1	A	Q	a	q
2H	0010	STX	DC2	"	2	B	R	b	r
3H	0011	ETX	DC3	#	3	C	X	c	s
4H	0100	EOT	DC4	$	4	D	T	d	t
5H	0101	ENQ	NAK	%	5	E	U	e	u
6H	0110	ACK	SYN	&	6	F	V	f	v
7H	0111	BEL	TB	,	7	G	W	g	w
8H	1000	BS	CAN	(	8	H	X	h	x
9H	1001	HT	EM	)	9	I	Y	i	y
AH	1010	LF	SUB	*	:	J	Z	j	z
BH	1011	VT	ESC	+	;	K	[	k	{
CH	1100	FF	FS	,	<	L	\	l		
DH	1101	CR	GS	-	=	M	]	m	}
EH	1110	SO	RS	.	>	N	^	n	~
FH	1111	SI	US	/	?	O	—	o	DEL

附录 B

C51库函数

B.1　本征函数 intrins.h

1. _crol_

原型：unsigned char_crol_(unsigned char val，unsigned char n);
功能：将字符型数据 val 循环左移 *n* 位。

2. _cror_

原型：unsigned char_cror_(unsigned char val，unsigned char n);
功能：将字符型数据 val 循环右移 *n* 位。

3. _irol_

原型：unsigned int_irol_(unsigned int val，unsigned char n);
功能：将整数数据 val 循环左移 *n* 位。

4. _iror_

原型：unsigned int_iror_(unsigned int val，unsigned char n);
功能：将整数数据 val 循环右移 *n* 位。

5. _irol_

原型：unsigned long_irol_(unsigned long val，unsigned char n);
功能：将长整数数据 val 循环左移 *n* 位。

6. _iror_

原型：unsigned long_iror_(unsigned long val，unsigned char n);
功能：将长整数数据 val 循环右移 *n* 位。

7. _chkfloat_

原型：unsigned char_chkfloat_(float ual);
功能：测试并返回浮点数状态。

8. _nop_

原型：void_nop_(void);
功能：产生一个 NOP 指令，延时一个指令周期。

9. _testbit_

原型：bit_testbit_(bit x);
功能：对字节中的变量进行测试，若值为 1 则返回 1 并置 0，否则返回 0。

B.2　绝对地址存取库函数 absacc.h

以下宏定义对单片机进行绝对地址访问，CBYTE 寻址 code 区，DBYTE 寻址 data 区，PBYTE 寻址分页 pdata 区，XBYTE 寻址 xdata 区，以数据类型 char 为存取对象：

#define CBYTE ((unsigned char volatile code*) 0x50000L)

#define DBYTE ((unsigned char volatile data*) 0x40000L)

#define PBYTE ((unsigned char volatile pdata *) 0x30000L)

#define XBYTE ((unsigned char volatile xdata *) 0x20000L)

CWORD、DWORD、PWORD、XWORD 与上面 4 个功能类似，只是以数据类型 int 为存取对象：

#define CWORD ((unsigned int volatile code*) 0x50000L)

#define DWORD ((unsigned int volatile data*) 0x40000L)

#define PWORD ((unsigned int volatile pdata *) 0x30000L)

#define XWORD ((unsigned int volatile xdata *) 0x20000L)

B.3　数学函数 math.h

1. cabs

原型：extern char cabs(char val);
功能：计算并返回 val 的绝对值，为 char 型。

2. abs

原型：extern int abs(int val);
功能：计算并返回 val 的绝对值，为 int 型。

3. labs

原型：extern long labs(long val);
功能：计算并返回 val 的绝对值，为 long 型。

4. fabs

原型：extern float fabs(float val);
功能：计算并返回 val 的绝对值，为 float 型。

5. sqrt

原型：extern float sqrt(float val);
功能：返回 x 的正平方根。

6. exp

原型：extern float exp(float val);
功能：计算以 e 为底 x 的幂并返回计算结果。

7. log

原型：extern float log(float val);
功能：返回自然对数。

8. log10

原型：extern float log10(float val);
功能：返回以 10 为底的对数。

9. sin

原型：extern float sin(float val)； extern float cos(float val)；extern float tan(float val);
功能：返回相应的三角函数值，值域为 $-\pi/2 \sim +\pi/2$。

10. asin

原型：extern float asin(float val)；extern float acos(float val)；extern float atan(float val);
功能：返回相应的反三角函数值，值域为 $-\pi/2 \sim +\pi/2$。

11. sinh

原型：extern float sinh(float val)；extern float cosh(float val)；extern float tanh(float val);
功能：返回 x 相应的双曲函数值。

12. atan2

原型：extern float atan2(float y，float x);

功能：返回 x/y 的反正切值，值域为$-\pi\sim+\pi$。

13. ceil

原型：extern float ceil(float val)；
功能：返回一个不小于 val 的最小整数。

14. floor

原型：extern float floor(float val)；
功能：返回一个不大于 val 的最大整数。

15. modf

原型：extern float modf(float val，float *n)；
功能：将浮点数 val 分为整数和小数两部分，两者的符号与 val 相同，整数部分放入*n，小数部分作为返回值。

16. fmod

原型：extern float fmod(float x，float y)；
功能：返回 x/y 的余数。

17. pow

原型：extern float pow(float x，float y)；
功能：返回 x 的 y 次方。

B.4 输入/输出库函数 stdio.h

1. getkey

原型：char_getkey(void)；
功能：从单片机串口读入一个字符，然后等待字符输入。

2. getchar

原型：char getchar(void)；
功能：该函数使用_getkey()函数从串口读入字符，并将读入的字符立即给 putchar()函数输出。

3. ungetchar

原型：char ungetchar(char)；
功能：将输入的字符回送输入缓冲区，成功返回 char，否则返回 EOF。

4. putchar

原型：char putchar(char);
功能：通过单片机的串口输出字符，与_getkey()函数一样。

5. printf

原型：int printf(const char *，...);
功能：以一定的格式通过单片机串行口输出数值和字符串，返回值为实际输出的字符数。

6. sprint

原型：int sprint(char *，const char *，...);
功能：通过一个指针 S 将数据送入可寻址的内存缓冲区，并以 ASCII 码的形式存储。

7. vprintf

原型：int vprintf(const char *，char *);
功能：将格式化字符串和数据值输出到指针。

8. gets

原型：char *gets(char *，int n);
功能：该函数通过 getchar 从控制台设备读入一个字符送入由 s 指向的数据组，考虑到 ANSI 标准的建议，限制每次调用时能读入的最大字符数，函数提供了一个字符计数器 n，在所有情况下，当检测到换行符时，放弃字符输入。

9. scanf

原型：int scanf(const char *，...);
功能：scanf 在格式串控制下，利用 getchar 函数由控制台读入数据，每遇到一个值(符号格式串规定)，就将它按顺序赋给每个参量，注意每个参量必须都是指针。scanf 返回它所发现并转换的输入项数。若遇到错误，则返回 EOF。

10. sscanf

原型：int sscanf(char *，const char *，...);
功能：sscanf 与 scanf 方式相似，但串输入不是通过控制台，而是通过另一个以空结束的指针。

11. puts

原型：int puts(const char *);
功能：puts 将串 s 和换行符写入控制台设备，错误时返回 EOF，否则返回一非负数。

B.5　字符串函数 string.h

1. memcopy

原型：extern void *memcopy(void *dest，void *src，int len)；

功能：该函数将 src 中 len 个字符复制到 dest 中，返回指向 dest 的指针。

2. memccpy

原型：extern void *memccpy(void *dest，void *src，char val，int len)；

功能：memccpy 复制 src 中 len 个字符到 dest 中，如果实际复制了 len 个字符，则返回 NULL。复制过程在复制完字符 val 后停止，此时返回指向 dest 中下一个元素的指针。

3. memmove

原型：extern void *memmove(void *dest，void *src，int len)；

功能：memmove 工作方式与 memcopy 相同，但复制区可以交迭。

4. memchr

原型：extern void *memchr(void *sl，char val，int len)；

功能：memchr 顺序搜索 s1 中的 len 个字符找出字符 val，成功时返回 s1 中指向 val 的指针，失败时返回 NULL。

5. memcmp

原型：extern char memcmp(void *sl，void *s2，int len)；

功能：memcmp 逐个字符比较串 s1 和 s2 的前 len 个字符。相等时返回 0，如果串 s1 大于或小于 s2，则相应返回一个正数或负数。

6. memset

原型：extern void *memset(void *s，char val，int len)；

功能：memset 将 val 值填充指针 s 中 len 个单元。

7. strcat

原型：extern char *strcat(char *s1，char *s2)；

功能：strcat 将串 s2 复制到串 s1 结尾。它假定 s1 定义的地址区足以接受两个串。返回指针指向 s1 串的第一字符。

8. strncat

原型：extern char *strncat(char *s1，char *s2，int n)；

功能：strncat 复制串 s2 中 n 个字符到串 s1 结尾。如果 s2 比 n 短，则只复制 s2。

9. strcpy

原型：extern char *strcpy(char *s1，char *s2);
功能：strcpy 将串 s2 包括结束符复制到 s1，返回指向 s1 的第一个字符的指针。

10. strncpy

原型：extern char *strncpy(char *s1，char *s2，int n);
功能：strncpy 与 strcpy 相似，但只复制 n 个字符。如果 s2 长度小于 n，则 s1 串以 0 补齐到长度 n。

11. strcmp

原型：extern char strcmp(char *s1，char *s2);
功能：strcmp 比较串 s1 和 s2，如果相等，则返回 0；如果 s1<s2，则返回负数；如果 s1>s2，则返回一个正数。

12. strncmp

原型：extern char strncmp(char *s1，char *s2，int n);
功能：strncmp 比较串 s1 和 s2 中前 n 个字符，返回值与 strcmp 相同。

13. strlen

原型：extern int strlen(char *s1);
功能：strlen 返回串 s1 字符个数(包括结束字符)。

14. strchr，strpos

原型：extern char *strchr(char *s1，char c);
　　　extern int strpos(char *s1，char c);
功能：strchr 搜索 s1 串中第一个出现的 c 字符，如果成功，则返回指向该字符的指针，搜索也包括结束符。搜索一个空字符返回指向空字符的指针而不是空指针。strpos 与 strchr 相似，但它返回字符在串中的位置或-1，s1 串的第一个字符位置是 0。

15. strrchr，strrpos

原型：extern char *strrchr(char *s1，char c);
　　　extern int strrpos(char *s1，char c);
功能：strrchr 搜索 s1 串中最后一个出现的 c 字符，如果成功，则返回指向该字符的指针，否则返回 NULL。对 s1 搜索也返回指向字符的指针而不是空指针。strrpos 与 strrchr 相似，但它返回字符在串中的位置或-1。

参 考 文 献

[1] 李林功. 单片机原理与应用——基于实例驱动和 Proteus 仿真[M]. 北京：科学出版社，2011.

[2] 朱清慧，张凤蕊，翟天嵩等. Proteus 教程——电子线路设计、制版与仿真[M]. 北京：清华大学出版社，2008.

[3] 徐爱钧. 单片机原理与应用——基于 Proteus 虚拟仿真技术[M]. 北京：机械工业出版社，2011.

[4] 周国运. 单片机原理及应用教程(C 语言版) [M]. 北京：中国水利水电出版社，2014.

[5] 何秋生，刘振宇. 单片机原理及应用——基于 51 与高速 SoC51[M]：2 版. 北京：电子工业出版社，2010.

[6] 姜志海，黄玉清，刘连鑫. 单片机原理及应用[M]：3 版. 北京：电子工业出版社，2005.

[7] 朱清慧，陈绍东，牛军等. Proteus 实例教程[M]. 北京：清华大学出版社，2013.

[8] 周国运. 单片机原理及应用[M]. 北京：中国水利水电出版社，2005.